你的成功来自高调做事

慧 娟◎编著

北京工业大学出版社

图书在版编目（CIP）数据

你的成功来自高调做事 / 慧娟编著 . —北京：北京工业大学出版社，2012.8

ISBN 978-7-5639-3169-9

Ⅰ . ①你… Ⅱ . ①慧… Ⅲ . ①成功心理—通俗读物 Ⅳ . ① B848.4-49

中国版本图书馆 CIP 数据核字（2012）第 150903 号

你的成功来自高调做事

编　　著：慧　娟
责任编辑：刘学宽
封面设计：尚世视觉
出版发行：北京工业大学出版社
（北京市朝阳区平乐园 100 号 100124）
010-67391722（传真）bgdcbs@sina.com
出 版 人：郝　勇
经销单位：全国各地新华书店
承印单位：唐山才智印刷有限公司
开　　本：787 mm × 1092 mm　1/16
印　　张：17
字　　数：300 千字
版　　次：2012 年 9 月第 1 版
印　　次：2021 年 1 月第 2 次印刷
标准书号：ISBN 978-7-5639-3169-9
定　　价：32.00 元

前　言

你身边有没有这样的人——他有头脑，有想法，说话声音洪亮，办事雷厉风行，在别人眼里是公认的能人。让他执行某项任务、推行某项方案，他总能够顺利地完成，给上司和同事一份满意的答卷。那么，你有没有想过：他成功的原因是什么。

答案可归结为四个字：高调做事。

身处职场，一个人要想有所成就，就必须高调做事。高调做事，就是把自己调整到一个合理的状态，从而可以去踏踏实实做人、认认真真做事，就是树立信念、敢想敢拼、以诚待人、公正处事、努力学习、成熟思考、积极行动、持之以恒，只有这样，你才能成就一番事业！

高调做事是一种充满睿智，激昂澎湃的做事艺术。高调做事不仅体现了一种做事的硬气，更显示出一种高调立世的策略。

本书立足现实，以事说理。语言平实、优美，娓娓叙来又无哗众取宠之意，且有极强的可操作性。希望本书能帮助你在做事做人的道路上少走一些弯路，在事业上获得成功，在人生的道路上找到幸福！

衷心感谢你对本书的关注！由于水平有限，加之时间仓促，本书缺陷难免，诚望批评指正。

目 录

第一章 心有多大，舞台就有多大——目标要高调

高调做事的人是目标明确的人

目标决定一个人的方向。高调做事的人，一定是目标明确的人。有人说，目标犹如火焰，当阴霾蔽日之时，指引你奔向光明的前程；有人说，目标宛似温泉，当冰凌满谷之时，冲荡你身心暖融融；有人说，目标好比葛藤，当你向险峰攀登之时，引你拾级而上；也有人说，目标就像金钥匙，当你置身于人生迷宫之时，助你撷取皇冠上的明珠。

目标并不深奥，目标其实就是自己为之奋斗而所要得到的东西。任何人都可以把梦想变为现实，但首先你必须拥有能够实现这一梦想的目标。信念在人的精神世界里是支柱，没有它，一个人的精神大厦就极有可能会坍塌下来。

德国法兰克福的钳工汉斯季默，从小便迷上音乐。他的心中自然就有这样一张“人生指南针”——当音乐大师。买不起昂贵的钢琴，就自己用纸板制作模拟黑白键盘。他练贝多芬的《命运交响曲》时竟把十指磨出了老茧。后来，他用作曲挣来的稿费买了架“老爷”钢琴。有了钢琴的他如虎添翼，并最后成为好莱坞电影音乐的主创人员。

汉斯季默作曲时走火入魔，时常忘了与恋人的约会，惹得许多女孩骂他是“音乐白痴”、“神经病”。婚后，他帮妻子蒸的饭经常变成“红烧大米”。有一次他煮加州牛肉面，边煮边用粉笔在地板上写曲子，结果是面条煮成了粥。妻子对他很客气，不急不怒，只是罚他把糊粥全部喝掉，剩一口就“离婚”。

他不论走路或乘地铁，总忘不了在本子上记下即兴的乐句，当做创作新曲的素材。有时他从梦中醒来，打着手电筒写曲子。终于，

汉斯季默在第67届奥斯卡颁奖大会上，以闻名于世的动画片《狮子王》荣获最佳音乐奖。这天，是他的37岁生日。

人们羡慕那些成功人士所获得的鲜花、掌声，却常常忽略了在这些成功背后的艰辛。人们出生时的条件并不重要，重要的是拥有去争取一切自己想要的东西——“人生指南针”。

所谓“人生指南针”，就是指人生的目标与理想，为了实现这个目标，就必须运用合理而有效的克服危机“战术”——为了实现人生“指南针”而采用的手段。一个人想要有一个理想完满的人生，就必须先拟定一个清晰、明，确的人生目标。没有目标的人生是空虚而没落的，烦恼将不约而至。有了目标人生才有真意。拥有目标并为之奋斗，让生活充满充实的感觉，是真正的快乐之道。

为了了解目标对人生的影响，有个著名的心理学家做了以下的实验。

他们召集了一百个左右辛勤工作的人，并把他们分成两组。他们告诉第一组的人说：“从今天起一个月内，你们可以尽情地做你们喜欢做的事，我们会全力支持的。”于是这一组的人吃喝玩乐，整天尽情享乐。而对第二组的人则说：“希望你们每天按照原来的方式行动。”于是这组人除了是在做实验这点以外，他们的生活几乎和往常都一样。不用说，第二组的人一定相当羡慕第一组的人。可是过了一个月之后，结果怎么样呢？

第二组的人的日常生活以及生活意识和实验前一样。换句话说，他们还和以前一样偶尔发发牢骚，不过仍然辛勤地工作着，空闲时就去从事一些休闲活动。相反的，第一组人的结果却相当出人意料。刚开始他们尽情地玩乐，因为他们要什么就有什么，世界上再没有什么比这个更令人高兴的事了！然而，过了不久之后，他们慢慢地不知道自己到底想做些什么，然后索性就睡他个一整天。

当人生有目标的时候，你会觉得每天都朝气蓬勃，因为努力去完成自己的心愿是人生最大的乐事。如果凡事不用努力就唾手可得的话，人将无所事事，所以说有自己想追求的目标是一件好事。假使只像第一组人的生活，人生将会过得相当的无趣。

没有目标，人很容易在芸芸众生中失去自我。有了目标，人生就变得充实，一切似乎清晰、明朗地摆在你的面前。什么是应当做的，什么是不应当做的，为什么而做，为谁而做，所有的要素都是那么明显而清晰，甚至在困难时，目标可以帮助你渡过难关。

据说有一年，在一片茫茫无垠的沙漠上，一支探险队在那里负重跋涉，阳光很强，干燥的风沙漫天飞舞，而口渴如焚的探险队员们没有了水。水是队员们穿越沙漠的信心和动力。正在这时，探险队队长从腰间拿出一只水壶说："这里还有一壶水，但穿越沙漠前，谁也不能喝。"

那只水壶从探险队员手里依次传递着，沉沉的，一种充满生机的幸福和喜悦在每一个队员濒临绝望的脸上弥漫开来。终于，队员们一步步挣脱了死亡线，顽强地穿越了茫茫沙漠，当他们喜极而泣的时候，突然想到了那壶带给他们实现目标的水。

拧开壶盖，汩汩流出的却是满满的一壶沙。在沙漠里，干燥的沙子有时候可以是清冽的水——只要你的心里驻扎着拥有清泉的信念，活下去的目标。

纵观有成就的人，他们在起步时就有了一个奋斗的目标。高尔基指出："只有满怀目标的人，才能在任何地方都把目标沉浸在生活中并实现自己的意志。"

目标使人在积极肯定的心理支配下，产生力量。这种力量能推动人们去思考、去创造、去行动，从而完成人们的使命，实现人们的愿望。面对充满诱惑和多变的世界，面对许多不确定的因素，有目标的人，能执著于自己的理想和目标而不动摇，以自己的方式走向成功和卓越。

目标好似航标灯在蒙眬浩渺的人生海洋中，指引着人们走向辉煌。高高举起目标之旗的人，对一切艰难困苦都无所畏惧，相反，目标之旗倒下了，人的精神也就垮了下来。而从来就不曾拥有过目标的人对一切都会畏首畏尾，在漫长的人生旅途中抬不起头，挺不起胸，迈不开步，整天浑浑噩噩，看不到光明，因而也感受不到人生的幸福和成功的快乐。

正如古希腊哲学之祖泰斯说的那样："人生最快乐同时也最难的事就是拥有自己的目标，并且把它完成。"人生是因为目标才变得充实快乐的。

远离没有抱负的日子

生活中有许多人没有确定的目标和抱负，没有规划良好的人生计划，而只是一天天地得过且过，持有这种人生态度的人，不要说取得全面的成功，即便是想取得某一领域的成功也是不可能的。在生活的海洋中，人们随处都可以看到这样一些年轻人，他们只是毫无目标地随波逐流，既没有固定的方向，也不知道停靠在何方，他们在浑浑噩噩中虚掷了多少宝贵的光阴，荒废了多少青春的岁月。他们在做任何事时都不知道其意义所在，他们只是被挟裹在拥挤的人流中被动前进。如果你问他们中的一个人打算做什么，他的抱负是什么，他会告诉你，他自己也不知道到底要去做什么。他只是在那儿漫无目的地等待机会，希望以此来改变生活。

怎么可能指望一个在生活中没有目标的人到达某个目的地呢？怎么可能指望这样的人不处在混沌和迷惘当中呢？从来没有听说过有什么懒惰闲散、好逸恶劳的人曾经取得很大的成就。只有那些在达到目标的过程中面对阻力全力拼搏的人，才有可能达到全面成功的巅峰，才有可能走到时代的前列。对于那些从来不尝试着接受新的挑战，那些无法迫使自己去从事那些对自己最有利的却显得艰辛繁重的工作的人来说，他们是永远不可能有太大成就的。

任何人都应该对自己有严格的要求。不能一有机会就无所事事地打发时光；他不能够放任自己清晨赖在床上，直到想起来为止；他也不能只在感到有工作的心情时才去工作。而必须学会控制和调节自己的情绪，不管是处于什么样的心境，都应当强迫自己去工作。

绝大多数胸无大志的人之所以失败，是因为他们太懒惰了，因而根本不可能取得成功。他们不愿意从事含辛茹苦的工作，不愿意付出代价，不愿意作出必要的努力。他们所希望的只是过一种安逸的生活，尽情地享受现有的一切。在他们看来，为什么要去拼命地奋斗、不断地流血流汗呢？何不享受生活并安于现状呢？

身体上的懒惰懈怠、精神上的彷徨冷漠、对一切都放任自流的倾向、总想回避挑战而过一种一劳永逸的生活的心理——所有这一切便是那么多人默默无闻、无所成就的重要原因。

对那些不甘于平庸的人来说，养成时刻检视自己抱负的习惯，并永远保持高昂的斗志，这是完全必要的，要知道，一切都取决于你的抱负。一旦它变得苍白无力，所有的生活标准都会随之降低。你必须让理想的灯塔永远点燃，并使之闪烁出熠熠的光芒。

如果一个人胸无大志，游戏人生，那是非常危险的。当一个人服用了过量吗啡时，医生知道这时候睡眠对他来说就意味着死亡，因而会想方设法让他保持清醒。有的时候，为了达到这个目的而必须采用一些非常残忍的手段，比如使劲地捏、掐病人，或者是对他进行重击，总之，必须用一切可能的手段来驱逐睡魔。在这种情况下，一个人的意志力就起着决定性的作用；一旦他意志消沉，陷入睡眠，那么他很可能就再也不会醒过来了。

人们到处都可以见到这样一些人，他们有着最良好的装备，具备一切最理想的条件，而且也似乎是正在整装待发，然而，他们行动的脚步却迟迟不能挪动，他们并没有抓住最好的时机。造成这一现象的原因就在于，在他们身上没有前进的动力，没有远大的抱负。

一块手表可能有着最精致的指针，可能镶嵌了最昂贵的宝石，然而，如果它缺少发条的话，它仍然一无用处。同样，人也是如此，不管一个年轻人受过多么高深的大学教育，也不管他的身体是多么的健壮，如果缺乏远大志向的话，那么他所有其他的条件无论是多么的优秀，都没有任何意义。

雄心抱负通常在你很小的时候就初露锋芒。如果你不注意仔细倾听它的声音，如果它在你身上潜伏很多年之后一直没有得到任何鼓励，那么，它就会逐渐地停止萌动。原因很简单，就跟许多其他没被使用的品质或功能一样，当它们被弃置不用时，它们也就不可避免地趋于退化或消失了。

这是自然界的一条定律，只有那些被经常使用的东西，才能长久地焕发生命力。一旦你停止使用你的肌肉、大脑或某种能力，退化就自然而然地发生了，而你原先所具有的能量也就在不知不觉中离开了你。

如果你没有去注意倾听心灵深处“努力向上”的呼声，如果你不给自己的抱负时时鞭策加油，如果你不通过精力充沛的实践有效地对其进行强化，那么，它很快就会萎缩死亡。

没有得到及时支持和强化的抱负就像是一个被拖延的决议。随着愿望和激情一次次地被否定，它要求被认同的呼声也越来越微弱，最终的结果就是理想和抱负的彻底消亡。

在你周围的人群中，这种最后抱负消亡、理想灭失的人数不胜数。尽管他们的外表看来与常人无异，但实际上曾经一度在他们的心灵深处燃烧的热情之火现在已经熄灭了，取而代之的是无边无际的黑暗。他们的生活也就变得毫无意义。不管是对他们自己还是对这个世界，他们的存在都变得毫无价值。

如果说在这个世界上存在着一些可怜卑微的人的话，那么毫无疑问，那些抱负消亡的人是属于其中的一类——他们一再地否定和压制内心深处要求前进和奋发的呐喊，由于缺乏足够的燃料，他们身上的理想之火已经熄灭了。

对于任何人来说，不管他现在的处境是多么恶劣，或者先天的条件是多么糟糕，只要他保持了高昂的斗志，热情之火仍然在熊熊燃烧，那么他就是大有希望的；但是，如果他颓废消极，心如死灰，那么，人生的锋芒和锐气也就消失殆尽了。

在人们的生活中，最大的挑战之一就是如何保持对生活的激情，远离毫无目的的生活，确定奋斗目标，永远让炽热的火焰燃烧，并且保持这种高昂的气势。

有许多人往往以这种想法从心理上欺骗自己、麻醉自己——只要自己有乐观向上、期盼着实现自己的理想和抱负的想法，他们实际上就已经达到了目标。但是，这种光说不做，或者做起事来拖泥带水的人，实际上只是在心里担心成功的幻想被拿到现实中去检验。他们的等待一方面是打算多享受一会儿"可能成功"的幻想，另一方面是想有可能天降大运，自然功成。然而，天上只下过风雪雨雹，从来没掉过馅饼和大运。

理想和抱负是需要由众多的不同种类的养料来进行滋养的，这样才能使之蓬勃向上。空虚的、不切实际的抱负没有任何意义。只有在坚强的意志力、坚忍不拔的决心、充沛的体力，以及顽强的忍耐力的支撑下，你的理想和抱负才会变得切实有效。

清醒地评估自我

高调做事并不是无限制地放大自己的能力，去做任何自己想做的事。首先，还是要认清自己的所长，看清周围的形势，做到知己知彼，才能百战不殆。

打个比方，如果你自己是个商品，你会怎样去评价自己呢？你是市场上的畅销货呢，还是滞销货？你如何给自己的品质定价呢，是高价还是低价呢？你是否会为自己评上"最优商品"，还是仅认为自己是"优良的产品"呢？是"经久耐用"呢，还是"一次性使用"呢？是最方便的呢，还是最特殊的呢？……

虽然这些都是一些显而易见的问题，但是要认真地回答好这些问题，不经过深思熟虑就难以办到。

如果你是一个商人，正在考虑开发一种新产品，树立公司服务的优质形象，你不妨试验分析一下如何正确地评估自己的能力。

推出一种新产品，只有找出最合适的市场形象，才能打开市场的新天地。这些原则对任何事物都是可行的。但是许多人却忽略了这一道理，并且从来不把它用在自己身上，不去思考如何把自己推向市场。

只要你与企业界高层的人士交往越多，就越能体会他们之所以能达到高位的原因：有一部分得归功于个人促销，以及更重要的——个人定位。他们不仅工作勤奋，表现优异，而且总是精心布局，让别人能认同自己的价值。这种自我设计并不是一种弄虚作假，只要能够实事求是地正视以下几个问题就可以了。

1. 你的形象如何

在今天正在蒸蒸日上的各类公司，都要求自己的员工注重仪容外表，言谈举止，其真实意义，不仅是公司形象问题，更重要的是，这也是对客户或顾客以及自己的服务对象的一种尊重和起码的礼节。

2. 你是否找准自己的位置

人才正如产品一样，对谁都能用的产品，往往不是精品，而是大路货或便宜货。这些大路货是不可能与具有特殊功能的产品相竞争和比较的。商人也是一样，什么都去经销的商人，往往不如专事推销某种商品的商人的业绩显著。即使你什么都懂，别人也会冷眼相看。在当今讲究业务专长，精通专业的社会，同行的共同语言总是容易相通和理解的，人们总是愿意与同行切磋技艺。因此，如果不能正确地估价自己，那么就不可能得到他人的理解和支持。道理是显而易见的。

3. 你犯的是哪类错误

吃五谷，生百病。人生在世，总会遇到困难和挫折，也会犯这样或那样的错误，但错误的实质却有根本的不同。

几年前，美国著名的老牌银行花旗银行的副总经理李特创设的信用卡部门，亏损了1 750万美元，这在公司里无人不晓，当然也引起了顶头上司的注意。不过，领导阶层从他那似乎是冒失的行动中，看到了他的大胆决断，这使他反而受到了重用。不久，李特果然不孚重望，终于使信用卡部门转亏为盈，他也因此被提升为银行的副总经理。

4. 凡事不能聪明过头

IMG公司里有位经理，才思敏捷，反应快速。他能在瞬间衡量情势，作出决定。这种快速思考的能力，虽然在公司里极受重视与嘉许，但对外来说却未必是优点，很多人会觉得他过于精明厉害。

当他与一家长期从事体育赛事的公司洽谈时，仍然我行我素。这对于习惯照章办事，按部就班的这家公司来说，对他这种即席的解答方法，不仅颇觉惊讶，而且完全跟不上他的速度。他所表达的方式看来好似未加思考，显得仓促而草率。如果他稍候几天，再提出与原先相同的解决方法，相信对方必然比较容易接受他的看法。

5. 你会出名吗

最能让你名声在外的是，做好每一件事，这样自然会有人去为你立传，这比从你自己嘴里说出来，更能令人信服。反之，要不引起他人的反感，最好的词语应是“我们”、“我们公司”，而少用或不用“我”、“我的”……

6. 你的工作岗位怎样

要赢得赛马的胜利，一靠骏马，二靠骑师。前者的因素占90%，后者占10%。事业前程也是如此，好人配好马，好马配好鞍，定能驰骋商场。你有一个好单位，许多事都好办。

知道自己该干什么不该干什么

一个人成年之后，要作出一生中最重要的一个决定。这个决定将改变自己的一生，影响自己的幸福、收入和健康，这个决定可能造就自己，也可能毁灭自己。这个重大决定就是你将如何从事你的第一份工作？也就是说，你准备干什么，是做一名工人、邮递员、化学家、警察、办事员、兽医、大学教授，还是去做一个商人？

对有些人来说，作出这个重大决定通常就像在赌博一样。洛克菲勒曾说：“如果一定要把人生比喻成一场赌博，那么你就应选择自己擅长的一种赌博方式。”

首先，如果可能的话，应尽量将“赌注”押在一个自己喜欢的工作之上。美国轮胎制造商古里奇公司的董事长大卫·古里奇被问到他成功的第一要件是什么时，他回答：“喜欢自己的工作。如果你喜欢自己所从事的工作，你工作的时间也许很长，但却丝毫不觉得是在工作，反倒像是在做游戏。”大发明家爱迪生也是一个很好的例子。这个未曾进过学校的报童，后来却使美国的工业革命完全改观。爱迪生几乎每天都在他的实验室里辛苦工作 18 个小时，在那里吃饭、睡觉，但他丝毫不以为苦。“我一生中从未做过一天‘工作’，”他还说，“我每天其乐无穷。”所以他会取得别人歆羡的成功！查理·史兹韦伯说：“每个从事他所无限热爱的工作的人，都能取得成功。”

也许有些年轻的朋友会说，刚步入社会，我对工作一点概念都没有，怎么能够对工作产生热爱呢？艾德娜·卡尔夫人曾为杜邦公司招聘过数千名员工，现为美国家庭产品公司的公关部副总经理。她说：“我认为，世界上最大的悲剧就是那么多的年轻人从来没有发现他们真正想做些什么。我想，一个人如果只想从自己的工作中获得薪水，而别无他求，那真是最可怜的了。”有一些大学毕业生跑到卡尔夫人那儿说：“我获得了某某大学的学士学位，还有某大学的硕士学位，你公司里有没有适合我的职位？”他们甚至不晓得自己能够做些什么，也不知道自己希望做些什么，当然也就得不到卡尔夫人的信任。难怪有那么多人在开始踏入社会时野心勃勃，充满玫瑰般的美梦，但到了 40 多岁以后，却一事无成，痛苦沮丧，甚至精神崩溃。

事实上，选择正确的工作，对人们身心的健康也十分重要。美国一家大医院的雷蒙大夫与几家保险公司联合进行了一项调查，研究使人长寿的因素，他的调查结果把“合适的工作”排在了第一位。这正好符合了苏格兰哲学家卡莱尔的名言：“祝福那些找到他们心爱的工作之人，他们已无须祈求其他的幸福了。”

美国成功学大师拿破仑·希尔曾和索可尼石油公司的人事经理、《求职的六大方法》一书作者保罗·波恩顿畅谈了一晚。拿破仑·希尔问他：“今日的年轻人求职时，所犯的最大错误是什么？”“他们不知道自己究竟想干些什么，”

保罗说，“这真叫人万分惊骇。一个人花在选购一件穿几年就会破损的衣服上的心思，竟会比选择一份关系到将来命运的工作要多得多，而他将来的全部幸福和安宁都建立在这份工作上了。”面对竞争日益激烈的社会，你该如何选择呢？你可以咨询就业指导，当然他们只能提供建议，最后作出决定的还是你自己。

其实，多数人的忧虑、悔恨和沮丧，都是因为不重视工作而引起的。智慧家约翰·斯图嘉·米勒宣称，工人无法适应工作，是“社会最大的损失之一”。是的，世界上最不快乐的人，也就是憎恨自己日常工作的“产业工人”，这些人只是在为工作而工作，如同一部机器。

威康·孟宁吉博士是当代著名的精神病专家之一，他在第二次世界大战期间主持陆军精神病治疗部门。他说：“我们在军中发现挑选和安置的重要性，就是要使适当的人去从事一项适当的工作……最重要的是，要使人相信他手头工作的重要性。当一个人没有工作兴趣时，他会觉得他是被安排在一个错误的职位上，他会觉得他不受欣赏和重视，他会相信他的才能被埋没了。在这种情况下，我们发现，他若没有患上精神病，也会埋下精神病的种子。”一个人如果轻视他的工作和事业，他也会被日常工作“折磨”到精神崩溃。

“当玫瑰含苞欲放时，必须剪掉它周围多余的花苞。”这是洛克菲勒在建立了强大的商业帝国时所说的一句话。他的话在为自己的“托拉斯”垄断辩解的同时也道出了经营人生的智慧。

经营人生，要学会“剪掉”不适合自己干的事情，留下一个适合自己发展的空间。

对大部分人来说，如果初入社会就能善用自己的精力，不让它消耗在一些毫无意义的事情上，那么就会有成功的希望。但是，很多人却喜欢东学一点、西学一下，尽管忙碌了一生却往往没有培养出自己的专长，结果到头来什么事情也没做成，更谈不上有什么强项。

明智的人懂得把全部的精力集中在一件事上，唯有如此方能实现目标；明智的人也善于依靠不屈不挠的意志、百折不回的决心以及持之以恒的忍耐力，努力在激烈的生存竞争中去获得胜利。

那些有经验的花匠习惯把许多快要绽开的花蕾剪去，尽管这些花蕾同样可以开出美丽的花朵。但花匠们知道：剪去大部分花蕾后，可以使所有的养分都集中在余下的少数花蕾上，等到这少数花蕾绽开时，就可以成为那种罕见、珍贵、硕大无比的奇葩。

经营人生就像培植花木一样，与其把所有的精力都消耗在许多毫无意义的事情上，还不如看准一项适合自己的事业，集中所有精力、埋头苦干、全力以赴，这样才能在这份事业中取得杰出的成绩。

世界上很多的失败者之所以没有成功，主要不是因为他们的能力不够，而是因为他们不能集中精力、不能全力以赴地去做恰当的工作，他们把自己的很多精力消耗在无数的琐事之中。如果他们把琐事一一"剪掉"，使生命力中的所有"养料"都集中到一个方面，那么他们就能够结出无比美丽和丰硕的事业"果实"！拥有1种专门的技能要比拥有10种不切实际的心思更有价值，有专门技能的人会全身心地在这门技能上下苦功求进步，时时刻刻都在设法弥补自己在此方面的缺陷和弱点，总想把事情做得尽善尽美。而那些有10种心思的人就不一样了，他可能会忙不过来，既要顾及这一点又要顾及那一个，由于精力和心思的分散，事事只能做到"尚可"，结果当然不可能取得突出成绩。

现代社会的竞争日趋激烈，你必须对自己的人生目标全力以赴，这样才能取得出色的业绩。"君子有所为，有所不为"说的就是这么一个道理。

根据你的特长设计自己

美国成功学大师卡耐基说过：人生实在是奇妙，不管你是怎么地认定自己，哪怕那种认定是不好的或是有害的，最终你的人生必然会跟着那种认定走。

客观地认识你自己，这当然是困难的，然而作为一个想做一番事业的人，对自己先要有个正确的认识。比如，你可能解不出那样多的数学难题，或记不住那样多的外文单词、成语，但你在处理事务方面却有特殊的本领，能知人善任、排难解纷，有高超的组织能力；你在物理和化学方面也许差一些，但写小说、诗歌是能手；也许你分辨音律的能力不行，但有一双极其灵巧的手；也许你连一张桌子也画不像，但有一副动人的歌喉；也许你不善于下棋，但有过人的臂力。在认识到自己长处的前提下，如果你能扬长避短，认准目标，抓紧时间把一件工作或一门学问刻苦、认真地做下去，久而久之，自然会结出丰硕的成果。

即使是那些看起来很笨的人，也许在某些特定的方面有杰出的才能。比如，柯南道尔作为医生并不著名，写小说却名扬天下。每个人都有自己的特长，都有自己特定的天赋与素质，如果你选对了符合自己特长的努力目标，就能够成功；如果你没有选对符合自己特长的努力目标，就多少会自己埋没自己。

很多人士的成功，首先得益于他们充分了解自己的长处，根据自己的特长来进行定位。如果不充分了解自己的长处，只凭自己一时的兴趣和想法，那么定位就很不准确，有很大的盲目性。歌德一度没能充分了解自己的长处，树立了当画家的错误志向，害得他浪费了10多年的光阴，为此他非常后悔。美国女影星霍利·亨特一度竭力避免被定位为短小精悍的女人，结果走了一段弯路。后来幸亏经纪人的引导，她重新根据自己身材娇小、个性鲜明、演技极富弹性的特点进行了正确的定位，出演《钢琴课》等影片，一举夺得戛纳电影节的“金棕榈”奖和奥斯卡大奖。

类似的例子实在是太多了：

爱迪生少年在校学习时，老师认为他是一个愚笨的孩子，经常责怪他，而爱迪生的母亲却发现了自己儿子爱探究的天赋，用心培养他，后来他终于成了发明大王。

阿西莫夫是一个科普作家，同时也是一个自然科学家。一天上午，他坐在打字机前打字的时候，突然意识到：“我不能成为一个第一流的科学家，却能够成为一个第一流的科普作家。”于是，他几乎把全部精力放在科普创作上，终于成了当代世界最著名的科普作家。

伦琴原来学的是工程科学，他在老师孔特的影响下，做了一些物理实验，逐渐体会到，这就是最适合自己干的行业，后来果然成了一个有成就的物理学家。

一些遗传学家经过研究认为：人正常的、中等的智力由一对基因所决定。另外还有五对次要的修饰基因，它们决定着人的特殊天赋，起着降低智力或升高智力的作用。一般说来，人的这五对次要基因总有一两对是“好”的。也就是说，一般人总有可能在某些特定的方面具有良好的天赋与素质。

所以，每个人都应该努力根据自己的特长来设计自己，量力而行。根据自己的才能、素质、兴趣，环境、条件等，确定进攻方向。不要埋怨环境与条件，应努力寻找有利条件；不能坐等机会，要自己创造条件，拿出成果来，获得社会的承认。从事科学研究的人不仅要善于观察世界，观察事物，也要善于观察自己，了解自己。

为目标而活

人的一生就是在辽阔的海洋上寻找灯塔的过程，它吸引着人们的目光，牵引着人们的灵魂，这个灯塔就是人们的人生目标。有了这些目光，人的生命才有价值和意义。

比尔·盖茨的童年时光浪荡无拘，调皮不受约束，心向天然，却又出乎常人所料地居然那般走运，玩儿似的便顺理成章、迅速长成一个“电脑神童”，一个比卡通片里的“铁臂阿童木”还神气活现的英雄模样……

最早曾为盖茨和他的创业伙伴保罗·艾伦发迹提供过场所的MITS公司创办人埃德·罗伯茨，一早就声称，盖茨小小年纪就出人头地，所以并未充分经历过年轻时期！他甚至这般断言：“盖茨有几分类似猫王埃尔文斯·普莱斯利。他不曾有机会慢慢成长。”

这究竟是盖茨的万幸，还是不幸呢？答案当然是肯定且积极的。因为尽管他浑身上下充满了不安分的血素，可毕竟他聪明过人，是“上帝的宠儿”。

盖茨年少时表现优异。除了记忆力和功课的骄人出色，还有一些惯性形体特征，很能说明他的快速成长与生活节奏。他曾反反复复地折腾不休，把自己的头和屁股一同塞进箱子里，而后跳出来，一次比一次往远里跳，且一次次测量他能够再跳多远……

他在10来岁甚至更大些时，走着走着便时常突然腾身高跳起来，伸手去碰树枝、门柱、篮球筐，以至任何能吸引到他视线里的头顶上的东西。

这种“一蹦三尺高”的习性，将所有自然而然迸射出的精力与热能全部移植于他的大脑与心性，使盖茨充分具备了日后长成“电脑巨人”与“智力领袖”的先决条件。

在学校里，小盖茨是最典型的那种调皮捣蛋的淘气鬼，但他绝非“赖包儿”，他只是比较自以为是，不肯谦逊，喜欢恶作剧和捉弄别人。

但盖茨也同样具备自嘲的幽默品性，他的幽默与他的聪明一样不合时宜。

盖茨总乐于尝试将自己扮成小丑或反派的角色，一面哗众取宠，一面也暗示了自己与众不同的存在价值。

他一直尝试那样一种“不费力才酷”的行为模式。确实，许许多多聪明加调皮捣蛋的孩子都有类似的观念与嗜好；他们不喜欢笨人，不喜欢认真的人，但最不屑一顾的则是那种“既笨且又认真”的人。

在许多不具慧眼的人们看来，盖茨从未在学习上下过多少苦功；等到盖茨关键时刻提一提精神，真的开始努力了，他们就会自作聪明地说：“噢，这就好了！我们以为他很笨呢！对这进步了的孩子，我们不能抱有成见，最好对他重新评估吧！”

每每遇到这种令小盖茨哭笑不得的情形或实景时，他必定会选择偷偷地笑，或当众用手捂脸，想方设法挤出两滴“鳄鱼泪”。

盖茨的母亲曾经直言不讳地逢人便夸奖儿子：“比尔从小就不是一个平庸的乖乖仔，他有自己的抱负和志向，即便还是一个小小孩的时候，他就有一种执著的性格和想成为人中之杰的强烈欲望；他的进取精神在整个年级都是最强的，没有一个同学能比得上他。不管什么事，他只要一染指，非干个天下第一不可，不到极致，他绝不甘心。”

母亲的夸奖多少会有“护犊子”之嫌。可是你不得不承认，盖茨天然的进取、好斗意识，越到后来越具有对他人的挑战和进攻色彩。美国作家珍妮特·洛尔将之描述成“比尔恐惧症”。她如此评议长大成人的比尔·盖茨：“盖茨会被别人称做信息时代逞强斗狠的剑客、信息高速公路上拦路抢劫的强盗，或是莽撞冒失的顽童。他在令人惊异的人生旅途中树敌甚多……盖茨通常令人赞叹的是他的智力，而不是他的个性。”

其实，盖茨的个性与他的智力一样出类拔萃，只不过锋芒绽射的个性比起老谋深算的智力活动，更容易伤害到别人或授人以柄罢了。

盖茨成长的年月，正是人类科学技术向宇宙太空叫板的幻梦年代，因为那时候有火箭升天，发射到月球。盖茨觉得科学十分神圣有趣，他在日记本里憧憬着与外星人的交流和对话——是我们征服了时间，向着无边的宇宙远航；是我们驾驶着光子飞船，向你们呼唤……

当他长成“巨人”、首富后，也曾无限眷恋、感慨当年：“那会儿，我们可以学习什么是火箭摆脱重力圈的液态氧脱速，什么是天上的‘那一边儿’。而今，大部分太空计划已变得如此平凡无奇，不能像以往那样强烈震撼我心，并激发无限膨胀的求知欲了……”

盖茨酷爱的是科学。他不像父亲那样热衷法律，却也无师自通，很小就是谈生意的高手——他曾与姐姐克里斯蒂私下“成交”了一项议定：基于非独占原则，让他能随心所欲使用她的棒球手套。为了享受这种权利，小盖茨付给姐姐5美金，并要求与她签下一份合约。

多年以后，飞速成长的比尔·盖茨现世神话赋予了一位日本漫画家激情与灵感，他便以盖茨为蓝本，为笔下所绘的漫画角色取名为少年江普；和盖茨一样，那个蓝眼睛、浅黄色头发的卡通少年广受孩子们膜拜与欢迎，因为画中的“江普”勇敢追求高科技的冒险游戏，并且千锤百炼，百折不挠。

可以设想，这个“卡通少年”除了头框一个“电脑屏幕”，腰间还应当斜挎一个“算盘”——因为他不仅热爱探索高科技，还是一个十足的买卖高手。

科学家一般都比较“痴”、比较“迂”，可谓“大智若愚”，而比尔·盖茨却是个“人精”。他是在明确了自己的爱好以后，充分发挥自己的聪明才智，为了自己的理想，朝着自己的目标“走”的。他的生命也因这个目标而灿烂异常，辉煌无比！

不要在目标中迷失自己

目标对人有一种激励的作用，就像沙漠中的绿洲能给人以希望和前进的动力。对于志向远大者来说，没有目标，就如同黑暗中没有灯光一样，难以行进。所以，凡是志向远大者，都会有明确的发展目标。他们会始终关注自己该走什么样的发展道路，什么样的选择会对自己更加有利，从而精心规划自己的目标与方向。

在你朝着你的目标前进的路上并不会像你想象的那样一帆风顺，除了荆棘还有诱惑。关键在于谨记一点：什么时候都不要忘了自己最初的目标是什么。否则的话，你就会在前进的路上迷失自己。

为了确定你的生活目标，美国成功学大师拿破仑·希尔建议：闭上眼睛一分钟，想象一下从现在开始，10年后你的生活是什么样子，要对自己有信心。确定一个能满足你生活中需要和渴望的财政目标是很重要的。

拿破仑·希尔指出，制定目标并且朝目标不懈努力，可以帮助你把握住自己的命运，原因如下：

目标给了你生活中为之奋斗的目的和方向；

目标给出了你不要拖延的最好的理由；

目标可以帮助你集中精力，朝着你选定的目标不懈地努力；

目标可以激起你工作的热情；

目标可以使你在愿意帮助你的人的帮助下，更有效率；

目标能给你自己、你的老板和你生活中其他的人节省时间；

目标可以有助于你挣钱和积攒钱财；

目标可以帮助你以长远的观点来看问题；

目标可以使你对自己有一个清醒的认识；

目标是你制定新的目标的基础，它可以帮助你抓住机遇，不断发展。

拿破仑·希尔强调，在选择生活目标的时候，你必须回答出以下三个重要的问题：

第一个重要问题：我是谁？一个简单的练习就能帮助你回答出这个问题。你可以通过写一段简单的文字来说明你是谁，但有以下几个条件：不能写出你的姓名、年龄、学历、地址、简历或平时你最常用来形容自己的词语。确实有关的问题就是，“你是一个什么样的人？”

第二个重要问题：我在这里干什么？你希望一生中能够作出什么贡献？是使自己的个人生活更富足，让你生存的世界更加美好吗？为自己写一个你喜欢的座右铭。用简练的语言表达出，当你逝去的时候，世人会怎样谈起你。

第三个重要问题：我的目标在哪里？在前两个问题的基础上，可以用一个简单的句子归纳出你一生追求的目标。

当你确立你生活的目标时，要知道，你的生活中有很广阔的发展空间。拿破仑·希尔认为，做好下面的选择对你来说是很重要的：

首先是事业——它不仅会带给你经济方面的报偿，而且能满足你深层次的精神需求，使你体会出生活的意义。

其次是个人和家庭关系——它们可以让你的生活充满爱意。

再次是团体和宗教的目标——它们可以同时满足你在精神和为他人作贡献方面的需求。

最后是文化和娱乐的目标——它可以丰富你的生活，让你的生活充满乐趣。

由此可见，无论是在你的工作中，还是生活中，你首先要做的事情便是制定目标，这是人生中一切成功的基础。目标会导引你的一切想法，而你的想法便决定了你的人生。詹姆斯·艾伦说：“我们会成为什么样的人，会有什么样的成就，就在于先做什么样的梦。”

不过，你还要认识到，做事情仅仅制定目标是不够的，同样都是有目标的人，有人成功了，有人却失败了，这就是取决于他是否专一他所认定的目标。

有一对夫妇在田间迷了路，他们发现一位老农夫，于是停下车来问：“先生，你能否告诉我们，这条路往何处去吗？”老农夫不假思索地说：“孩子，如果你照正确的方向前进的话，这条路将能通往你想要去的任何地方。”

这句话的意思是说，你可能已在正确的道路上，如果没有方向而站着不动，你就好像迷了路。可惜的是，大多数人并未具备上述观念。他们不知道任何事情在做成功之前必须确定目标。

体育界的专家常会告诉人们，在投篮、打高尔夫球时，都是要看准目标才能取得成功。所以，你在击中目标之前，一定要一直瞄准目标。

有个叫约翰·戈达德的美国人，他15岁的时候就把自己一生要做的事情列了一份清单，他把它叫做“生命清单”。在这份排列有序的清单中，他给自己明确了所要攻克的127个具体目标。比如，探索尼罗河的源头，攀登世界第一高峰珠穆朗玛峰，走访马可·波罗的故道，读完莎士比亚的著作，写一本书，登上月球等。

当把生命中的梦想庄严地写在纸上之后，他就开始了循序渐进地实践。为了实现这些目标，戈达德历经磨难，曾经18次死里逃生。

在44年后，他以超人的毅力和非凡的勇气，在与命运的艰苦抗战中，终于实现了106个目标，成为世界上最著名的探险家。戈达德之所以能够创造出这么多的人间奇迹，正是因为他一直瞄准自己所定的目标前进的缘故。

在树立自己的目标时，有一个重要的问题一定要明确：你究竟想涉足哪个领域？因为每个人的能力和兴趣爱好或多或少只适应某些行业，而且，在将来的发展中，每个行业的前景是不一样的。你要像经营者考虑自己要生产的产品或服务一样，考虑自己的发展方向。这就涉及你是专攻一个领域，还是选择做通才？传统的观点认为：做通才是明智的选择，选择做专才无疑是把所有的资本押在一个赌注上；然而，选择做通才也是有很大风险的，因为有些公司对待专业人才（稀缺资源）会更重视些。在明确了自己的职业方向之后，就要考虑：自己应该学习哪些知识和技能？要通过什么方式获得工作经验，需要什么人、什么资源才能达到自己的职业目标？

所以，在事业的起点，懂得确立每个小的目标，是极其重要的。这样，当你达到第一个“小目标”之后，就可以准备全力以赴对付第二个“小目标”，而此时的第二个“小目标”实际上已经大于第一个“小目标”了。以此类推，才有希望到达成功的巅峰。

用一生的时间做好一件事

对大多数人来讲，最头痛的问题就是缺乏能力，要做自己想做的事，总感到力不从心。怎样解决这个问题呢？当然是强化自己的能力，把所有的时间和精力都投入到自己的专项上，结果会怎样？结果你会发现自己突然强大起来了，做成了自己想做的事。

《孟子》中有一则寓言说：宋国有个人，操心他的禾苗长得不快而拔高它，疲倦地回到家中。对家里人说："今天累坏了，我帮助禾苗长高了。"他的儿子跑到地里去看，禾苗都枯萎了。

因此说，要养成干事业的恒心，首先要培养自己对事业的热爱，然后再培养不求速成的心理，稳扎稳打，循序渐进。

想求快速达成，就难以满足妄想的急切心情，就难以把事业办好。达不到心理上的要求，就容易灰心丧气。灰心丧气就会希望渺茫，就容易辍业或者改行，也就难得有恒心了。没有恒心事业就很难成功，想速达也不会达到。所以说：大器必然晚成，积累得越丰厚，后来的成就也就越大。

科尔特左轮手枪的发明者科尔特从12岁那年偶然发现一张制造火药的配方起，就决定用一生的时间来制造火药并将之用于手枪上。

16岁时，科尔特当上了一名水手。在船上，他梦想发明一支能射出几发子弹的枪。有一天，科尔特观察着轮船的舵轮，想出个主意。通过观察舵轮的把柄，他想到了把枪弹送到位击出的方法，但又有一个问题：怎样才能制造出一种既能控制子弹又足够坚固的器械呢？

在印度期间，他发现一位叫柯勒的先生制造的枪能从圆筒里发射子弹，然而这种枪非常危险，往往所有的子弹突然间全部打响把枪炸成碎片。尽管如此，科尔特仍然对此爱不释手，这支枪也给了他一些启示。

从印度回国后，科尔特的父亲为他雇用了一个人，按照他雕刻的模型制成一把实验的"左轮手枪"。但这把手枪在第一发子弹打响的同时，枪的弹室便发生了爆炸，科尔特的父亲失望了。科尔特决心自己挣钱改进试验，当他打工挣下足够的钱之后，便雇用了两个技术精湛的工人帮他完成设想。一次，他从外面回来，发现那两个工人已经成功地制造了第一把连发左轮手枪。科尔特终于成功了！不久科尔特的左轮手枪获得专利权。后来他又创建了生产左轮手枪的工厂，批量生产自己设计的各种手枪，赢得了滚滚财源。

有这样一幅漫画，一个人拿着铁锹已经挖了深浅不同的很多口井，其中有几口离地下水层已经很接近了，但是他却没能坚持再深挖下去，而是懊丧自语着这里没水，又继续到别处寻找挖井地点去了。

这幅挖井的漫画所隐含的道理与做事是一样的，只要目标集中，只要方法正确，坚持下去，总会成功的。

科尔特从小玩弄枪支，到最后获得左轮手枪的专利，并建厂生产，时间跨度几十年，且坚持自己发明，自己生产，可谓一篇文章写到了头。从事发明创造，有的人喜欢“打一枪换一个地方”，有的人则像打井，选好一个井眼，便立志打一眼深井，绝不浅尝辄止，朝秦暮楚。科尔特打了一眼井，钻的是一口深井，成就非凡。对一个普通发明者来说，平生能打出一口深井，也非常幸运。

做事专一，并非不求上进，而是一种锲而不舍、全神贯注的追求。不仅要有魄力，而且要有定力，摆脱其他事物的诱惑。不为一切名利权位等而中途易辙。这种定力是决定一个人能否挖出井水的最重要条件。

第二章　不同的心态不同的结果——态度要高调

高调做事的人也是积极生活的人

人们的心态在一定程度上决定了人们一生的成败。高调做事的人，也一定是个积极生活、勇于进取的人。

成功人士的首要标志在于他的心态。一个人如果心态积极，乐观地面对人生，乐观地接受挑战和应付麻烦事，那他就成功了一半。在生活当中，大部分失败的平庸者主要是由于心态观念没有摆正。每当遇到困难时，他们只是挑选容易的倒退之路。“我不行了，我还是退缩吧。”最终结果是陷入了失败的深渊。成功者遇到困难时，依然保持积极的心态，用“我要！我能！”“一定有办法”等积极的意念鼓励自己，于是便想尽一切办法，不断向前，直到成功的那一天。所以，有一位伟人说：“要么你去驾驭生命，要么是生命驾驭你。你的心态决定谁是坐骑，谁是骑师。”

拿破仑希尔曾讲过这样一个故事，对每个人都极有启发。

塞尔玛陪伴丈夫驻扎在一个沙漠的陆军基地里。丈夫奉命到沙漠里去演习，她一个人留在陆军的小铁皮房子里，天气热得受不了——在仙人掌的阴影下也有华氏125度。她没有人可聊天——身边只有墨西哥人和印第安人，而他们不会说英语。她非常难过，于是就写信给父母，说要丢开一切回家去。她父亲的回信只有两行，这两行信却永远留在她心中，完全改变了她的生活：

“两个人从牢中的铁窗望出去。一个看到泥土，另一个却看到了星星。”

塞尔玛一再读这封信，觉得非常惭愧。她决定要在沙漠中找到星星。

塞尔玛开始和当地人交朋友，他们的反应使她非常惊奇，她对他们的纺织、陶器表示兴趣，他们就把最喜欢但舍不得卖给观光客人的纺织品和陶器送给了她。塞尔玛研究那些引人入迷的仙人掌和各种沙漠植物、物态，又学习了有关土拨鼠的知识。她观看沙漠日落，还寻找海螺壳。这些海螺壳是几万年前，这片沙漠还是海洋时就已经存在的。她开始学习墨西哥语和印第安语，并很快交到了几个很聊得来的朋友。原来难以忍受的环境变成了令人兴奋、流连忘返的奇景。

是什么使这位女士内心发生了这么大的转变呢？沙漠没有改变，印第安人也没有改变，但是这位女士的念头改变了，心态改变了。一念之差，使她把原先认为恶劣的情况变为一生中最有意义的冒险。她为发现新世界而兴奋不已，并为此写了一本书，以《快乐的城堡》为书名出版了。她从自己造的牢房里看出去，终于看到了星星。

所以说，一个人能否成功，关键在于他的心态有没有摆正。成功人士之所以成功就在于他有一种积极乐观的心态，而失败人士则运用消极的心态去面对人生。成功人士一直都用积极的思考、乐观的精神和不折的行动支配和控制自己的人生。一些失败的人士是受过去的失败与疑虑所引导和支配的，他们常有的空虚、猥琐、悲观失望、消极颓废的心态，最终使他们走向了失败。所以，纳粹德国某集中营的一位幸存者维克托弗兰克尔说："无论在何种环境下，人们都还有一种自由，就是来选择自己的态度。"因此，你可以这样认为，影响你人生的绝不仅仅是环境，心态控制了个人的行动和思想。同时，心态也决定了自己的视野、事业和成就。仔细观察、比较一下成功者与失败者的心态，尤其是关键时刻的心态，你将发现"心态"会导致人生惊人的不同。

有两位年届70岁的老太太，一位认为到了这个年纪可算是人生的尽头，于是便开始料理后事；另一位却认为一个人能做什么事不在于年龄的大小，而在于怎么个想法。于是，她在70岁高龄之际开始学习登山，其中几座还是世界上有名的山。就在最近还以95岁高龄登上了日本的富士山，打破攀登此山年龄的最高纪录。她就是著名的胡达克鲁斯老太太。

70岁开始学习登山，这乃是一大奇迹。但奇迹是人创造出来的。成功人士的首要标志，是他思考问题的方法。一个人如果是个积极思维者，喜欢接受挑战和应付麻烦事，那他就成功了一半。胡达克鲁斯老太太的壮举正验证了这一点。可见，一个人能飞多高，并非由人的其他因素决定，而是由他自己的心态所制约。人们的心态在很大程度上决定了人们人生的成败。

那么，如何才能培养积极心态呢？可以尝试从下几个方面做起。

1. 言行举止像你希望成为的人

许多人总是等到自己有了一种积极的感受再去付诸行动，这些人在本末倒置。积极行动会导致积极思维，而积极思维会导致积极的人生心态。从开始就积极行动起来，去努力成为你想成为的人，心态自然也跟着积极起来。

2. 要心怀必胜、积极的想法

当你开始运用积极的心态并把自己看成成功者时，你就已经开始走向成功了。谁想收获成功的人生，谁就要当个好农民。你绝不能仅仅播下几粒积极乐观的种子，然后指望不劳而获，你必须不断给这些种子浇水，给幼苗培土施肥。要是疏忽这些，消极心态的野草就会丛生，夺去土壤的养分，直至庄稼枯死。

3. 用美好的感觉、信心与目标去影响别人

随着你的行动与心态日渐积极，你就会慢慢获得一种美满人生的感觉，信心日增，人生中的目标感也越来越强烈。紧接着，别人会被你吸引，因为人们总是喜欢跟积极乐观者在一起。运用别人的这种积极响应来发展积极的关系，同时帮助别人获得这种积极态度。

4. 使你遇到的每一个人都感到自己重要、被需要

每个人都有一种欲望，即感觉到自己的重要性，以及别人对他的需要与感激。这是普通人的自我意识的核心。如果你能满足别人心中的这一欲望，他们就会对自己，也对你抱积极的态度。一种我好大家好的局面就将形成。正如美国 19 世纪哲学家兼诗人爱默生说的：“人生最美丽的补偿之一，就是人们真诚地帮助别人之后，同时也帮助了自己。”

做到以上几点并不很难，关键在于你是否想做和坚持下去。要知道，成功人士与失败者之间的最大差别就是：成功人士始终用最积极的思考、最乐观的精神和最成功的经验支配和控制自己的人生。失败者则刚好相反，他们的人生是受过去的种种失败与疑虑所引导支配的。说到底，如何看待人生、把

握人生由你自己的态度决定。

心态指引方向

拿破仑·希尔告诉人们，如果一个人要想成功，就必须得先认识自己的“隐形护身符”。每个人身上都有一个护身符，而这个护身符有两面，一面就是积极的心态，而另一面就是消极的心态。

如果说一个人能真正摆脱自己心态的影响，只有一种可能，那就是这个人已经死了。因此现实生活中的人一定都会或多或少地受到各自心态的影响，而影响的多少则依据个人的心理素质不同而表现各异。

那么心态到底是如何影响人们的，心理学上有专门的解释。

按照行为心理学来说，当人们的心理萌发一种想法之后，如果现实允许这种想法的实施，那人们就会很容易地把这种美好的想法付诸行动。如果这个时候能有一种好的信念或者是心态来支持这个想法，那么就能更好地实施这个想法，而这个想法的逐步成功也就更能加强和助长这个信念。

举个例子来说，假如你有一个很好的心态，那么你就能很好地完成自己所承担的工作。这个时候，你会很不自觉地发现自己在工作中充满了信心。如果你能经常朝这个方向努力，那么在以后的工作中，你会发现，这种“踏破铁鞋无觅处”的自信会随时陪伴在你身边。这就是你的心态改变了你的行动，而你的行动则又进一步增强了你的心态。

如同异性之间的喜欢，如果一个人对身边的某个异性有好感的话，就会产生一种想和她交往的心态。在很大程度上也就决定了你和她交往的方向，并且一旦和对方接触，这种心态就会让自己产生一种无名的激情，这种激情也时刻影响着对方，令对方也在无形中产生这种心态，这是情绪和行为相应的一种反映。因为当一个心态已经确定存在后，你的行为就会加深它。这也就是为什么有的孩子或女人越哭越伤心的最合理的解释了，因为哭的行为与哭的心态相互影响，而哭的心态又进一步加深了哭的行为。

当你有一个成功的心态后，就会认为自己有能力成功，也就会从心底里认为只要经过自己努力不管哪个方面都能取得成功。因此，很多人不要因为自身条件不好而放弃追求成功的行动，只要你能好好地运用积极心态，就可能达到成功的彼岸。反之，不论他们的自身条件如何优越，所遇到的机会如何好，如果他们没有积极的心态，他们也是会失败的。

美国总统富兰克林·罗斯福就是一个成功的例子。

小时候的富兰克林·罗斯福是一个胆小并且心理脆弱的有缺陷的小男孩。但他并没有因为自己有那么多的缺陷而放弃追求的努力，而是很好地利用自己的缺陷，成为一种无形的资本，最终走到成功的巅峰，成为美国最得人心的总统。细究罗斯福的童年，正是这种良好的心态使他从来不落入自怜的泥潭。

另外，童年时代的罗斯福并不把自己当做小孩看待，而是要使自己成为一个真正的大人，以大人的标准来严格要求自己。比如他看见很多大人玩游戏、游泳、骑马，以及参加各种艰难的体育活动的时候，他也就强迫自己去参加，即便没有得到允许，他也会进行其他一些激烈的活动，这样的行动逐渐使他自己成为一个吃苦耐劳的典范。当他和朋友在一起的时候，就觉得会不由自主地喜欢他们，而不是刻意地回避。也正是因为他的这种对人感兴趣的举动，让他慢慢从自卑的阴影中走了出来。

经过自己不懈的努力，罗斯福终于有了系统的运动和生活规律，并借助这种生活将健康和精力恢复得很好。进入大学以后，就利用假期的时间帮人家牧羊，或者就是去猎熊，打狮子，以这种方法让自己变得更加强壮有力。也正是因为这一系列的改变，让他成为一个不再胆小，也不再瘦弱的孩子。

细究罗斯福的成功之路，成功的主要因素在于他的心态和他的奋斗，其中最重要的还是他的心态。正是因为他的这种积极心态激励他去奋斗，才能有最后的成功。

“我是自己命运的主宰，我是自己灵魂的领导。”这句诗告诉人们：态度会决定将来的机遇，其中无论态度是破坏性的还是建设性的，这个规律都会适用。

罗斯福的成功经验让人们明白了心态的重要性，它不仅能给人奋斗的力量，更是一个人奋斗方向的指引者，有了这种指引，一切的成功只是时间的问题。

要记住：一个人的成功不是事业的成功而是心态的成功。一个人失去了积极的心态就失去了所有，因为心态就是所有。

激情是工作的原动力

没有激情就谈不上事业的成功。也就是说，高调做事的人在工作中，一定是一个十分投入、特别敬业，而且热爱自己的工作的人。他们一定是那种投入型的员工。

投入型的员工具有自动自发的创新能力与效率追求，懂得积极建立相互合作、支持的关系，很清楚自己要达到的目标，对工作有感情，充满活力与热忱，并对未来有热切的渴望。他们总是不断拓展自己的工作，积极主动地寻找或创造有意义的工作，从来不会没有事做。具有激情的投入型员工是企业最有效的资源，是企业发展的最大动力。

激情，是所有伟大成就取得过程中最具活力的因素。在每一项伟大的发明、每一件精湛的艺术品、每一首绝妙的诗歌中，都可以看到激情的身影。激情不仅可以使人的能力的得到跃升，同时也将深刻改变人的精神面貌；不仅会给企业带来蓬勃的活力，也将为员工一生的成功和幸福创造条件。可以说，激情是工作的灵魂。

具有激情的员工，其工作的积极性和创造性将会空前提高，各种消极的现象也会明显减少。事实表明，由情感投入的员工所组成的团队，往往能获得杰出的成果。而且，当顾客感到你的员工用热忱与真诚对待他们时，他们一定也会以相同的情感回应。这种员工与顾客之间的情感投入和情感互动，会变成企业持续成长的重要因素。

盖洛普调查机构长达数年、多达40余项的研究调查显示：员工可分成投入的员工、不投入的员工及非常不投入的员工三大类。而在大多数公司中，有将近75%的员工是不投入的员工。

非常不投入的员工虽然在每一个企业中所占的比例较小，但他们的破坏力较大，影响极坏。这一类型的员工大多抱有“独善其身”的想法，从一开始就对企业和自己的工作采取抗拒的态度，无法受人依赖。他们没有将问题变成解决方法的能力，对公司、工作团队及自己扮演的角色缺乏投入，甚至不坦诚说出自己的负面看法，但却公然或私下表现出挫折、沮丧与不满情绪。

这样的员工要么是不适应现有的公司，要么是对现有的工作不感兴趣，他们的激情不知道跑到哪里去了。对这样的员工，任何一个企业都不应该坐视不管。

企业里最多的是不投入的员工，他们表面上看起来踏踏实实、俯首听命，很“顺从”，却只能仅仅完成自己基本的工作，不愿接受挑战，不愿承担高风险，缺乏信心，缺乏成就感，缺乏“投入”，更没有主动性。

大家都知道，人是企业最宝贵的资源，但只有具有激情的员工才是最有效的资源，才是企业发展的最大动力。对于占了企业员工四分之三比例的不投入的员工，一方面企业要加强对员工的尊重和关注，激发员工的自我认同感和归属感，营造出一个有利于激发员工激情的适宜环境。另一方面，员工自己也应该在观念上发生转变，把激情注入自己的日常工作之中。个人的成功源于对所钟情事业的激情投入，企业的成功则是激情员工的激情创作。培育激情，创造激情，才能达到企业与员工双赢的理想境界。

用什么样的语言来赞美投入型的员工都不为过。他们是敬业的、激情员工的典范，是企业最理想的杰出人才。遗憾的是，这样的员工实在是太少了。

按照能力和心态的不同，美国通用电气公司将其所有的员工分为五类。第一类是顶尖人才，占10%；次一些的是第二类，占15%；第三类是中等水平的员工，占50%，他们的变动弹性最大，他们有机会选择何去何从；接下来是占15%的第四类，需要对他们敲响警钟，督促他们上进；第五类是最差的，占10%，只能毫不留情地辞退他们。

这是毋庸置疑的事实，如果不努力工作或者工作没有业绩的话，就有可能被公司淘汰出局。在生存竞争异常激烈的现代社会，得过且过者将无法立足，不劳而获者无处藏身，被淘汰和抛弃的，将是那些没有工作激情的不投入型员工。

激情是工作的灵魂，没有激情的工作，就如同一个人没有灵魂，更谈不上成功了。

自信是高调做事的基础

一个人最需要的就是自信，只有充满自信，才能开掘智慧，激发力量，在人生的征途上健步如飞。

有这样一个故事：

一位伟大的哲人在风烛残年之际，知道自己时日不多了，就想考验和点化一下他的那位平时看来很不错的助手。他把助手叫到床前说："我的蜡所剩不多了，得找另一根蜡接着点下去，你明白我的意思吗？""明白。"那位助手赶忙说："您的思想光辉是得很好地传承下去……""可是，"哲人慢悠悠地说："我需要一位最优秀的传承者，他不但要有相当的智慧，还必须有充分的信心和非凡的勇气……这样的人选直到目前我还未见到，你帮我寻找和挖掘一位好吗？""好的，好的。"助手很温顺很尊重地说，"我一定竭尽全力地去寻找，以不辜负您的栽培和信任。"哲人笑了笑，没再说什么。

那位忠诚而勤奋的助手，不辞辛劳地通过各种渠道开始四处寻找了。可他领来一位又一位，都被哲人一一婉言谢绝了。某一次，当那位助手再次无功而返地回到哲人病床前时，病入膏肓的哲人硬撑着坐起来，抚着那位助手的肩膀说"真是辛苦你了，不过，你找来的那些人，其实还不如你……""我一定加倍努力，"助手言辞恳切地说，"找遍城乡各地、找遍五湖四海，我也要把最优秀的人选挖掘出来，举荐给您。"哲人笑笑，不再说话。

半年之后，哲人眼看就要告别人世，最优秀的人选还是没有眉目。助手非常惭愧，泪流满面地坐在病床边，语气沉重地说："我真对不起您，令您失望了！""失望的是我，对不起的却是你自己。"哲人说到这里，很失意地闭上了眼睛，停顿了许久，才又不无哀怨地说："本来，最优秀的就是你自己，只是你不敢相信自己，才把自己给忽略、给耽误、给丢失了……其实，每个人都是最优秀的，差别就在于如何认识自己、如何发掘和重用自己……"话没说完，一代哲人就永远离开了他曾经深切关注着的这个世界。那位助手非常后悔，甚至后悔、自责了整个后半生。

为了不重蹈那位助手的覆辙，每个向往成功、不甘沉沦者，都应该牢记一位哲人说过的这样一句至理名言："每个人都有大于自身的力量。他们每个人就是一座金矿，关键是如何发掘自己。"

镭的发现者——居里夫人，当初穿着沾满灰尘和油污的工作服，从堆积如山的铀沥青中寻找镭的踪迹时条件非常艰苦，但她信心百倍。成功之后她对她的朋友说："无论做什么事情，我们都应该有恒心，特别是自信心。"

由此可见，事业上的成功固然由多种因素组成，但自信心就是成功者的必备特征，拥有了信心就拥有了成功的一半！同样说明这个道理的还有这样的一个故事：

一个纽约的商人看到一个衣衫褴褛的铅笔推销员，顿生一股怜悯之情。他把1美元丢进卖铅笔人的盒子里，就准备走开，但他想了一下，又停下来，从盒子里取了一把铅笔，并对卖铅笔的人说："你跟我都是商人，只不过经营的商品不同，你卖的是铅笔。"几个月后，在一个社交场合，一位穿着整齐的推销商迎上这位纽约商人，并自我介绍："你可能已经记不得我了，但我永远忘不了你，是你重新给了我自尊和自信。我一直觉得自己和乞丐没什么两样，直到那天你买了我的铅笔，并告诉我是一个商人为止。"

"推销员"一直当乞丐，不就是因为缺乏自信心吗？就是从纽约商人的一句话中，"推销员"找到了自尊和自信，并开始了全新的生活，从中不难看出自信心的威力。缺乏自信常常是性格软弱和事业不能成功的主要原因。对此，著名的推销员齐格曾有过切身的体会。

齐格曾参加过一个由梅里尔指导的全日制培训课程。培训结束后，梅里尔先生将齐格留下说："你有许多能力，你可以成为一个了不起的人，甚至一个全国优胜者。我绝对相信，如果你真正投入工作，真正相信自己，你能冲破一切困难获得成功。"说真的，齐格细细品味这些话时，他惊呆了。你必须理解齐格当时的处境，才有可能意识到这些话对他有多大的影响。他回忆道："当我是个小男孩时，我长得很小，即使在穿得最多时也没超过54千克。我上学后，从五年级开始，放学后和周六的大部分时间都在工作，运动方面也不是很活跃。另外，我还很胆小，直到17岁才敢和女孩约会，而且还是别人指定给我的……一个盲目性约会；一个从小镇中出来的小人物，希望回到小镇上一年赚上 5 000 美元，我的自我意识仅限于此。现在却突然有一个受我尊敬的人对我说‘你能成为一个了不起的人’！”所幸的是，齐格相信梅里尔先生，开始像一个优胜者一样思想、行动，把自己看成优胜者，于是，他真的就像个优胜者了。到最后齐格终于成功了。他说：“梅里尔先生并未教很多推销技巧，但那年年底，我在美国一家有 7 000 多名推销员的公司中，推销成绩列第二位。我从用大众车变成用豪华小汽车，而且有望获得提升。第二年，我成为全州报酬最高的经理之一，后来我成为全国最年轻的地区主管人。”

齐格遇到梅里尔先生后，并不是获得了一系列全新的推销技巧，也不是他的智商提高了多少，只是梅里尔先生让他确信自己有获得成功的能力，并给了他目标和发挥自己能力的信心。

可见，人只有自信，才能自强不息，才能使人为自己的理想而努力奋斗。只有自信，才能使人在艰苦的事业中保持必胜的信念，才能使人有勇气前进。人，如果缺乏自信心，会使人对自己的美好理想放弃争取，会使人浑浑噩噩、碌碌无为；人，如果缺乏要干成一番事业的自信心，通向成功之路的航船就要在沙滩搁浅，终生也托不起成功的巨轮。现实生活中，自信心是大力之神，它能使弱者变强，使强者变得更强。

不要找任何借口

人的一生不可能一帆风顺，会遇到很多困难和失败。而每个人面对失败的态度也都不一样。有些人不把失败当回事，他们认为“胜败乃兵家常事”；也有人拼命为自己的失败找借口，告诉自己，也告诉别人：他的失败是因为别人扯了后腿、家人不帮忙，或是身体不好、运气不佳等。总之，他们可以找出一大堆理由。

于是，各种借口造成的消极心态，就像瘟疫一样毒害着他们的灵魂，并且互相感染和影响，极大地阻碍着他们正常潜能的发挥，使许多人未老先衰，丧失斗志，消极处世。对于这些人来说，借口已经“吃掉”了他们做事的希望。

阿强和阿亮是少年时代的同乡，有一天两人在街上偶遇，十几年未见面，大家都颇为感慨，于是亲切地了聊起来。然而，在谈到未来打算时，阿亮说自己已经“老”了，“现在只是为了孩子赚钱，还有十几年就要退休养老了，没有其他想法了”。阿强却兴奋地讲述了一大串的计划设想。

阿亮才三十五六岁，怎么就等待退休养老呢？怪不得这个社会有那么多失败者，他们不努力去追求成功，却随意找借口，迎接和等待人生的失败。

阿亮在少年时代是一个中等偏上智力水平的人，家境也不错，父亲是国家干部，母亲也有工作，在当年可算是一个让人羡慕的家庭。他现在在某国有企业当职员，当过兵，老婆在机关工作，他们有一个男孩在读小学。在当今中国，他是一个拥有三口之家的典型男子。按说他现在最具有条件去设立某个目标，努力攀登。遗憾的是，他竟然放弃了一切追求。年龄的借口显露了他的消极心态。

三十五六岁是最有作为、精力最旺盛的时候。因为这个时候，人们已经成熟，容易认识和把握自己。许多成功者，大都是在 30 ~ 60 岁的年龄阶段完成的。

北京天安制药集团总裁克键，49 岁才开始辞职创业。山东乳山百万富翁、养蚶专家辛启泰，50 岁才从海边滩涂上寻找成功之路。四川“蚊帐大王”“杨百万”，66 岁才从摆小摊开始做生意。美国前总统里根 73 岁还参加竞选。

据拿破仑·希尔对 2 500 人进行分析，反映出很少有人在 40 岁以前取得事业上的成功。美国著名的汽车大王福特，40 岁还没有迈出成功的重要步伐。美国钢铁大王安德鲁·卡内基在取得巨大成就之时，已过 40 岁。希尔出版第一本成功学著作时已是 45 岁，之后他为成功事业还工作奋斗了 42 年，当他 80 岁的时候还在出书。

当然，现代社会发展比较迅速，40 岁之前成功的例子已比比皆是，这也说明“我还年轻”的借口同样站不住脚。但由于各人的条件、目标、成功的内容和起始点不同，40 岁以后成功的例子也仍然相当普遍。所以，年龄绝不能成为不成功的借口。

“我没有受过良好的教育”、“我没有文凭”，这是不少人常用的借口。事实上学习知识的途径多种多样，学校教育、文凭教育，仅仅是千百万条求知途径中的一种。其实，从学校的书本上学东西，常常有很大的局限性。真正的教育来自社会大学和自学。

现在来看看一些成功人士的教育与文凭情况：“果喜集团”总裁张果喜，小学文凭；亿万富翁赵章光，高中文凭；美国钢铁大王安德鲁·卡内基，13 岁开始工作，几乎没接受什么正规教育；美国石油大王洛克菲勒，高中辍学；日本“经营之神”松下幸之助，小学四年级的学历；香港富商李嘉诚，初中二年级的学历。这些成功者的知识与能力全靠自学而来。

受到良好的学校教育，当然对成功更有利，没有受到良好的学校教育的人，只要愿意，自学永远不晚。现在越来越多的成人教育和职业培训，为自学成才的人提供了广阔的天地。

“我没有资金，所以我不能成功……”事实是，有资金可以帮助你成功，但没有资金，只要想办法同样可以创业赚钱、获得成功。当代中国百万富翁、亿万富翁，几乎全是白手起家。国外白手起家的富翁也到处可见。其实，资金来源途径很多：积少成多，大雪球是从小雪球滚成的；向亲朋好友借钱集资；寻找一个能生财的门路；抓住机会找银行贷款；找有钱单位和个人合伙；集资入股——许多做大生意的人，都不是靠个人的资金，而是充分利用了银行和社会的闲散资金。

此外，还有“运气”借口、“健康”借口、“出身”借口、“人际关系”借口等。拿破仑·希尔在他的《思考致富》里将一位个性分析专家编的借口表列出来，居然有 50 多个。拿破仑·希尔说：“找借口解释失败全是人类的习惯。这个习惯同人类历史一样源远流长，但对成功却是致命的破坏。”

正像任何传染病都可以治疗一样，“借口症”这种做事的心态病也是可以想办法克服的。办法之一就是用事实将借口一一驳倒，使它没有脸面没有理由在人们心中立足，从而为人们成就事业打开通道。

带上使命远行

一个人为自己制定了远大的理想，就好比在生活的土壤中埋下了希望的种子。理想的种子要想绽放成功的花朵，还需要细心的呵护才行。这种呵护就是你的使命感。理想的制定很简单，但实行起来往往却困难重重，鸿鹄为何不惧风雨地前行？正是因为它们具有志在高远的使命感！

使命感就是人们对于自己理想的忠诚、执著和狂热，以及把理想的信条贯穿于自己生命全部的信念！使命感给你的理想装上了翅膀和轮子，给你生命的战车装上了盔甲和武器。它们能让理想走得更快，让生命的战车战无不胜，攻无不克！

一次，松下集团为了选拔一位南美区的总负责人，在全世界的各个部门内寻找最优秀的人选。经过激烈的竞争和层层选拔，最后剩下两位最优秀的松下中层主管被送往总部接受总裁的面试。

两位主管，一位来自美国松下公司客服部的经理马克·戴维；另一位是来自马来西亚松下公司产品开发部的负责人日籍马来西亚人阿巴蒂姆。两人都在松下公司任职多年，并且各自都有过辉煌的业绩。这次在众多的松下员工中，他们能脱颖而出，也充分显示了他们不俗的实力。

他们接到通知："总裁松下幸之助先生让你们去东京帝国酒店，在那里你们将会得到面试。"

东京帝国酒店是全日本最好的酒店，他俩兴冲冲地赶到了帝国酒店。酒店经理听了他们的来意之后，笑容可掬地对他们说道："松下先生让你们在我这儿做一个星期的服务生，这就是他给你们的面试题。"

"服务生？"戴维和蒂姆一脸的惊愕，酒店经理看了看他俩僵硬的表情，依然笑容可掬地继续道："从现在开始你们已经是我的员工了，根据酒店的安排你们可以去洗厕所了。"

当马克·戴维的手拿着抹布伸向马桶时，胃里立刻有如翻江倒海，恶心得想呕吐却又吐不出来，"太难受了！"他甩下抹布，冲出了卫生间对酒店经理说："上帝，我干不了这个！"

酒店经理微笑着对戴维说："你去看看阿巴蒂姆是怎么做的吧！"

马克·戴维来到阿巴蒂姆要擦洗的那个卫生间，只见阿巴蒂姆高高地挽起他那洁白的衬衣衣袖，拿着抹布一遍遍地认真地抹洗着马桶，直到抹洗得光洁如新。

戴维看得目瞪口呆，惊讶地问道："你是如何让自己做到这一点的？"

阿巴蒂姆严肃地说："使命感，当你在工作时带上使命感，对于任何工作你都会觉得是必须认真去完成的，就好比带着使命高飞的鸿鹄；它们是不会惧怕任何风雨的，甚至是丢了性命也在所不惜，更何况是擦洗马桶这一点点小事！"

戴维不解地问道："那么你的使命感从哪里来？"

阿巴蒂姆说："使命感来自高远的志向，我不想安于目前的状况，虽然相比之下，我们的成就已经不小了，但我想成为像松下先生那样的人物，既然他让咱们到这里洗厕所，自然会有他的道理，因此我必须保有一颗虔诚的心来对待这份工作，自然而然地也就产生了无比强烈的使命感，对洗马桶也就感觉不到恶心了！"

戴维恍然大悟地说："愿来你是志如高远的鸿鹄，为了能成为像松下先生那样的企业管理者，你一直让你的使命感与你同行，难怪你会做得如此的出色。就算让我这辈子都洗厕所，我也要做一名最出色的洗厕所人，只有带着这样的使命感，我才会永远跑在别人的前面啊！"戴维说完，敬佩地握了握蒂姆的手，回到自己的那个卫生间，也将马桶擦洗得"光洁如新"。

当然，最终阿巴蒂姆成了南美地区的总负责人。

在一种强烈的使命感陪伴下，戴维和阿巴蒂姆最终都成为了优秀的高级企业管理者，戴维还创建了自己的公司，成就了非凡的业绩。

一个没有使命感的人，他会被一点点困境轻易地打败。拥有使命感，你的内心就会主动地召唤你去靠自己成功，即使是再艰苦劳累的工作，对你来说，也是快乐的和必需的！当你拥有想成为一名优秀人的使命感时，那么成功的光环也就朝着你闪耀了。

比尔·盖茨为什么还要工作

比尔·盖茨的财产净值按照2011年《福布斯》杂志的估算已超过560亿美元。如果他和家人每年用掉一亿美元也要560多年才能用完这些钱——这还没有计算这笔巨款带来的巨大利息。那他为什么还要每天工作?

世界知名导演斯蒂芬·斯皮尔伯格的财产净值估计为10亿美元，不像比尔·盖茨那么多，不过也足以让他在余生享受优裕的生活了，但他为什么还要不停地拍片呢?

美国维亚康姆公司董事长萨默·莱德斯通在63岁时开始着手建立一个很庞大的娱乐商业帝国。63岁，在多数人看来是尽享天年的时候，他却在此时做了很重大的决定，让自己重新回到工作中去，而且，他总是一切围绕维亚康姆转，工作日和休息日、个人生活与公司之间没有任何的界限，有时甚至一天工作24小时。你想他哪来的这么大的工作热情呢?

诸如此类的例子还有很多。那些拥有了巨额“薪水”的人们，不但每天工作，而且工作相当卖力。如果你跟着他们工作，一定会为工作时间太长而感到筋疲力竭。那么，他们为何还要这么做，是为钱吗?

还是看看萨默·莱德斯通自己对此的看法：“实际上，钱从来不是我的动力。我的动力是对于我所做的事的热爱，我喜欢娱乐业，喜欢我的公司。我有一种愿望，要实现生活中最高的价值，尽可能地实现。”

是的，正是这种自我实现的热情，使他们热衷于他们所做的事业，并非单纯地为了名和利，甚至当他们可以控制生活的时速时，他们的脚还是不会离开油门。

一些心理学家发现，金钱在达到某种程度之后就不再诱人了。人生的追求不仅仅只有满足生存需要，还有更高层次的需求，有更高层次的驱使。其中，实现自我的需要层次最高，动力最强。

一个人做他适宜且喜欢的工作，在工作中发挥最大的才华、能力和潜在素质，不断自我创造和发展，他就满足了自我实现的需要。有实现自我的动力的人，往往会把工作当做是一种创造性的劳动，竭尽全力去做好它，使个人价值得到确证和实现。在自我实现的过程中，他将体会到满足感，内心充实就如同植物发芽般迅速膨胀。

你难道从未感觉到满足感所带来的狂喜吗？你难道还没找到目标，没有获取成长的力量吗？你难道还没有推动力吗？那你还没有自我实现的强烈愿望。要知道，对于人生的真正意义的追求，能够使人们热血沸腾，使人们的灵魂燃亮。这种追求并不仅仅局限于一般意义上的维持生计，它在更高层次上与人们身边的社会息息相关，并且能够满足人们精神上的最终需求。

只有在追求"自我实现"的时候，人才会迸发出持久强大的热情，才能最大限度地发挥自己的潜能，最大限度地服务于社会。这种热情不只是外在的表现，它发自内心，来自你对自己工作的真心喜欢。

这里谈的不是瞬间的热情（这种偶尔的热情每个人都体验过），而是可以驱动一个人达到不凡成就的持久热情。相比那些被薪水所驱动的前行者而言，为满足"自我实现"这一人类最高需求而奋斗的人只占少数，所以说，持久的热情在一般人当中就像钻石般少有，然而，在逐梦者和成功者当中，这种热情就像空气般普遍。

热情是梦想飞行的必备燃料。这种燃料一旦被点燃，将让你的引擎在飞行期间生气勃勃地持续运转。有史以来，热情驱使着世界上最杰出的人士，为追求"自我实现"而在他迷恋的领域里到达人类成就的巅峰，同时推动着社会的进步。就让热情也为你做同样的事吧。

即使你还没有达到自我实现的境界，你也不要麻痹自己——认为自己工作就是为了赚钱。不要对自己说："既然老板给的少，我就少干，没必要费心地去完成每个任务。"或者安慰自己："算了，我技不如人，能拿到这些薪水也知足了。"而应该牢记，金钱只不过是许多种报酬中的一种，你所追求的是自我提高，所以要保持积极的工作态度。消极的思想会让你看不到自己的潜力，会让你失去前进的动力和信心，会让你放弃很多宝贵的机会，使你与成功失之交臂，也永远无法达到自我实现的最高境界。

第三章　一滴汗水一分收获——敬业要高调

敬业和勤奋让你一生受益

在你的单位或其他单位，一些年老的同事可能有些感慨：现在的年轻人敬业精神不如以往，工作漫不经心，犯了错他人也说不得，要求严格了，便一走了之。而且能虚心学习、苦干实干、认真负责的实在不多。

在这里先不讨论这些老同事的观点是否正确，但其中有一点至关重要，即一个人的敬业精神。这也是现代人应该具备的职业道德，如果你在工作上能敬业，并且把敬业当成一种习惯，你会一辈子从中受益。

所谓“敬业”，就是要敬重你的工作！这可以从两个层次去理解。低层次来讲，“拿人钱财，与人消灾”，也就是说，敬业是为了对老板有个交代。如果上升一个高度来讲，那就是把工作当成自己的事业，要具备一定的使命感和道德感。不管从哪个层次来讲，“敬业”所表现出来的就是认真负责——认真做事，一丝不苟，并且有始有终！

很多年轻人初入社会时都有这样的感觉，自己做事都是为了老板，为他人挣钱。其实，这也并无什么关系，你出钱我出力，情理之中的事。再说，要是老板不赚钱，你怎么可能在这一公司好好待下去呢？但有些人认为，反正为人家干活，能混就混，公司亏了也不用我去承担，他们甚至还扯老板的后腿，背地里做些不良之事！稍加细致地想想，这样做对你自己并没什么好处。工作敬业，表面上看是为了老板，其实是为了自己，因为敬业的人能从工作中学到比别人更多的经验，而这些经验便是你向上发展的垫脚石，就算你以后换了地方、从事不同的行业，你的敬业精神也必会为你带来助力！因此，把敬业变成习惯的人，从事任何行业都容易成功。

有人天生有敬业精神，任何工作一接上手就废寝忘食，但有些人的敬业精神则需要培养和锻炼。如果你自认为敬业精神不够，那就应趁年轻的时候强迫自己敬业——以认真负责的态度做任何事！经过一段时间后，敬业就会变成一种习惯！养成敬业的习惯之后，或许不能立即为你带来可观的好处，但可以肯定的是，如果你养成了一种“不敬业”的不良习惯，你的成就相当有限，你的那种散漫、马虎、不负责任的做事态度已深入你的意识与潜意识，做任何事都会“随便做一做”，结果就可想而知了。如果到了中年还是如此，很容易就此蹉跎一生！

所以，“敬业”短期来看是为了雇主，长期来看是为了你自己！此外，敬业的人还有其他好处：容易受人尊重。就算工作绩效不怎么突出，但别人也不会去挑你的毛病，甚至还会受到你的影响哩；易于受到提拔，老板或主管都喜欢敬业的人，因为这样他们可以减轻工作压力，事情交给你放心。你如此敬业，他们求之不得。

天道酬勤

原一平素有日本的“推销之神”之称。一次在他69岁生日的宴会上，当有人问他推销成功的秘诀时，他当场脱掉鞋袜，将提问者请上台说：“请您摸摸我的脚板。”

提问者摸了摸，十分惊讶地说：“您脚底的老茧好厚哇！”

原一平笑笑说：“因为我走的路比别人多，跑得比别人勤，所以脚茧特别厚。”

提问者略一沉思，顿然醒悟。

“勤能补拙是良训，一分辛苦一分才。”伟大的成功和辛勤的劳动是成正比的，有一分劳动就有一分收获，日积月累，从少到多，奇迹就可以创造出来。原一平脚板上的老茧，分明写着同样的一个字，那就是“勤”。

人们常说：有耕耘才有收获。一个人的成功有多种因素，环境、机遇、学识等外部因素固然都很重要，但更重要的是依赖自身的努力与勤奋。缺少勤奋这一重要的基础，哪怕是天赋异禀的雄鹰也只能栖息于树上，望天兴叹。而有了勤奋和努力，即便是行动迟缓的蜗牛也能雄踞山顶，观千山暮雪，望万里层云。懒惰的人花费很多精力来逃避工作，却不愿花相同的精力去努力工作。其实，这种做法完全是在愚弄自己。勤奋真的很难吗？勤奋不是天生的，而是后天培养出来的好习惯。大凡有所作为的人，无不与勤奋的习惯有着一定的联系。“将勤补拙”是李嘉诚的一条重要的人生准则，也是他成功的经验之一。

米开朗基罗曾经有这样一段评价另一位天才人物拉斐尔的话：“他是有史以来最美丽的灵魂之一，他的成就更多的是得自于他的勤奋，而不是他的天才。”也有人问及拉斐尔本人如何能够创造出这么多奇迹一般完美的作品时，拉斐尔回答说：“我在很小的时候就养成一个习惯，那就是从不忽视任何事情。”直到这位艺术家突然驾鹤西去之际，整个罗马为之悲痛不已。罗马教皇利奥十世更是为之痛哭流涕。拉斐尔终年 38 岁，但在他短暂的一生中竟然留下了 287 幅油画作品和 500 多张速描。仅仅这些简简单单的数字，难道还不能给那些懒惰散漫、游手好闲的年轻人深刻的警示吗？

哈默曾经说过：“幸运看来只会降临到每天工作 14 小时，每周工作 7 天的那个人头上。”他是这么说的，也是这么做的，他 90 多岁时仍坚持每天工作 10 多个小时，他说：“这就是成功的秘诀。”巴菲特认为，培养良好的习惯是非常关键的一环。一旦养成了一种不畏劳苦、敢于拼搏、锲而不舍、坚持到底的劳动品性，则无论你干什么事，都能在竞争中立于不败之地。

俗话说：“勤奋是金。”一个芭蕾舞演员要练就一身绝技，不知道要流下多少汗水、饱尝多少艰辛，一招一式都要经过难以想象的反复练习。著名芭蕾舞演员泰祺妮在准备她的晚场演出之前，往往得接受她父亲两个小时的严格训练。歇下来时真是筋疲力尽！她甚至累得想躺下来，但又不能脱下衣服，只能用海绵擦洗一下，借以恢复精力。人们看到的舞台上那只灵巧如燕的小天鹅，表现得是那样的轻盈、自信。但这又来得何其艰难！台上一分钟，台下十年功！这其中的酸楚或许只有她自己才会真正的体会吧！

勤奋是一种重要的美德。坐等着什么事情发生，就好像等着月光变成银子一样渺茫。希望冥冥之中自由上天的眷顾，那也是不可能实现的痴人妄想。这些想法往往都是懒惰者的借口，是缺乏长远规划者的托词。有一次，牛顿这样表述他的研究方法：“我总是把研究的课题置于心头，反复思考，慢慢地，起初的点点星光终于一点一点地变成了阳光一片。”牛顿毫无疑问是世界一流的科学家。当有人问他到底是通过什么方法得到那些非同一般的发现时，他诚实地回答道：“总是思考着它们。”

正如其他有成就的人一样，牛顿也是靠勤奋、专心致志和持之以恒才取得成功的，他的盛名也是这样换来的。放下手头的这一课题而从事另一课题的研究，这就是他的娱乐和休息。牛顿曾说过：“如果说我对公众有什么贡献的话,这要归功于勤奋和善于思考。只有对所学的东西善于思考才能逐步深入。对于我所研究的课题我总是追根究底，想出个所以然来。”

研究一下那些伟大作品的“初稿”，也是一件很有意思的事情，从杰斐逊起草的《独立宣言》到朗费罗写成《生命之歌》，没有哪一部作品在最终完稿前不是经过反复修改和润色加工而成的。据说，拜伦的《成吉思汗》甚至是写了一百多遍才最终定稿的。

美国伟大的政治家亚历山大·汉密尔顿曾经说过：“有时候人们觉得我的成功是因为我的天赋，但在我看来，所谓的天赋不过就是努力工作而已。”美国另一位杰出的政治家丹尼尔·韦伯斯特在70岁生日的时候，谈起他成功的秘密说：“努力工作使我取得了现在的成就，在我的一生中，从来还没有哪一天不在勤奋地工作。”所以，勤奋地工作被称为“使成功降临到个人身上的信使”。

如果你时刻保持勤奋的工作状态，你就自然会得到他人的认可和称赞，同时也必然会脱颖而出，并得到成功的机会。

做一个勤奋的人，要知道，阳光每一天的第一个吻肯定会先落在那些勤奋的人的脸颊上。你要相信，在这世界上没有人能只依靠天分而成功，你只有通过自己的努力，才能走向人生的巅峰。如果你永远保持这种勤奋的工作态度，你就会得到他人的赞扬，就会赢得老板的器重，同时也会赢得更多升迁和奖励的机会。

变消极拖延为积极行动

对任何一位职业人士来讲，拖延都是最具破坏性、最具危险的恶习，因为它使你丧失了主动的进取心。而更为可怕的是，拖延的恶习具有积累性，而且会破坏你的职业信誉。

假如你也做事拖延，那你就绝不是称职的员工，自然不能信守工作中的承诺。如果你存心拖延逃避，你就能找出绝佳的托词来辩解为什么事情不可能完成或做不了，而为什么事情该做的理由却少之又少。把“事情太困难、太昂贵、太花时间”种种借口合理化，要比相信“只要我们够努力，就能完成任何事”容易得多。

如果你发现自己经常为了没做某些事而制造借口，或是想出千百个理由来为没能如期实现计划而辩解，那么现在正是该面对现实好好反省的时候了。

歌德说：“把握住现在的瞬间，从现在开始做起。只有勇敢的人身上才会赋有天才、能力和魅力。因此，只要做下去就好，在做的历程当中，你的心态就会越来越成熟。能够有开始的话，那么，不久之后你的工作就可以顺利完成了。”

很多人在要工作时会产生厌烦的情绪，如果能把这种不良情绪压抑下来，心态就会越来越成熟。而当情况好转时，就会认真地去做，这时候就已经没有什么好怕的了，而工作完成的日子也就会越来越近。总之说一千道一万，你必须即刻行动才能解决拖延问题。哪怕只是一天甚至一分钟的时间，也不可白白浪费，这才是真正积极主动的工作态度。

有一种人是典型的完美主义者，放在职场上，就成了典型的完美主义员工。他们觉得没有人能做得比他们好，所以不懂得授权给别人。他们认为自己比别人都行，因此他们从不听取别人的建议，也不要求任何协助。他们会无限地延长工作完成的时间，因为他们需要多一点时间让它更完美，而忽视别人的需要。他们以为只要他们一直在做事，就表示还没有完成；只要还没有完成，他们就可以避免别人的批评。完美主义者最实质的自我表现状态是：即使我什么事都没做，也还是比别人优越。

每时每刻总有很多繁杂的事务需要处理，如果你正受到怠惰的钳制，那么不妨就碰见的任何一件事着手。是什么事并不重要，重要的是你突破了无所事事的恶习。从另一个角度来说，如果你想回避某项杂务，那么你就应该从这项杂务入手，立即进行。否则，事情还是会不断地困扰你，使你觉得烦琐无趣而不愿意动手。

工作中，如果需要你打一个电话给客户，但由于曾经拖延的习惯，你没有打这个电话。你的工作可能因这个电话而延误，你的公司也可能因这个电话而蒙受损失，更糟糕的是，如果你的思想还停留在消极拖延的状态，你根本不会意识到由此造成公司的损失。

任何时刻，当你感到拖延苟且的恶习正悄悄地向你靠近，或当此恶习已迅速缠上你，使你动弹不得之际，你都需要用立即行动这句话来提醒自己。

自动自发地工作

不知道有多少人每天在匆忙中去上班、下班，到了固定的日子去领自己的薪水，高兴一番或者抱怨一番之后，仍然再匆忙地去上班、下班……他们几乎从未认真考虑过关于工作本身的问题：工作是什么？工作又是为什么？就是这样，很多人只是被动地应付工作，为了工作而工作。他们不可能在工作中投入自己全部的热情和智慧。他们只是在机械地完成任务，而不是去创造性地、自动自发地工作。你没有想到，你固然是踩着时间的尾巴准时上下班的，可是，你的工作很可能是死气沉沉的、被动的。当你的工作依然被无意识所支配的时候，很难说你对工作的热情、智慧、信仰、创造力被最大限度地激发出来了，也很难说你的工作是卓有成效的，你只不过是在“混工作”而已！这样的人自然与敬业无关。

哈伯德说：“工作是一个包含了诸多智慧、热情、信仰、想象和创造力的词汇。”卓有成效和积极主动的人，他们总是在工作中付出双倍甚至更多的智慧、热情、信仰、想象和创造力，而失败者和消极被动的人，却将这些深深地埋藏起来，他们有的只是逃避、指责和抱怨。显然，成功者与失败者对待工作的态度是截然相反的，这也恰恰是为什么前者是成功者而后者沦为失败者的原因所在。

工作首先是一个态度问题，是一种发自肺腑的爱，一种对工作的真爱。工作需要热情和行动，工作需要努力和勤奋，工作需要一种积极主动、自动自发的精神，只有以这样的态度对待工作，你才可能获得工作所给予的更多的奖赏。

老板心里很清楚，那些每天早出晚归的人不一定是认真工作的人，那些每天忙忙碌碌的人不一定是优秀地完成了工作的人，那些每天按时打卡、准时出现在办公室的人不一定是尽职尽责的人。

对很多人来说，每天的工作可能是一种负担，一种不得不完成的任务，你并没有做到工作所要求的那么多、那么好。对每一个企业和老板而言，他们需要的绝不是那种仅仅遵守纪律、循规蹈矩，却缺乏热情和责任感，不够积极主动、自动自发的员工。

工作需要自动自发，工作就是要付出努力，正是为了成就什么或获得什么，我们才专注于什么，并在那个方面付出精力。从这个意义上说，工作不是我们为了谋生才去做的事，而是超越了工作主体自身的职能而要去做的事！

成功取决于态度，取决于自动自发的主动态度。所谓的主动，指的是随时准备把握机会，展现超乎他人要求的工作表现，以及拥有“为了完成任务，必要时不惜打破常规”的智慧和判断力。知道自己工作的意义和责任，并永远保持一种自动自发的工作态度，为自己的行为负责，是那些成就大业之人和凡事得过且过之人的最根本区别。明白了这个道理，并以这样的眼光来重新审视我们的工作，工作就不再成为一种负担，即使是最平凡的工作也会变得意义非凡。

比老板更积极主动地工作

如果你想取得优秀员工那样的成绩，办法只有一个，那就是比那个优秀员工更积极主动地工作；如果你想取得像老板今天这样的成就，办法只有一个，那就是比老板更积极主动地工作。

事实的真相是，很多人认为公司是老板的，自己只是替别人工作，再有工作表现，再有业绩，得好处的还是老板，与己无关。存在这种想法的人很容易成为“按钮”式的员工，天天按部就班地工作，缺乏活力，有的甚至趁老板不在就没完没了地打私人电话或无所事事地遐想，这种想法和做法无异于在浪费自己的职场前程。

英特尔总裁安迪·葛洛夫应邀对加州大学伯克利分校毕业生发表演讲的时候，提出以下的建议：

“不管你在哪里工作，都别把自己当成员工，应该把公司看做自己开的一样，这样你才不会成为某一次失业统计数据里头的一分子。”而且千万要记住：从每周新的工作之日起都要这么办。

那么如何才能够把自己当做公司老板的想法表现于行动呢？那就是要比老板更积极主动地工作，对自己所作所为的结果负起责任，并且持续不断地寻找解决问题的办法。照这样坚持下去，你的表现便能达到崭新的境界，为此你必须全力以赴。

任何时候，不要认为老板整天只是打打电话，喝喝咖啡那样轻松。实际上，他们只要清醒着，头脑中就会思考着公司的行动方向。一天十几个小时的工作时间并不少见，所以不要吝惜自己的私人时间，除了自己分内的工作之外，尽量找机会为公司作出更大的贡献，让公司觉得你物超所值，要尽量彰显自己的重要性，使自己不在工作岗位上的时候，公司的运作显得很难进行。

另外，任何工作都存在改进的可能性，抢先在老板提出问题之前，已经把答案奉上的行动是最深得老板之心的，因为只有这样的职员才真正能减轻老板的精神负担。工作交到老板手上后，他就不用再为此占用大脑空间，可以腾出来思考别的事情了，当然，能够做到这一点的人并不多。

老板之所以成功，就是因为他们能一步步积累，而且从不满足，如果你想比老板更出色，就应该时刻警告自己不要躺在安乐椅上躲轻闲，让自己每天都站在别人无法企及的位置上，这样机会很快会垂青于你。

没有一股认真精神是不行的

1790年12月，俄军与土耳其军队进行了一次交战，战争发生在土耳其在多瑙河最坚固的堡垒伊兹梅尔，这是一次经典的城市攻防战。

伊兹梅尔要塞位于多瑙河右岸，控制着多瑙河下游，战略地位极为重要。该要塞壁垒森严，城墙壁立，壕沟环绕，大有一夫当关，万夫莫开之势。当时，驻守伊兹梅尔要塞的土军共有3 5000人，装备有300门火炮。俄军攻城兵力为31 000名步骑兵、600门火炮和200余艘多瑙河区舰队的小型舰艇。

俄军久攻不下之际，苏沃洛夫奉命来到前线。他用了8天时间做准备，然后给伊兹梅尔城卫戍司令送去一封劝降信，信中写道："我已统率大军到此，给你24小时的时间考虑。只有投降，才有自由。一旦进攻发起，你只有死路一条，攻城就意味着你们灭亡！"

伊城守将艾多斯·穆罕默德却是十分相信自己的力量，傲慢地复信道："天可以塌，多瑙河水可以倒流，但伊兹梅尔绝不投降！"

可是，一天后，在苏沃洛夫部署下的俄军就占领了固若金汤的伊兹梅尔。土耳军军队士兵全被击毙或俘虏，仅有1名土耳其士兵逃出了城堡，游过了多瑙河，将伊兹梅尔失陷的消息带给了土耳其苏丹，但却被恼羞成怒的苏丹下令斩了首。

战后，苏沃洛夫在给沙皇叶卡捷琳娜二世的奏表中是这样描述伊兹梅尔之战的："没有任何一个堡垒比伊兹梅尔更坚固，没有任何一个抵抗比伊兹梅尔更激烈，但是它在我皇的宝座之下倒下来了，这是英勇进攻的结果。"这句话后来被镌刻在苏沃洛夫的纪念碑上。

当时，土耳其军队不仅数量上占优势，而且有坚固的城堡，对俄军来说，要打下这个堡垒是很艰难的。这次战役的快速取胜是建立在极其认真的战斗精神之上的。

苏沃洛夫将指挥部设在城堡附近的特鲁巴耶夫高地，在这里完成了与攻城有关的各项准备工作，他对作战中可能出现的各种情况都一一做了周密细致的安排，并为官兵制定了专门手册，其内容包括攻城作战及城内作战规则。

他仿照伊兹梅尔堡的样子在城堡附近的布斯罗克镇建造了一个土围，每天夜里让士兵一批接一批练习攻城动作。并下令从速制造填塞壕沟的用具以及攀登城墙用的梯子，白天则亲自带领士兵练习白刃战。苏沃洛夫鼓励士兵说："训练多流汗，战时少流血。"为了迷惑土耳其军队，俄军表面上仍在进行长期围困准备，而秘密地进行精密的强攻训练。

经过 8 天的准备，一切就绪，苏沃洛夫召开了一次战前军事动员大会。他在会上立下誓言："俄国军队已经两度攻到伊兹梅尔城下，但又两度退却。现在我们第三次来到这里，绝不能无功而返。我决心夺取这个堡垒，倘若不成功便死在城堡之下！"到会官兵众皆响应，士气大振。战斗的结果是俄军大获全胜。

许多杰出的军事家为什么能所向无敌？是因为他们不仅善于谋划，而且极其认真。哪怕只是打一场普通的战役，从战略到细节每一个方面都严格要求，保证把事情做到位，不出差错。正是这种认真的精神形成了可怕的战斗力。可见，目标的实现是认真的结果。

1898 年 12 月 26 日，玛丽·居里在提交给法国科学院的报告书上发表了自己的重大发现——放射性元素镭。这个发现动摇了几个世纪以来学者们所信守的概念——原子是不可以再分的。而放射性元素的发现，却说明了原子里面还有结构，还可以继续分。这就引起了那些墨守成规的科学家们的惊愕和疑惑。他们说：“没有人看见镭，没有原子量就没有镭！把你们的镭拿来给我们瞧瞧嘛！”

面对这一挑战，居里夫妇没有退缩，虽然前进的道路上横亘着巨大的困难，但他们要用事实来证明自己的发现。玛丽·居里和她的丈夫比埃尔在极其困难的条件下开始了提取镭的研究和实验。

他们托人从波希米亚人那里买来几吨廉价的沥青铀矿的废渣做原料。把一个没人用的破棚屋当做实验室，玻璃屋顶残缺漏雨，下面是泥土地，里面潮乎乎的，散发着一股霉味。夏天闷热，冬天寒冷，屋内没有导出有害气体的烟囱，大部分的炼制工作必须在室外进行。德国化学家奥斯特瓦尔德在参观这个实验室后曾惊讶地说：“实验室既像马厩，又像马铃薯地窖，若非我看到工作桌上有化学仪器，我会把它看做是一个玩笑。”

居里夫妇并没有因艰苦而放弃，而是坚持试验。比埃尔负责试验确定镭的特性，玛丽继续提炼纯镭盐。提炼纯镭盐是一种比较繁重的适于男人干的活，玛丽从早到晚总在棚屋内外忙碌着，她装桶，用沉重的比她还高的铁棒搅拌，来回倒腾铀矿的浸出液，照料着沸腾混浊的混合液。大桶大桶的铀矿渣被煮沸，冒着泡，散发着难闻有害的浓烟。有时骤雨来临，他们就不得不匆忙往屋子里搬。为了不中断工作，他们常常在试验现场进餐。实在累极了，他们便席地而坐，边休息边谈论着实验工作。

居里夫妇整天紧张地忙碌着，不惧严冬和盛夏，也不分黑夜和白天。很快，两年过去了，比埃尔常常生病，玛丽也日渐消瘦。一次次试验，一次次失败，但他们没有灰心。功夫不负有心人！1902年的一天，在他们眼前展现出一幅奇异的景象：一丝微蓝色的荧光在空中闪烁着。正如玛丽所想象的，它不但有着美丽的颜色，而且还会自动发光。这就是他们梦寐以求的、装在玻璃器皿里的宝贝——镭——发出的光芒。

居里夫妇耗费了2 000吨化学药品、800吨水、400吨粗杂的沥青矿石，经过了45个月、几万次提炼的辛勤劳动，终于从废矿渣中提炼出了1分克的氯化镭！

科学上的发现和发明在得到普遍应用以后，给人类带来的是巨大的福祉，而人类幸福生活的背后则需要诚实的工作来保证，需要用认真精神作为支撑。

2005 年，我国“神舟六号”飞船载人航天飞行圆满成功，是航天工作者紧紧瞄准人类探索宇宙活动的前沿，开创了我国航天事业的又一新境界，是我国航天事业发展史上一座新的里程碑。

“神舟六号”飞船发射后，环绕地球 76 圈，翱翔太空 115 小时 32 分钟。从点火、升空、飞翔、变轨、返回，每一个动作，每一帧图像，每一个声音，都可以说是极其精确。支持飞船的设备、设施无一故障；全系统数万个口令无一差错；从飞船顺利上天到平安落地的执行操作无一失误。

一般的商用火箭可靠性为 0.91 到 0.93，而“神六”飞船所用火箭的可靠性达到了 0.97，安全性 0.997。0.97 的可靠性，意味着 100 次发射，火箭只有 3 次可能出现问题；0.997 的安全性，是指火箭出现的 1 000 次问题里，只有 3 次可能危及航天员的生命安全。即便如此，飞船还增加了安全措施：发动机备份。“神舟六号”上共装有 56 台各种发动机，其中一半是作为备份预备的。在应急时，这些不同种类和性能的发动机，还可以互相替代。尽管自始至终没有一台发动机出过故障。

载人航天工程包括飞船、火箭、测控通信等 7 大系统。飞船的上天落地，涉及力学、地球科学、空间科学、自动控制、微电子等众多领域。全国 3 000 多家单位投入“神舟六号”研制、实验和协调配合，直接参加工程的单位有 110 多个。参与的工程技术人员超过 10 万人。

发达国家发射了 10 多次无人飞船试验，才进行载人飞行。而我国只进行了 4 次试验，就从无人跨越到有人。我国载人航天工程起步比世界航天大国晚了 30 多年，但只用了短短 11 年就赶上了。这样的发展速度不是马马虎虎、“差不多”的结果，而是认真工作的奖赏！

历史的发展已经证明，一个人没有认真精神，对人类是很难有大的作为的。今天，不管从事任何行业的工作，没有一股认真精神是不行的！

宁做工作狂，不做懒散族

有一则许多人都很熟悉的事故：

一位游客看见一个渔夫在海边躺着晒太阳，便问他为什么不出海捕鱼。渔夫反问为什么要出海捕鱼，游客说可以卖鱼赚钱。渔夫追问赚钱来干什么，游客说可以买更大的渔网更好的渔船。渔夫问买来干什么，游客说可以捕更多的鱼卖更多的钱。渔夫问要更多的钱干什么，游客说那样就可以不干活了。渔夫问不干活了干什么，游客就说可以永远在海边晒太阳了。

口令绕到这里，渔夫最经典的一句话就出来了——我现在不是在晒太阳吗？

游客的态度代表了工作狂的价值观，渔夫则是懒散一族的最佳代言人。

一直以来，“工作狂”这三个字在人们心目中都不算是褒义词。因为工作狂一直被认为是一种不健康的生活方式。之所以会这样，是因为工作狂吃饭睡觉都没准点，生活没有规律，工作节奏太紧张，压力太大。所以很多人笑话工作狂傻，不愿做工作狂。

在这个崇尚享乐主义、追求轻松生活的浮躁时代里，劝说人们去做工作狂，似乎已经变得不合时宜了。称赞别人“你很懂得享受”比说“你工作很拼命”更能让对方听了心花怒放。

时尚类报纸杂志纷纷辟出专栏，很关切地提醒人们：“你太累了，该歇歇了”，将人们的注意力引向安逸、享受的主题。这种享乐导向，塑造出了一批批懒散、叛逆、缺乏敬业精神的“懒散一族”。

然而，目前的中国是否真的富足到了可以让人们停下来好好享受的程度？你的工作负荷是否真的到了急需减负的时候？对于大多数普通的人来说，你是否真的拥有不经努力就可轻松获得成功的天赋？不是！所以你必须拼命工作。因为社会需要工作狂！

在日本，男人如果下班后早早回家，会被老婆瞧不起。按时下班意味着两种可能：一是老公没有人缘，所以没有应酬；二是在单位里无足轻重，领导没有事情给他做，是个“闲人”。无论哪种情况，都将影响家庭的收入与生活质量，被老婆鄙视。日本的男人为了装扮成受到重视的形象，宁可下班后在酒吧泡至半夜才回家，也不愿被人视做是个一下班就无事可做的窝囊废。难怪日本经济会排在世界前列，这都跟日本人勤奋卖命工作分不开。绝大多数老板都喜欢雇用最敬业、最卖命的员工。没有一家公司愿意出钱供养闲人！

比尔·盖茨常在夜晚凌晨向其下属发送电子邮件，编程人员常可在上班时发现盖茨凌晨发出的电子邮件，内容是关于他们所编写的计算机程序。盖茨经常在夜晚检查编程人员所编写的程序，再提出自己的评价。盖茨位于华盛顿湖畔对岸的办公室距其住所只有10分钟的驾车路程。一般情况，他于凌晨左右开始工作，至午夜后再返回家里，他每天至少要花数小时来答复雇员的电子邮件，可见，盖茨是个典型的工作狂。

卡尔森是卡尔森企业集团的老板，名下有全世界最大的旅行社以及瑞森大饭店。《福布斯》杂志估计他的财产近5亿美元。卡尔森是勤奋致富的典范。他是个从推着自行车卖奖券开始，一直做到全国首屈一指的大富豪的传奇人物。卡尔森认为，每周只工作40小时的人，不会有太大的出息。他的工作哲学是“星期一到星期五是在保持竞争力不落人后，星期六与星期日拿来超越他人”。

你从事的工作是帮助你把你的梦想变为现实，成功者知道在必要的时候必须超时工作。丘吉尔在二战期间一天工作16个小时。英国首相玛格丽特·撒切尔夫人具有过人的精力，她是一个“靠自己的奋斗获得成功的女士”。她很少度假，每天睡眠不超过5小时，她从低微的下层工作开始，经历了漫长的过程，成为欧洲历史上第一位女首相。由此可见，先成为一个工作狂是成功的必由之路。

每个人工作都渴望有着可观的收入，希望在工作中实现自己的人生价值，希望成功。那就必须尽可能地把时间用于工作，因为长时间的工作意味着经济繁荣和更高品质的生活。几乎所有欢乐的取得都要经历痛苦，只是承受痛苦的方式不同而已。可是不管怎样，绝不应自暴自弃，为了成功，唯有全身心投入，默默忍受奋斗的艰辛。等待你的当然并不都是成功和喜悦，但是你最终会明白，那些奋斗拼搏的日子正是追求幸福必定经历的过程。

业绩是“工作狂”最好的回报。许多刚踏入职场的年轻人，不愿为工作牺牲哪怕一丁点儿的私人时间，坚拒加班，他们的理由往往是“下班后的时间是属于我自己的，况且即使我在加班，也未必能被领导看见”。这样的年轻人是不可能在职场取得骄人成就的。

工作狂是幸福的。能成为工作狂的人说明他不仅找到了自己的价值领域，还在这个领域中投入了巨大的精力，也提高了自己的业务水平，增加了求职升职的砝码。当然工作狂并不是“过度工作者”。有人总在收拾同事的烂摊子，或者不停地做重复性的工作，工作效率低下，每天都有做不完的事，整日疲惫，久而久之，丧失了刚入行的激情，最后靠辞职来调整，这纯粹是工作过多的问题，只能称做“过度工作者”，而不是“工作狂”。

工作狂大多是他主动想要那种充实而满足的工作生活方式。懂得工作并快乐着，工作不但不会摧垮身心，反而会成为快乐生活的滋补品。工作狂并不是整天累死累活，除了工作还是工作。你可以学着做一个快乐的工作狂。比如挑一个你最感兴趣的事来做，好好经营你与家人的关系，花点时间和朋友相处，在日常生活中给自己一些奖励，这些都能让你在工作之余感受到轻松和愉快，让你做一个快乐的工作狂。

第四章 对工作负责就是对自己负责——担当责任要高调

记住，这是你的工作

威廉·贝尔特说："工作是我们用生命去做的事。"对于工作，你又怎能去懈怠它、轻视它呢？你应该怀着感激和敬畏的心情，尽自己最大的努力，把它做到完美。

美国独立企业联盟主席杰克·法里斯曾讲起他少年时的一段经历。

在杰克·法里斯13岁时，他开始在他父母的加油站工作。那个加油站里有三个加油泵、两条修车地沟和一间打蜡房。法里斯想学修车，但他父亲让他在前台接待顾客。

当有汽车开进来时，法里斯必须在车子停稳前就站到司机门前，然后忙着去检查油量、蓄电池、传动带、胶皮管和水箱。法里斯注意到，如果他干得好的话，顾客大多还会再来。于是，法里斯总是多干一些，帮助顾客去擦车身、挡风玻璃和车灯上的污渍。有段时间，每周都有一位老太太开着她的车来清洗和打蜡。这个车的车内地板凹陷极深，很难打扫。而且，这位老太太极难打交道，每次当法里斯给她把车打理好时，她都要再仔细检查一遍，让法里斯重新打扫，直到清除掉每一缕棉绒和灰尘她才满意。

终于，有一次，法里斯实在忍受不了了，他不愿意再侍候她了。法里斯回忆说，他的父亲告诫他说："孩子，记住，这是你的工作！不管顾客说什么或做什么，你都要记住做好你的工作，并以应有的礼貌去对待顾客。"

父亲的话让法里斯深受震动，法里斯说道："正是在加油站的工作使我学到了严格的职业道德和应该如何对待顾客。这些东西在我以后的职业经历中起到了非常重要的作用。”

“记住，这是你的工作！”应该把这句话告诉给每一个员工。哪怕遇到困难，我们也不能推卸责任。

对那些在工作中推三阻四，老是抱怨，寻找种种借口为自己开脱的人；对那些不能最大限度地满足顾客的要求，不想尽力超出客户预期提供服务的人；对那些没有激情，总是推卸责任，不知道自我批判的人；对那些不能优秀地完成上级交付的任务，不能按期完成自己的本职工作的人；对那些总是挑三拣四，对自己的公司、老板和工作不满意的人，最好的救治良药就是：端正他的坐姿，然后面对他，大声而坚定地告诉他：记住，这是你的工作！

记住，这是你的工作！不要忘记工作赋予你的荣誉，不要忘记你的责任，不要忘记你的使命。一个轻视工作的人，必将得到严厉的惩罚。

每一份责任都是一次机遇

世界上最大的金矿不在别处，就在你自己身上，而你却在别处不断地寻找。只要你认真对待自己的责任，珍惜自己的工作，在工作中不断思考，就能发现机会，创造不同凡响的人生。

有一个农夫拥有一块土地，生活过得很不错。但是，他听说要是找到钻石的话，他就可以富得难以想象。于是，农夫把自己的地卖了，离家去寻找钻石。农夫走向遥远的异国他乡，寻找多年，却没发现钻石，最后他囊空如洗。一天晚上，他在一个海滩自杀身亡。

那个买下农夫土地的人在散步时，无意中发现了一块异样的石头，他拾起来一看，晶光闪闪，放射出光芒。他拿给别人鉴定，发现这就是一块钻石。这样，就在农夫卖掉的这块土地上，新主人发现了从未被人发现的最大的钻石宝藏。

你也拥有钻石宝藏，那就是你的潜力和能力。你身上的这些“钻石”足以使你的理想变成现实。你必须做的，只是在工作中不断地发挥自己的潜力，做到最好，机会就会在你的身边出现。

每一份责任都是一次机遇。面对每一项任务，你首先要问的是，自己能从中学到什么新的知识，积累什么新的经验，这是不是一次挑战，自己是不是要积聚起更大的勇气，更加精力充沛地去迎接挑战？

永远不要对别人妄加揣测，更不要对自己的责任妄自菲薄。如果因此丧失工作热情，就会坐失学习和提高的机会，流失让自己更加强大的土壤。要正确认识自己的责任，把每一份责任都当作一次机会——学习的机会、锻炼的机会和得到认可的机会。

彼得到某大公司应聘部门经理，老板提出有一段试用期。但出乎彼得意料的是，他上班后被安排到基层商店去站柜台，做销售代表的工作。一开始彼得根本无法理解，但还是毫无怨言地坚持了三个月。后来，他认识到，自己对这个行业不熟悉，对这个公司也不是很了解，确实需要从基层工作做起，才可能全面了解公司，熟悉业务，何况自己虽然做的是销售代表的工作，但拿的仍是部门经理的工资。

尽管实际情况与自己最初的预想有着非常大的差距，但是彼得明白这是老板对自己的一种考验，他坚持下来了。三个月以后，他负责部门的所有工作，凭借三个月基层的工作经验，彼得带领团队取得了骄人的成绩。半年后，公司经理调走了，他得以提升；一年以后，公司总裁另有任命，他被提升为总裁。在说起往事时，他颇有感慨地说："当时忍辱负重地工作，心中别提有多委屈，但我也明白这是老板在考验我的责任感，于是坚持了下来，最终获得了老板的信任。"

每一份责任都是一次机遇，机会在每一份负责中。因此，你所能做的也必须做的就是在自己的工作岗位上兢兢业业、不断进取、全力付出，不久机会也会降临在你的头上。

当然，对于你身边那些不合心意的责任，你同样也不能说"不"。你无法断言，这项任务是否会对自己的业绩产生良好的影响，也无法确定老板是否在借机用困难考验自己。你唯一可以确定的是自己可以认真负责。不论责任是大是小，是否受益，没有人会批评你态度认真，没有人会批评你把琐碎的任务完成得尽善尽美。况且，只要认真去做，即便是简单和微小的事情也会令你从中受益。做打字员输入资料可提高你的打字速度；复印资料会让你进一步熟悉复印机，找到更有效的复印方法；当一次会议记录员可以锻炼速记能力；即便是帮同事倒杯咖啡也有与同事交流的机会……也许有一天，这些会为你带来意想不到的收获。

责任，让你变得更勇敢

责任是你每个人必须承担和无法逃避的，因为责任使你的人生变得有意义和有价值，没有责任的人生是苍白且乏味的。尽管在你承担责任的过程中，不可避免地也要承担起压力和面对各种困难，但一个真正能够承担起责任的人，是会勇敢地面对这些的。责任能够赋予你走出逆境的勇气和决心。

有这样的一个故事：

森林里，一只母虎正给小虎仔喂奶，它没发现猎人正悄悄地走近它。当它终于感觉到危险的时候，猎人已经举起了长矛。母虎想逃跑，但它又舍不得自己的孩子，为了救孩子，它放弃了逃跑，而是冲着猎人怒吼而去。发狂的母虎极其凶猛，把猎人吓傻了。因为平时，老虎看到猎人拿着长矛早就跑了。看到母虎凶怒的样子，猎人早已顾不得打猎，掉头就跑。

就这样，母虎凭着自己的勇敢，救了自己的孩子。

你当然可以认为这是老虎的本能，但它也有趋利避害的本能，为什么在一刹那间，它没有选择逃跑而选择了迎向危险？或许是责任让它变得勇敢。

一些人常常在最艰难的时候，才变得异常的勇敢。当他们走出困境的时候，他们对自己的勇敢有时会表示难以置信，觉得他们原本并不是那么勇敢的。其实，就是责任让他们变得勇敢起来。唯有责任，才会让一个人超越自身的懦弱，真正勇敢起来。

一位著名的企业家说："当我们的公司遭遇到了前所未有的危机时，我突然不知道了什么叫害怕，我知道必须依靠我的智慧和勇气去战胜它，因为在我的身后还有那么多人，可能就因为我，他们从此倒下。我不能让他们倒下，这是我的责任。”经过一番奋斗，他终于让濒危的企业重新焕发了活力。

一个有责任感的员工，当他面临挑战和困难时，他会迸发出比以往强大若干倍的能力和勇气。因为他知道，很可能因为他的胆怯和逃避让企业承受巨大的损失，只有勇敢地面对，才有可能真正担当起责任，不让企业遭受损失。一个逃避困难、不敢面对挑战的员工，很难让人相信，他会真正为企业担当什么责任，作为企业的领导，有谁敢赋予他更大的使命呢？

责任能够让人战胜懦弱和恐惧，战胜死亡的威胁。因为责任，让你变得更勇敢。

恪尽职守，塑造平凡而卓越的人生

职责伴随每一个人生命的始终。从来到人世一直到离开这个世界，你每时每刻都要履行自己的职责和义务——对上司的职责和义务，对下级的职责和义务以及对同事对家人对社会的职责和义务。凡是有人生存和活动的地方，都有你对社会应尽的职责。英国著名人士杰迈逊夫人说：“职责是把整个道德大厦连接起来的黏合剂；如果没有职责这种黏合剂，人们的能力、善良之心、智慧、正直之心、自爱之心和追求幸福之心都难以持久；这样的话，人类的生存结构就会土崩瓦解，人们就只能无可奈何地站在一片废墟之中，独自哀叹。”

持久而良好的责任心是每个人都应该具备的最起码的品德，也是一个人的最高荣誉，因为每一个有成就、有德操的人都必须靠这种持久的责任心来支撑。没有持久的责任心，人们就会在逆境中倒下去，在各种各样的引诱面前把握不住自己，而一旦一个人真正具有了牢固而持久的责任心，最软弱的人也会变得坚强起来，在逆境中勇气倍增，在引诱面前不为所动。

对于勇敢者而言，责任心是一种不可或缺的强大支撑力量。这种力量使勇敢者更坚强、更挺拔。面对世所罕见的暴风雨，庞培毅然决定率领人马乘船前往罗马。这时，他的一位很要好的朋友劝他别冒这个巨大的危险，因为在这样的风暴中行进，是要冒生命危险的。面对恶劣的天气和挚友的劝阻，庞培说道：“职责所在，我有必要立即出发，为此，我不能吝惜自己的生命。”

对于一代伟人华盛顿而言，恪尽职守的精神一直是他的动力之源。正是这种庄严的使命感使他不屈不挠、坚定异常。当华盛顿意识到自己的职责时，他就会不顾一切艰难险阻去完成民族赋予自己的崇高使命。他不是为了荣誉，也不是为了奖赏，而仅仅是因为这是他应该去奉献的正义事业。

华盛顿一生致力于正义事业，他先是担任大陆军总司令，后来又担任美利坚合众国总统。无论担任什么职务，他在履行自己的职责时都坚定不移。他总是执著于自己的事业，从不计较别人或是或非的评论，从不在乎自己的声望。有时为了恪守职责，他不惜面对大多数人的反对乃至牺牲自己的生命。

有一次，关于到底批不批准杰伊先生与英国签订条约的问题正在激烈争论之中，大多数人都希望华盛顿拒签这一条约。考虑到个人的道义和国家的荣誉，华盛顿拒绝苟同大多数人的意见。为此，社会上掀起了反对该条约的抗议运动，人们把怒火倾泻在华盛顿身上，一些抗议者向华盛顿猛扔石块。尽管如此，华盛顿忠于自己的职责，签署了该条约，尽管到处都是抗议示威游行，这一条约最终还是得到了执行。华盛顿对那些抗议者说："我之所以不顾大家的反对而签署了该条约，完全是出于对祖国的忠诚，同时也是遵守出于我内心的道德律令。"

恪尽职守是一宗伟大的精神财富，也是中华民族引以为骄傲的东西。只要这种精神永存，中华民族的未来就充满着无限的希望，中华民族的明天就会更加美好。一旦这种精神消失了、减弱了，或者被贪图享受、自私自利或虚幻的荣耀之心取代了，那么灾难就会降临到人们的头上，那中华民族离衰败、灭亡的日子也就不远了，就如晚清时期外国人对中国人的评价中的一条：缺乏责任，缺乏敬业精神。

清政府的腐败、国力的孱弱、国民的耽于安乐，使中国成为任列强宰割的"东亚病夫"。也正是在这种困难深重、民族危亡的关头，一大批仁人志士站了出来，以国家富强为己任，奉献出自己的才智乃至生命。在鸦片战争以后的整整一个世纪中，铁肩担道义、鲜血荐轩辕的仁人志士前仆后继，写下了一曲曲可歌可泣的壮歌。

今天，新中国已经以崭新的面貌站立在世界的面前，引起了世人越来越多的注目和尊重。但也不能不指出，今天的人们还必须增进责任心、加强敬业精神。无论作为个体来说，还是作为一个民族整体来说，人们时刻都不能忘记的一个词，就是“责任”！

要对自己负责

“不经历风雨，怎能见彩虹？”的确，也许你要历经多次选择，才能最终找到适合自己的职业。但是，这不应该成为你不负责任、随性而为的借口。要走，还是先履行完你的承诺。这是职场的基本要求。

毕竟，职场不是实验室。因为实验过程有错误，你可以再做一遍甚至很多遍实验，直至将所有的错误排除，最后得出正确的结论。而职场信誉不可能拿来实验，实验越多，错误也就越多，信誉度也就越低，职业发展受挫也会越多。

因此，想换一个新的环境，到一个新公司发展，不能说走就走，而应该先履行完跟该公司的合同。签了三年，只做了一年就想走，这不仅是一种对公司不负责的行为，更是一种短视的表现，是对自己的人生不负责任。

有人说：“我在这里不受重视，去别的单位发展是个非常好的机会，如果我不去的话，以后恐怕就不会有机会了。”

其实不然，只要你是个人才，随时都会有公司向你抛出橄榄枝。只要你是一块金子，到哪里都会发光。先圆满完成之前的合同，到时你想走了，公司也会想方设法来留你。

小李对小何抱怨：“我必须得离开这家公司，他们不重视我。我恨这家公司！”小何附和说：“嗯，我也有同感。我举双手赞成你报复！我们是该给这家破公司点颜色看看。不过我们现在离开，还不是最好的时机。”

小李不解地问：“离开为什么还分时机？”小何郑重其事：“如果我们现在走，公司并不会损失什么，马上就可以找到人补缺。我们应该趁着在公司的机会，拼命去为自己拉一些客户，等我们成为公司独当一面的人物之后，卷走这些客户对公司的打击不是更大吗？”

小李觉得小何说得非常在理。于是从此努力工作，事遂所愿，经过半年多的努力，他终于拥有了一大批忠实的客户。

再次见面时，小何问小李：“现在是离开的好时机了，要跳赶快行动哦！”明白了小何的苦心，小李不好意思地笑道：“总经理找我长谈过了，准备升任我为经理，我暂时不打算离开了……”

这个故事告诉人们，一个人只有踏实、勤勉地工作，真正显示出能力，老板才会给他更多的机会。对工作负责，就是对自己负责。

少一分抱怨，多一分投入

如果你去问今天的毕业生，工作好不好找，相当一部分人会说不好找；如果你去问今天的企业经理们，人才是不是很易得，同样也会有相当一部分人说找个合适的人才并不易。其中的原因，绝不是“信息不对称”所能解释的。

一些刚走出校门的大学生，心高气傲，做起事来三心二意，小事不愿做，大事做不了。常常听见他们抱怨自己工作的不是：

“我的工作真是无聊透顶！”

“每天面对重复的工作，我简直要疯了！”

“工作做完就行了，哪还管得了那么多？！”

抱怨工作乏味；抱怨公司的老板；抱怨工作时间过长；抱怨公司管理制度过严……

如果一个人经常抱怨自己的命运，把自己的不幸归咎于他人，这样的人就不是一个完整的人。你要随时随地抵制抱怨，拒绝情绪大敌，就像保护你的家不遭受盗窃一样。

当你对工作感到厌倦而提不起精神时，当你对公司的制度产生质疑时，与其抱怨，不如直面现实，正视自己的工作，或者以一种对公司负责的精神挑战公司的不合理制度，或者另寻高就，寻找适合自己发展的公司，寻找适合自己的职业。

世界第一CEO韦尔奇曾说：“与其抱怨，不如负责来做。所谓负责，更多的是一种工作态度，一种全身心投入现实生活的积极心态。”

有一位大学生毕业后在一家科研单位上班，工作很长一段时间后还是个小小的助手。每天守着那些瓶瓶罐罐，干些洗洗涮涮、扫地倒水的简单体力劳动。“大学生”怎么也想不通，逐渐就有些自暴自弃了：凑合干下去吧，等合同期一满，我就走人，这破地方不可久留。

但此后不久，一件意外的小事刺激了他：和他同学校毕业比他早两年来的师兄因为平时工作投入，被任命为课题组长。“大学生”平时和他关系不错，那位师兄从来不像“大学生”那样抱怨，相反总是安慰他要把目光放长远一些，不要只看眼前利益。

“大学生”平时总对师兄的劝告不以为然，现在似乎有点明白了：我以前怎么老有那么多不切实际的幻想呢？一个刚毕业的学生，没有任何社会经验，没有参加过多少实践活动，单位凭什么信任我、对我委以重任？平时还总是自诩有远大的抱负；其实在别人眼里只是个既不踏实又很幼稚的牢骚鬼罢了。

“大学生”终于回到了现实之中，不再总是抱怨怀才不遇了。他逐渐发现，自己平日看不起的简单工作，实际也能使自己学到很多东西：工作时经常与老板见面，很多时候能亲眼看见他们是怎么做工作的，好像并没有自己当初想象的那么复杂。他感到自己真的有了进步，并且这种进步是踏实的。

很多人总爱抱怨自己的运气不好，别人那么容易成功，而自己却总是在成功的边缘打转。其实，他们不知道，失败的原因正是他们自己。他们不肯在工作上集中全部心思和智力，做起事来无精打采、委靡不振；他们没有远大的抱负，在事业发展过程中也没有排除障碍的决心。这样怎么能成功呢？

著名投资专家约翰·坦普尔顿通过大量的观察研究，得出了一条很重要的结论：“取得突出成就的人与取得中等成就的人几乎做了同样多的工作，前者仅仅是多做了一分努力和投入，却取得了与后者有天壤之别的成就。”尽职尽责完成自己的工作，最多只能算是称职的人；如果在自己的工作中每天多做一点多投入一点，就可能成为优秀的人。

不管是在商业界还是在艺术界或体育界，在所有的领域，那些知名的、出类拔萃的人与其他人的区别在哪能里呢？回答是“就多那么一点点努力和投入”。虽然只是多了一点点，但是这一点点，可不是每个人都能做到的。

很多人把工作与酬劳计算得清清楚楚，多一分的努力都不愿意投入，或者说做了就得有回报。他们不认为多做些工作还会为自己带来什么。不要以为领导整天什么都没看见，领导的眼睛长在你的脑后，你做什么他都看得清清楚楚。

对待工作，如果你付出得越多，你得到的就越多。所以，工作中不要有“做一天和尚撞一天钟”，“拿多少钱，做多少事”的想法。如果你每天多投入一点，初衷虽然不是为了报酬，但往往获得得更多。

所以，工作时不要把时间浪费在发牢骚、抱怨等没有意义的事情上，要做，就全心全意地去做；要是不想做，就早日另谋高就。如果你只是个小技术员，你可以花上几年的时间，把你手中的工作做到尽善尽美，这样胜任愉快的工作，不比一天到晚混时间、发牢骚好得多吗？

在有些时候，抱怨的确能够赢得一些善良人的宽慰之词，使自己的内心压力暂时得到缓解。同时，口头的抱怨就其本身而言，不会给公司和个人带来直接经济损失。但是，持续的抱怨会使人的思想摇摆不定，进而影响自己对工作的投入度。抱怨使人思想肤浅，心胸狭窄。一个将自己的头脑装满了抱怨的人是无法想象未来的。抱怨只会使他们与公司的理念格格不入，更使自己的发展道路越走越窄，最后一事无成，只好被迫离开。

看看你周围那些只知抱怨而不投入工作的人吧，他们从不懂得珍惜自己的工作机会。他们不懂得，丰厚的物质报酬是建立在全身心投入工作的基础上的；他们更不懂得，即使薪水微薄，也可以充分利用工作的机会来提高自己的技能。他们在日复一日的抱怨中，而技能没有丝毫长进。最可悲的是，抱怨者始终没有清醒地认识到一个严酷的现实：在竞争日趋激烈的今天，工作机会来之不易。不对自己的工作负责，不全身心投入工作而只知道抱怨的人，总是排在被解雇者名单的最前面，不管他们的学历有多高，他们的能力是否能够满足基本的工作要求。

第五章 做好了，才叫“做了”——执行要高调

执行应该成为员工的本能

执行能力，通俗地讲，就是员工完成任务的能力。任何一家企业对员工的要求都是必须具备毫无疑问的执行能力。不论企业给员工下达何种任务，员工所要做的，就是去不折不扣地执行，而不是找出任何理由来说自己做不到。如果哪个员工认为自己做不到，那么，他就不配成为企业的员工，老板也会最终将他“请”出公司。企业对员工执行能力的这种严格要求，看上去有些不近情理，也的确使得很多人难以适应。但是，不论从企业长远利益，还是从员工个人的自身发展来看，这样的要求都不为过。因为，在当今信息化社会的大背景下，不能完整地执行自己的企业战略，将对一个企业的生存构成严重的威胁。而员工个人要想适应企业的要求，也必须不断提高自身的执行能力。否则，就将面临被企业淘汰的危险。

因此，可以这样说，执行就是员工的本能。不折不扣地执行是考验一个员工能否成为优秀员工的最终条件。如果你具备了超强的执行能力，你就可以在企业中找到一个广阔的空间供自身发展。

汤姆是一家跨国公司的分公司经理，一直以来，他都尽心尽责，非常注重考察和培养公司中有发展潜力的员工。有一天，他找到几个平时表现不错的高级主管说：“我今天有一个新的改制计划，准备融合相关部门的内部制度，重新做一些调整和更新。在实行这个计划之前，要求你们几位主管用一星期的时间到外地的其他分公司做一个全面的调查，做好情况汇总，然后把你们的意见给我汇报上来，我再据此做适当调整。半小时后开始执行！”

随后，汤姆便回到了自己的办公室，通过监控系统观察这几位主管的动向。有几位年轻主管接受任务后，很快便做起各种相关准

备了。但还有几位资格老的主管则坐在一起议论纷纷，有的说时间这么紧，根本就没有办法调查完全部企业；有的说这样做看不出有什么必要；有的还说，这么多企业要一个一个地调查，我们的人手也不够啊！况且，即使我们调查结果出来了，老总也不一定按照我们的调查结果改动计划呀。总之，就是没有要去执行任务的意思，只顾坐在那里犹豫不决，抱怨连天。

这时，有一位叫汉斯的年轻主管走了过来，对这几个主管说："时间已经不早了，我看我们还是快点行动吧，因为只有一周的时间，有什么问题还是等完成任务，回来后再说吧。"几个人听他这么说，才磨磨蹭蹭地站起来一起出去了。

一周后，这些主管都提交了调查报告，而最后那位年轻的主管得到了提拔，出任了这家分公司市场部的副经理。

经理汤姆对此事是这样说的："在任何一个企业里，老板都会非常重视员工的执行能力。只有把执行当做本能的人才受欢迎。执行是一个员工最基本的职业素质，我必须挑选能够不折不扣执行任务的人。汉斯就是这样的人。"

员工的执行能力影响着企业的计划落实和发展速度。执行能力是保证高效完成任务的方法与艺术，它不仅是企业对员工的基本要求，也是贯穿于企业经营管理全部过程的一条线，是关系企业兴亡的绝对大事。其原因就在于以下几点：

1. 企业中所有的人都是企业战略的执行者

事实上，企业中所有的人都是企业战略中的一环。企业的最高管理层是最高的执行者，中层管理者是中层执行者，是决定整个企业执行力的坚实力量，一线员工则是计划实施的最基层的执行者。

因此，对一个好员工而言，无论做什么事，都要时刻记住自己的职责，无论在什么位置上，都要对企业老板安排的工作负责。不论你的老板是什么样的意图，你的任务是容易还是艰难，你都必须做到不找借口、努力执行。员工执行力强，企业制订的计划才会落到实处，发展速度必然快。反之，计划的落实和发展速度就会受到限制，导致企业缺乏竞争力，甚至会在激烈的市场竞争中被淘汰出局。

2. 员工执行力关系到企业成败

在激烈的市场竞争中，要确保企业价值的提升，就要凝聚员工，打造员工的执行力，把提升员工执行力作为促进企业发展的一个重要突破口，将员工凝聚在企业这个集体之中，形成强大的合力，促进企业的持续发展。

细心的人稍微留意观察一下，就会发现，同是做PC产业的，唯有戴尔独占鳌头；超市行业中，唯有沃尔玛雄踞零售业榜首；满街的咖啡店，唯有星巴克一枝独秀。这些企业能在激烈竞争中最终胜出的秘诀，无疑都与其杰出的执行能力有着直接的关系。在一定意义上，可以说，企业员工对企业任务的执行能力是决定企业成败的最重要因素。

3. 能者上，庸者下，是执行的核心

很多企业每年都要花费大量的精力和金钱用在招聘优秀人才上，这是最高管理者最重要的执行内容。能者上，庸者下，必须要有铁的手腕，是最高领导者考验员工执行能力的核心所在。除此之外，对员工所执行项目的跟进考察，也是验证员工执行能力的重要内容。因为所有善于执行的人，都会热情地跟进自己制订的计划。

总而言之，执行能力对企业来说是至关重要的。没有执行精神的企业，只能算是一群“乌合之众”。作为员工，不能不折不扣地执行组织的任务，不能时刻磨炼自己的执行意识，是永远都不可能成为一名优秀员工的。

谁都青睐能不折不扣完成任务的人

现实中，经常会有人问那些用人单位的负责人：你们究竟需要什么样的人？

要回答这个问题，不妨先来看下面这个故事：

在伊拉克巴格达市，有一名被当地人尊称为“勇士”的普通邮差，名字叫法伊克·马哈茂德。现在的巴格达，是一个依然战火纷飞的危险之地，但是，他每天都通过与绑匪斗智斗勇，与武装人员捉迷藏，为巴格达人民带去了亲人的祝福和嘱托。

在巴格达，反对势力一心要通过暴力手段让那里的社会生活陷入停顿，任何为政府工作的人，都有遭到他们袭击而面临生命危险的可能。就连邮差也成了他们袭击的对象，法伊克身边的一些同事就是在工作中不幸遇难的。然而，一切可预料的危险都没有吓倒法伊克，他仍然一心一意地坚持做着邮差工作。他说，使他毅然坚持的理由只有一个，他要忠于他的职业，把信件和希望带到老百姓的手中。

正是有了对邮差的这份职业的执著，尽管出现政府的更替和上司的变换，尽管工作环境变得如此恶劣，但法伊克已当了16年邮差。战乱让巴格达市民困苦不堪，阅读亲人信件已经成为最能抚平人们战争伤痛的方法之一，法伊克说，他最大的幸福就是看到收信人在看信时露出的笑容。

面对危机四伏、困难重重的送信之路，法伊克从来没有退缩过。他说，这里所有的人都认识他，如果有枪战发生，他可以随时躲进任何人的家中。面对战乱造成巴格达市民居无定所、信件地址往往出错的难题，他还要经常去当"侦探"，去问那些店主、街头摊贩、儿童，去向任何人打听，尽自己最大的努力，找到收信人当前的住所，把信件送到收信人手上。

正是法伊克这种勇敢、聪明而又尽职尽责的行为，感动了巴格达当地越来越多的人。于是，大家越来越喜爱和尊重他，并尊称他为"勇士"。

事实上，任作何组织都需要各种各样的人才，但最需要的是那些热爱自己职业和胜任自己岗位的人，是那些能够把任务不折不扣地完成的人，是那些无论遇到什么困难都能积极地想尽办法去克服的人，是那些像巴格达邮差法伊克·马克哈茂德这样的人！

流传已久的海尔员工的事，同样可以证实这个道理。

海尔员工有一个共识："用户是衣食父母"。海尔公司认为，只有不断地为用户提供最满意的产品和服务，用户才会给企业回报最好的效益，员工的收益才会水涨船高。海尔员工在执行公司理念时，往往都是不折不扣的！在服务中，他们一直坚持"用户永远是对的"。

有一次，海尔售后服务中心接到一位用户来信，询问冷柜长时间不停机是怎么回事。但不知道是一时疏忽还是对此事不太经意。该用户没有在信封上写上联系地址，只简单地写了“浮山”两个字。遇到类似情况，有些企业的员工的常规做法是，等有了更详细的信息后再行处理。但海尔售后服务中心的员工秉持“用户永远是对的”的服务宗旨，立即派人前往落实。一名服务人员带着用户的来信和维修工具来到浮山，在密密麻麻的住宅间，一个街道一个街道地打听，直到日落，才在户籍民警的帮助下找到了来信的用户。经检查，发现故障原来是因为用户没有认真地阅读说明书，从而放了太多冷冻食品所致。服务人员毫无怨言，耐心地向用户介绍了使用知识，直到用户满意为止。

海尔有一句格言：“质量是产品的生命，信誉是企业的灵魂，产品合格不是标准，用户满意才是目的”。其售后服务中心规定，上门维修不许抽烟、喝酒、吃饭，任何人不许收受用户的礼物。后来又规定，即使用户的水也不准喝，由此就有了海尔维修人员自带矿泉水的佳话。

有一天，海尔的两名安装人员带着三台空调到一个用户家中安装。当安装到最后一台空调时，忽然下起了大雨。按照操作规定，雨天是绝对不能安装的，用户表示可改在第二天，可两位安装人员想到的是雨后肯定是大热天，用户需要尽快用上空调。于是他们决定在雨停后立即安装。雨后，他们连续工作了 3 个小时，终于在当天将空调安装完毕。

类似于这样的不折不扣执行公司各项服务守则、切实为顾客服务的故事，在海尔还有很多。

事实上，任何一家成功企业都最欢迎和重用不折不扣地执行公司规定，并切实地胜任工作岗位的员工。因为能不折不扣地完成本职工作的员工越多，企业运营就越良好，就越能创造出好的效益，获得好的结果。另外，这样的员工还能提升企业品牌的美誉度，成为众多员工的优秀榜样。

因此，要成为企业青睐的人，最好从不折不扣的执行规定、圆满地完成本职工作开始。切记，这是每个企业和组织都需要的。

阻碍执行，就是阻碍自己

对一个团队而言，要步调一致，就必须不折不扣地执行各项工作。每一位员工只有学会了坚决履行公司交给的任务，才易于被主管和同事所接纳。执行有时就是一种黏合剂，一个团队、一个组织如果没有这个黏合剂，其运营情况是不堪设想的。美国有类似微软那样大型的软件公司，而中国即使是超过1 000人的软件公司也可谓凤毛麟角。其中很重要的原因就在于企业执行能力的强弱不同。

可见，企业要想做大，要想大而有序，就一定要以执行作为黏合剂，执行所起的作用可谓重大。因为任何阻碍执行的行为都有可能给企业带来不可估量的损失。同时，阻碍执行对于员工本人来说，也绝不是一件明智的事，阻碍执行公司交给自己的任务，也是在阻碍自己的前程。

在一家香港公司的驻京办事处，只有一位主管和一位职员。由于办事处刚刚成立，需要申报税项，主管无意中发现，很多这样性质的办事处都没申报税项，再加上自己这家办事处还没有营业收入，于是就抱着一种侥幸心理没申报。

两年后，在一次税务机关例行的申报税项大检查中，税务局发现这家办事处没有纳过税，于是作出了罚款决定，数额达到十几万。远在香港的老板知道这件事后，感到很气愤，就单独质问这位主管："现在发生这样的事情，你当时是怎么想的？"

这位主管说："当时我想到了税务申报，但职员说很多公司都不申报，我们大概也不用申报吧。考虑到可以给公司省些钱，我也就没再考虑。并且，这些事情都是由职员一手操办的。"

老板又找到这位职员，问了同样的问题。职员说："从为公司省钱的角度，再加上我们没有营业收入，其他公司也没申报。我把这种情况同主管说了，最终申不申报还应由主管做决定，他没跟我说，我也就没报。"

听了他们的话后，老板当即把两个人全部辞退了。

从这个事件可以看出，如何正确执行也是一门重要的学问。任何妨碍企业正常发展的执行行为，或者凭主观臆断来轻率执行上司交付的任务，都可能给企业带来不可预计的损失。那么，有哪些因素会影响你正确、不折不扣地执行呢？概括起来有以下 7 大因素：

1. 缺少全局观

影响执行的第一个因素就是个人的全局观念。一个人如果没有全局观，就可能执行不力,而且还会列出很多理由。在企业里经常能听到有人这样抱怨："我带领的人怎么老是被调去做这个那个，我们的事情都不做了吗？"这种抱怨的人在这个时候已经忘掉他只是组织的一个部分。能轻易说出这样的话实际上就是因为缺少全局观。

2. 论资排辈

这种员工往往目空一切，"他的职位不比我高，来公司的时间不比我长，凭什么我就要听他的呢"，"我的资历比他老"等。克服这种论资排辈的想法，就要学会无条件地服从安排，坚决执行上司交付的工作任务。

3. 自以为是

有的员工在公司里不懂得尊重别人，即使对上司也不懂得敬畏，表现得非常自以为是。在这种情况下，对上司决策的理解一定会大打折扣，在行动上就有所谓的"执行障碍"；"执行障碍"在团队里就会成为管理的最大障碍。在高效率的外资公司或者跨国公司，这样的人是不受欢迎的，甚至会被扫地出门。

4. 没大没小

员工管理结构是企业赖以存在的组织结构，在企业的人员管理里必须分出一个大小来,这不是封建意识,而是先进的现代管理原理。比如,在外资企业,每个主管都有他的责任，他交代的任务，你就要坚决执行，这样工作关系才顺畅。

5. 先争后受

先争论再接受也是影响服从的一大痼疾。有些人养成了凡事争论的坏毛病，当宣布一项决定的时候，他们总是会马上列出一堆理由证明自己实施起来有多大困难。这样的人是组织里的不和谐因素，必然是不受欢迎的。

争论不仅无济于事，而且会耽搁企业最好的机会。面对上级指令，最好的做法是不管你觉得有多大的困难，先把分配给你的任务接受下来再说。如果真有什么困难，可以在会后去跟主管沟通。

6. **缺少训练**

缺少训练也会影响执行。对一个企业管理者来说，可能会发现，即使是让员工 8 点钟开会的一个简单要求，也往往很难全部执行，总会有人迟到。良好的习惯要经过坚持不懈的训练才能养成，所以，持续的训练必不可少。

7. **阳奉阴违**

有些员工碍于上级权威会采取暂时妥协，先在口头上应承下来，等到真正进入贯彻实施阶段就立即发挥个人“主观能动性”，有意背离上级指令，我行我素。这种做法极易给公司带来巨大的损失。

任何员工都应反思自己的行为，有则改之，无则加勉，从而赢得自己的前程。

执行怕就怕“认真”二字

一个优秀的员工必须有强烈的执行意识。如果下属不能认真执行上司的命令，那么在达成共同目标时，则可能产生障碍，反之，则能发挥出超强的执行能力，使团队胜人一筹。

员工的执行能力关系到企业的兴衰成败。企业在发展过程中会有很多问题，但急需解决的问题仍然是执行力不强的问题。主要表现为：不能将好的思路落实于具体执行时间表上，导致好的思路和策略成为空谈；安排工作不到位，执行任务拖拖拉拉；执行过程敷衍了事。执行力低下是企业管理中最大的漏洞，再好的策略也只有成功执行后才能够显示出其价值。

有位老板说：“我的思路已经到位，关键是下面的员工跟不上。总部制定的策略、计划，总是不能在分公司得到认真执行。分公司总认为总部的方案不好，叫他们自己出方案，他们又做不出来，即使做出来，也没有任何专业性，让你没办法批准。刚开始我以为是我们做计划的方式有问题，后来采取了参考下面人如何做计划的民主做法，还是不行。整个公司的效率非常低，真是头痛，基本上所有分公司都是这样。”

成败关键在执行。员工缺乏认真执行的精神，将会直接导致在贯彻企业经营理念、实现经营目标上大打折扣，更重要的是削弱了管理者、员工的斗志，破坏了工作氛围，影响了企业的整体利益。长此以往，它将会断送企业的前程。

所以，每位员工都必须提高自身执行力，认真执行老板和上司制定的策略、计划。在这方面，中国工农红军就是人们学习的楷模。

中国工农红军的作战思想是：在平时的训练中多流汗，战斗时就可少流血。军队的训练是枯燥的，所以格外需要认真执行的精神。只有平时认真训练，才能做到在战场上少流血。新中国成立后，红军的认真执行的精神被解放军很好地继承了下来。这种认真执行的精神，体现到了每一个细微之处。解放军战士的被子是世界上叠得最整齐的被子，人们把它形容成“刀切的豆腐块儿”。战士的宿舍内，所有物品都是摆放一致的，甚至连牙刷的方向都是统一的。没有认真执行的精神，绝对不能做到这一点。

有人说，红军的出现，真正给中国人带来了认真执行的精神。在长期革命、建设的过程中，红军正是靠着这种精神一步一步走向胜利的。可见，认真执行的精神蕴藏着巨大的威力！

德国人自诩制造能力领先各国，这不是吹嘘。德国出产的产品超群卓越、坚固耐用，这是有目共睹的。能实现如此高的质量水平，主要是因为德国人有普遍的认真执行的精神。德国人的这种精神最直接的表现就在产品的质量上，尽心尽力对消费者负责，对社会大众信守承诺。德国企业十分重视员工的技能发展，极力培养具有专门知识技能的职工团队，并在每个环节做好质量把关的工作，设立严格的检查制度，将优良、无瑕疵的产品交给顾客。精益求精、追求完美质量、提供一流服务成为德国员工的自觉行动。

德国人认真执行的精神造就了许多世界级的公司，这些公司为德国赢得了良好的声誉。第二次世界大战后的德国，可以说是千疮百孔，百废待兴，整个民族正是凭借着这种精神，在很短的时间内取得了经济的腾飞。

没有认真就没有执行，任何一位员工在执行任务过程中都一定要做到认真细致。

毛主席说过："世界上怕就怕'认真'二字，共产党就最讲'认真'。"回顾世界的历史，人们会发现凡是能够强大起来的民族，无不有着极其认真的工作态度。在这个世界上，任何人都不能回避"认真"二字。人们要想取得事业的成功，没有对工作高度负责、一丝不苟的态度和作风，没有认真执行的精神是不行的！

执行慢半拍，"煮熟的鸭子也会飞"

很多时候，影响员工执行不力的很大一个原因在于：做事总是慢半拍——也就是人们常说的拖延。

一个企业，当管理者制定了制度或作出了决策时，影响这些制度或决策实施的，往往是员工长期以来在不知不觉中养成的拖延的恶习。

举个简单的例子：一个企业的考核制度是规定每个月的最后一天提交工作报表。但是拖延的恶习让很多员工拖到下个月，结果直接影响了领导对于每个人工作进展的判断，不能很快制订出新的工作计划，导致了企业的整体工作安排向后延长，直接耽误了企业的发展。这就是拖延带来的负面影响。

绝不拖延地去落实制度的每一项工作细节，绝不拖延上级布置的每一个工作任务，是卓越员工必须具备的执行素质之一。

2002年，受莫斯科一家运营商的邀请，华为的几名员工来到了莫斯科，他们要在短短的两个月内，在莫斯科开通华为第一个3G海外试验局。

当时受邀请的并不只是华为一家，第一家被邀请的是比华为实力更强的公司，也就是说，华为的员工是受邀前去调试的第二批技术人员。

这样一来，他们就和第一批技术人员形成了一种"一对一"的竞争关系。

由于实力不如人家，开始时莫斯科运营商对他们并不是很重视，不仅没有给他们提供核心网机房，甚至不同意他们使用运营商内部的运输网。

由于缺乏基础设施，对他们开展工作造成了很大的障碍。

华为的员工因此压力很大，他们一直在思考怎样做得更好，以赢得运营商的信任。

恰好这时候，第一批技术人员由于调试速度太慢影响了后续工作的跟进，因此引起了运营商的不满。

为了弥补这个缺陷，运营商决定将华为的设备作为后备。

华为的几位员工紧紧抓住这个机会，夜以继日地投入到工作中，最终向运营商完美地演示了他们的3G业务。

看完演示之后，运营商禁不住竖起了大拇指，立刻决定将华为的3G设备从备用升级为主用。

就这样，对手的失误和执行时的慢半拍为华为赢得了机会。

在这里，华为的做法是值得肯定和学习的，而更让人们反思的是在竞争中输给华为的那家公司，前期也做了许多工作，仅仅是由于工作中的拖延，导致被华为抓住了机会、赢得了项目，于是，前面的所有努力都白费了。

这不正是"执行慢半拍，'煮熟的鸭子也会飞'"的生动写照吗?

因此，在执行中，必须立即行动，绝不拖延。

今天该做的事拖到明天完成，现在该打的电话等到一两个小时后才打，这个月该完成的报表拖到下一月，这个季度该达到的进度要等到下一个季度……在竞争激烈的职场上，如果你总是不能坚定及时地执行计划，完成上司布置的任务，或者虽然完成了，但时间上却慢半拍，你又凭什么指望获得上司的赏识，获得加薪晋升呢?而对于企业而言，拖延必然会影响制度的有效落实和战略目标的达成。

绝不拖延，今天该做的事一定要在今天完成，这才是真正不折不扣的执行!

如果你有遇事拖延的习惯，不妨做一个自我分析。具体步骤如下：

第一步，写下你拖延的一件事情。既然有拖延的习惯，那你拖延的事情肯定不止一件，你不妨先写下自我认为最重要的那件事情。

第二步，自我反问一下，假如继续拖延下去，不采取行动，会对你造成什么样的后果。如果你拖延的是上司布置的任务，拖延的后果是显而易见的：给上司留下坏印象，降职，甚至被辞退。

第三步，想一下，假如是你现在采取行动，完成这件事情，会对你有什么好处。这和第二步正好相反，这些好处会为你所采取的行动增加动力。

你千万别认为这样做没有什么效果。事实上并不是所有的人在拖延时都认真考虑过这样做的后果到底有多严重。你从很多被降职或被辞退的人那里看到的后悔神情就可以知道这一点：早知道会被辞职或辞退，就绝不会拖延执行了。

富兰克林曾经提到过一种被称作"切香肠的技巧"的方法可以有效地防止拖延的发生。所谓切香肠的技巧，就是不要一次性吃完整条香肠，而是把它切成小片，一小口一小口地慢慢品尝。同样的道理也可以用在你的工作上：先把工作分成几个小部分，分别详列在纸上，然后把每一部分再细分为几个步骤，使得每一个步骤都可以在一个工作日之内完成。

总之，无论如何，最重要的一件事情是你必须采取行动，不要把事情留到明天。

速度决定执行的效果

有这样一个有关红军长征的精彩故事：

1935年2月26日，红军在二渡赤水后，回师遵义，要二占娄山关，二夺遵义城。而贵州军阀王家烈派部队从遵义出发，企图在红军到达娄山关之前将其阻截。大约11点钟，红3军团司令员彭德怀得到这一情报。敌方部队距离娄山关还有两三千米的路程，为了抢先占领有利地形，彭德怀命令红3军团全速跑步前进。

结果，敌人没有跑过以行动神速著称的红军，红军比敌人早5分钟占领了娄山主峰。彭德怀率领部队登上了峰顶俯视遵义方向时，发现山北侧的敌军距离他们只有100多米远。随即，红军利用居高临下的地理优势，以雷霆万钧之势，向山下的敌人猛攻，打得他们抱头鼠窜。

在随后的几天里，红3军团和红1军团会合，一鼓作气消灭敌人两个师和8个团，取得了长征途中第一次重大胜利。

在长征途中，红军之所以能够在敌人的围追堵截之下夺关渡河，克敌制胜，关键的一个因素是行动神速，比敌人早几分钟占据战场枢纽，比敌人早几分钟到达目的地，比敌人早几分钟渡过河。一位红军将领曾说过：“我们不需要比敌人快很多，也许只需要一分钟。但是，早一分钟，我们就具有了优势。”

“兵贵神速”这一战略执行原则，为古今中外所有的军事家所推崇。在战争中，无论是寻找战机，还是采取行动。都要比对手抢先一步执行，使对方处于被动应战的劣势地位。

商场如战场，瞬息万变，机遇稍纵即逝。员工，作为执行企业竞争战略和战术的“士兵”，为了抢占先机，把握住机遇，在执行的过程中一定要提高速度和效率，像彭德怀指挥下的红军战士一样，“全速跑步前进”，才能做到不折不扣地执行。

在当今信息时代，对于企业来说，时间就是金钱，效率就是生命。现在企业间的竞争，在很大程度上就是速度的竞争。一个具有快速执行精神的员工，能够抓住机遇，在极短的时间里为企业创造出最大化的价值和额外利润。

1989年9月29日，福建闽侯工艺厂厂长万冠华得到这样一条商业情报：进口镀金项链很畅销。万冠华想，“不就是‘镀金’吗？为什么非要‘进口’货呢？”而此时，正在筹备中的“全国旅游内销工作会议”计划于10月3日在贵阳召开。

万冠华当机立断，马上组织几名技术工人不分黑白昼夜、加班加点做出100条国产镀金项链，从中选出37条，赶在会议召开前、参会人员已到齐时带到会场上——仅仅比“进口货”快了一两天，仅在这次内销工作会议上就签到了20余万元的订单。

万冠华没有停歇，又带着产品马不停蹄地参加了另外两个专业会，接受订货款50余万元。在短短的时间里，万冠华就将这家濒临倒闭的国营工艺厂“搞活”了。

员工的快速执行，不仅表现在新技术的推进、推广和应用上，而且表现在新产品的开发和推广上，更表现在向客户提供价廉物美的服务上。唯有快速执行，才能比竞争对手抢先一步，在市场角逐中为自己的企业赢得时间，赢得顾客，赢得丰厚的利润。具有这种执行精神的卓越员工，无疑是当今企业和组织所推崇的“标兵”和英雄。

当今是一个竞争时代，竞争无处不在。不仅企业与企业之间进行着激烈的竞争，而且在企业内部、组织内部、团队内部的员工之间也进行着竞争。在优秀的企业和组织的内部，所有的员工都是平等的。能者上，庸者下，平者让。人人都有机会，人人都可以晋升，关键要看谁的执行能力强，谁能快速地执行，谁能出色地完成任务，谁能在极短的时间内出色地完成任务。如果别人用两天才能完成的任务，你半天就可以完成，那别人就没有理由说你不是优秀的，老板也没有理由不赏识、器重和提拔你。

记住：无论是在战场，还是在商场、职场，只有执行、执行、再执行，只有迅速、迅速、再迅速。一个能够迅速地执行命令的战士就是英雄，一个能够迅速地执行任务并不折不扣地完成任务的员工同样是英雄，是“职场英雄”！

左脑执行，右脑创造

创新是人类创造活动的一种，其本质就是创造。企业在竞争中获取优势的秘诀在于创新，这是国内外无数企业发展的经验总结。

美国通用公司从1992年10月杰克·肯密斯就任首席执行官以后，认识到只有创新，公司才能夺回失去的市场，走出所处的困境。从此，杰克开始实行全新的”集体协作”管理结构，支持员工终身教育。这次空前的创新变更使得该公司自20世纪80年代末美国出现萧条以来首次了赢利，并于1993年为公司赢得了25亿美元的利润。

杜邦公司是一家以科研为基础的全球性企业，提供能提高人类在食物与营养，保健，服装，家居及建筑，电子和交通等生活领域的品质的科学解决之道。杜邦公司成立于1802年，在全球70个国家经营业务，共有员工79 000多人。作为化工界老大的杜邦公司在很多方面都独具特色。但公司企业理念的第一条就是重视人才，其中，重视对员工的培训尤为突出。杜邦公司不仅注重对每一位员工的培训，而且培训方法也很独特。杜邦公司培训它的员工运用五种方法：横向思考、比喻性思考、正面思考、联想触发性思考以及抓住和解释各种梦想。运用上述五种方法非常有益。不仅提高了员工的创新意识，也提升了员工的执行能力。

从通用公司到杜邦公司，都无一例外地向人们阐述了创新在企业发展中的重要作用。

决策的执行过程是一个复杂的动态过程，它不是固定不变的，执行的过程和程序也不是千篇一律的。每一项决策，在执行的过程中，都会遇到不可预知的情况或者困难，只要充分做到各种准备，在面临多种变化时能应付和适应变化，创造地解决问题，就能赢得市场，在激烈的竞争中立于不败之地。

正如第二次世界大战期间，美国海军陆战队上将罗伊·盖格在一次训话中讲道："你们只有一个脑袋必须要有两种功能，我要求你们用左脑去执行，用右脑去创造！"

将执行与创造完美结合，寻找最佳方式，漂亮地完成任务是每个公司发展的目标，也应该成为每个企业员工的目标。在市场激烈的竞争之下，寻找最佳方式并非易事，这需要足够的创造性！

麦当劳拓展印度市场的故事就很能说明这一点。

众所周知，印度是一个具有特别饮食风格的国度，他们的饮食习惯单调而保守，全国有一半人只吃牛羊肉，另一半人则敬牛为神物，禁止食用牛肉。而且他们对舶来食品向来缺乏兴趣，很少问津。麦当劳最初打入印度市场时，与其他外来快餐业一样，运营情况非常糟糕。后来，有一位员工主动提出了解决办法：既然印度的咖喱和香料举世闻名，那么在麦当劳的传统快餐中加些香料会怎样？结果，正是这个员工的创造性让麦当劳在印度牢牢站稳了脚跟。再后来，麦当劳还根据印度人特有的饮食习惯，开发出了多种具有印度风情的快餐，很快打开了市场。

案例中的麦当劳员工在工作的过程中主动发挥自己的创造性让麦当劳在印度赢得了市场，很值得借鉴。

是的，美国通用公司需要执行和创造，杜邦公司需要执行和创造，麦当劳需要执行和创造，任何组织和企业都需要执行和创造。所以，每一个员工，都要有主人翁的精神，必须同时兼有两种身份：一是被领导者的身份；一是领导者的身份。作为被领导者，他永远属于下级，他必须不折不扣地执行上级领导的命令或指示，执行就是他的职责；作为领导者，他主动思考问题、主动决策、主动行动，这时，创造就是他的职责所在。执行让团队的目标统一、步调一致；创造让团队积极主动，充满活力。

任何一个优秀的企业，其内部都有一种强烈的"执行文化"，它们注重承诺、责任心，强调结果导向，这一切都是“执行文化”的具体表现。拥有好的执行文化的企业，员工一定会用心去做事，讲究速度、质量、细节和纪律。这就需要决策者必须既要重视决策又要重视执行力，做到一手抓决策，一手抓执行，两手都要硬，积极为企业营造执行的文化氛围，激发员工的创造精神，在创造中不断推进企业的发展壮大。

第六章 要努力工作，更要聪明地工作——提高效率要高调

时间管理，提升每天的工作效率

一个成功的人一天拥有24小时，一个失败的人一天也拥有24小时；一个学识渊博的人一天拥有24小时，一个不学无术的人一天也拥有24小时。就时间的长短来说，上天对任何人都是公平的。但是，把同样的工作交给不同的人，他们完成的时间却各有不同，这是因为人们办事的效率不同。

在这个世界上能成功的人，其实都是懂得把握时间的人，因为只要每天都有一点点成功，事实上累积起来就是自己的“大成功”，每天只需要求自己进步一点，一年365天，你就会发现自己已经超越了以前的自己。

从现在起，面对人生或工作时，不要再浪费时间，要加倍珍惜时间，同时也要善于利用，让时间价值成倍地增长。

提高时间利用的质量有以下四个方法。

1. 一开始就把事情做对

当一群人竞争的时候，哪种人能获胜？当然是“错得少的人”！这就好比开车到某地，在不赶时间的情况下，你可以说：“慢慢找嘛，错了再调回头，总会碰上的！”但为什么不想想，如果能先看好地图，先找出正确路线，你就不必对前途那般茫然，也就不必担心走过了再调回头。于是就能省下时间，做更多其他的事！

时间，这正是问题所在。20年前车少，你可以很容易地调头。今天处处是高速路，只怕错过一个出口，就要用上很长的时间才能找回去。

如此说来，为什么要急匆匆赶路而不找准目标呢？

在这讲求效率的时代，不先做出计划就匆匆动手的人，在未行动之前，可能已经让自己的行动注定失败！

2. 保持最佳情绪

良好的情绪是人机体的润滑剂，它不仅可以促进身体健康，给人以充沛精力，还能使自己的工作效率倍增。谁都有这样的体验，人在情绪好时，心理放松，竞技状态就佳。良好的精神状态可以大大提高有用功效，减少无用功。因此，一个人要努力使自己的心态变成热爱事业、热爱工作、热爱生活，乐观豁达、目光远大，充满乐观情绪的状态。尤其是刚刚步入社会、走向生活的青年人，更应学会控制自己的情绪，使自己善于控制因身体、恋爱和婚姻的挫折以及对新环境的不适应而引起的情绪不稳，保持最佳的情绪状态，以旺盛的精力、良好的心情，去过充实而有意义的高质量的生活，切莫让忧虑、犹豫和痛苦等不良情绪压倒自己。这种情绪既不能挽回过去，也不能改变将来，只会贻误宝贵的青春，浪费宝贵的时间。

3. 学会适当休闲

有的人很珍惜时间，但也总觉得没有时间。富兰克林曾精辟地说过这么一句话：“成功与失败的分水岭可以用5个字来表达——我没有时间。”这是庸人们的一个借口，一个普遍的借口。

在当今这个生活节奏日益加快的年代里，人们似乎每天都没有充裕的时间去做完想做的事，所以有许多念头就此被打消了。但仍有部分人以坚定的意志，坚持每天至少挤出1小时来休闲。事实上，往往越是效率高的人，越能挤出这1小时来。

世界著名的化学公司——杜邦公司的总裁格劳福特·格林瓦特，每天都挤出1小时来研究蜂鸟，并用专门的设备给蜂鸟拍照。权威人士把他写的关于蜂鸟的书称为自然历史丛书中的杰出作品。这种个人情趣其实也是一个人高质量生活的一个侧面，它反映了这种人健康向上的内心世界。

这1小时虽然没有直接用在工作上，但用它来调剂身心，可以令工作时更加充满活力与效率。美国前任总统富兰克林·罗斯福在战争最艰苦的年代里，时常强迫自己挤出1小时来集邮，借以摆脱周围的一切。他把自己关在里面，摆弄着各色邮票。他进去的时候脸色阴沉，心情忧郁，疲惫不堪。等到他走出屋子时，精神状态完全变了，变好了，似乎整个世界变得明亮了。对这位总统来说，这点时间的独自清静换来了他全新的精神面貌。

从生理学观点来看，人的身体是一个有机的整体，各个部位所以能和谐地运动，全靠中枢神经系统的调节。神经细胞活动时，消耗神经细胞内的物质，它还能通过生化作用使细胞新陈代谢，吸收血液中带来的养分。如果兴奋状态长时间持续下去，各种营养物质得不到补偿，神经细胞就会死亡。因此，神经细胞的工作能力只能有一定的限度，有一个临界强度值。如果工作持续太久，超过了这个临界强度值，就会出现效率的下降，这时，大脑就会用其他的行为方式加以适当调节，才能保证工作的持久性和效率。因此，劳逸结合，适当休息显得十分重要。不要把休息仅仅理解为睡眠，很多方式的休息包括文娱体育活动、散步、旅游等有益身心的活动，也是积极的休息方式。

4. 利用最佳时间

一个人在一天的24小时中，各个时段的精力各不相同，而不同的人又有差别。有的人早晨精力好，有的人可能晚上精力好；有的人凌晨起床后半小时最容易激发创新意识，有的人喜欢把重大问题放在早饭后考虑；有的人长于连续思索，思绪高潮往往在连续思索开始后1小时左右出现；有的人瞬间出现灵感，时间一长反而什么也思索不出。据统计，大约50%以上的人，其能动性在一昼夜之内有显著变化，其中17%的人早晨能动性高，33%的人在晚间能动性最高。人们把工作效率最高、能动性最强的那段时间称为最佳时间。每个人都应从自己的具体情况出发，根据自己“最佳时间”出现的规律，尽量将高质量的“时能”提供给最重要的需求，最大限度地开发和利用“时间能源”。

把工作顺序理清楚

经常会有些人觉得工作越忙越好，但是忙琐碎的事和忙大事，这中间有很大的差别。即使是同样花时间工作，其一分一秒的价值却完全不同。为了不使可有可无的事过于膨胀，最理想是将可有可无的事和重要的事清楚地加以区分，将工作排定优先顺序来做。若没有排定优先顺序，便会在许多地方停顿。为了买参考书而花两小时，则那一天的读书时间或是睡眠时间将会减少两小时，因而在其他方面自然也显现出影响来。

要决定工作的优先顺序，首先必须把要做的事逐条列出，然后，依重要性调换顺序，再依此顺序进行工作。这是件很简单的事，只要做到，效率就可以提高。可是，问题是以什么标准来决定优先顺序。许多专家都建议是以工作的重要性决定,优先进行对现在的目标最重要的事。通常事情除了重要性，还有紧急性。而人们往往都会专注于事情的紧急性,而忽略了其重要性。例如，某个正为了一年后的司法考试努力念书的人，为了赶赠品截止时限，而特地将赠品明信片拿到邮局寄。司法考试还在一年后,而明信片的截止日就在明天。在此情况之下，多数的人都会将较紧急性的明信片优先处理。

但是，以长远的眼光来看，好好地准备明年的考试应该是较重要的。假定考试失败，不仅损失一年的努力，而且将损失获得司法考试后所能获得的高额报酬。这和去邮局寄明信片所得到的几百元赠品相比，不说也知道哪个重要吧!

然而，很多人还是会去寄明信片。将紧急而不重要的事列为优先，重要的事往后延。结果，到了明年还是准备不充分，无法通过考试。

当然，你要先好好地掌握住重要性较高的事，若还有十足的自信心，再做些较不重要的事也无所谓。这就是所谓的从容不迫。问题是，事情的重要性是以什么为衡量的标准，其实，不外乎是以自己生活的目的来衡量。若是一向都很清楚自己的最终目的为何，就可以很容易地作决定，并作出“虽然寄明信片即可得到赠品,没寄很可惜,但比起来,还是准备考试重要”的判断。清楚地判断事情的优先顺序，做起事来就会轻松愉快，不会变来变去。这就是决定优先顺序的最大价值。决定优先顺序，明确地订出目标比什么都重要。可是若不清楚目标是什么，就没有衡量、判断重要性的基准。例如：某人以参加司法考试为当前的目标，因此他可以根据这个目标来下判断。可是，他若不明确目标到底是通过司法考试还是当个上班族，目标时时动摇，就无法决定顺序，也就失去了判断的标准。

不同的目标有不同的做法，这个目标必须这么做，那个目标必须那样做，目标一旦动摇了，就什么都无法决定。因此，最重要的是一定要搞清自己现在想做什么。

高明的领导者在做某件事之前，都会先制订出详细而周密的计划，因为只有确定计划之后再行动，才可以达到事半功倍的效果。

在做事之前有明确的目标，知道自己该做什么，如何做才能做好。在对各种情况有了清晰的认识和充足的准备之后再采取行动，这样，才能满意而归，轻松获得成功。为什么同一件事情，不同的人做出来的效果会有很大的不同呢？原因就在于有的人会积极地思考，并努力寻找最优的解决方法；而有的人，则是走一步，看一步，等碰壁的时候，又回头重新思考，这样不仅效率不高，最终的结果也不会令人满意。做事方法得当，会达到事半功倍的效果，否则就会走弯路，不仅浪费宝贵的时间和精力，有时甚至还会造成无法挽回的损失。你要在已有的方法中寻求最适当的、争取以最小的投入获得最大的收益的方法。

你目前正在做的事情、你打算做的事情，未必就是适合你自己的事情。从某种意义上来说，成功是一门寻找的艺术。你需要时时刻刻看清自己的条件和特色，给自己一个准确的定位，找到自己可以轻松前行的那条路。打个比方，或许你可以教会大象爬树，但是它永远也不会爬得比猫好。那么何苦非要让大象爬树呢？一开始的方向就不对，结果怎么会好呢？很多时候，除了顽强的毅力和不懈的奋斗之外，更需要正确的方向。目标在南方，你却努力往北走，这样只会离目标越来越远。不把地球绕个圈，你永远到不了自己的目的地。

在行动之前，多想一想行动的方案，多想一想每一步行动产生的结果，是利大于弊，还是弊大于利。先瞄准再放枪，打中目标的机会才更大，先想好再着手做，才会有更高的效率，得到更好的结果。切莫冲动。计划是人生的指南针。为了在尽量短的时间内做尽量多的事，就必须设法尽量减少犹豫时间，减少走弯路，减少无用功，减少精力的浪费。而一个科学而周密的计划，恰恰具有这些作用：做什么，做多少，什么时候做，计划中全有了，可以避免浪费时间；先做什么，后做什么，具体步骤，这些计划中也有了，可以有效地避免走弯路；某一步用什么办法，某个问题采取什么措施，这些也都事先考虑过，一般也就不会出大错，可以有效地避免精力的浪费，增加学习的数量和质量……如果你希望自己这一生有所成就，那么就不要再盲目行动了，停下来好好制定一下自己的目标，规划一下行动的方案，做好充足的准备之后再上路，你会发现成功的彼岸原来并不遥远。

条理是工作的第一法则

很多人工作一天忙到晚，而且还要经常加班。

成功学大师卡耐基曾专门同许多加班的员工与主管谈过话，据他的分析来看，十之八九的加班纯粹是没有必要的，是人力资源的白白浪费。

在现代企业里，一个人的工作并非是孤立的，所以必须要有一种整体感和大局观，这就管理层在制定日程进度表的时候，要将进度表定位在所属部门，公司全局，乃至各界的动向上，才能掌握好管理的方向盘。

要尝试做日程进度表，使原本凌乱不堪的各种工作，显得井然有序。

如果能够做到这一步的话，自己将会发现整个人的思维规模逐渐扩大起来，无论自己身居何种部门，都能经常在公司的具体动向中掌握自我，使工作效率进一步提高。

让人们晕头转向的并不是工作的繁重，而是人们没有搞清楚自己有多少工作，该先做什么，后做什么。

在有些人的办公桌上，堆满了可能几个星期都不会看一眼的文件。一家生活时报的发行人有一次说，他的秘书帮他清理了一张桌子，结果发现了一部两年来一直找不着的打字机。

光是看见桌上堆满了还没有回的信、报告和备忘录等，就足以让人产生混乱、紧张和忧虑的情绪了。更坏的事情是，经常让你想到"有100万件事情待做，可是没有时间去做它们"，不但会使你心烦得感到紧张和疲倦，也会使你心烦得患高血压、心脏病和胃溃疡。

著名诗人波德写过这样一句话：秩序是造物者的第一法则。

这里要说：条理是工作的第一条法则。

著名的心理治疗专家山德尔博士，就用这一简单的法则，教会了一家公司的高级主管，如何使工作有条理。

那位主管第一次去见德尔博士时，整个人充满了紧张、焦虑和郁闷。他工作繁忙，并且知道自己的状态不佳，但他又不能停下来，他很需要帮助。当这位病人向医生陈述病情时，电话响了，电话是医院打来的，医生在电话中说他马上就解决。电话刚挂上，又响了，且是件急事，医生又费了一番口唇去解释。接着有位同事进来向医生询问有关一位重病患者的种种事项，等德尔博士说完，就向这位病人道歉，说让他久等了。但病人却很愉快，脸上出现了一种很特别的表情。病人说，不用道歉，在这10分钟里，他似乎明白了自己有什么地方不对了。并且告诉医生他得马上回去改变一下自己的工作习惯，还要求在临走前要看一看医生的办公桌。萨特瑞医生拉开桌子的抽屉，除了一些文具外，没有其他东西。

主管问医生要处理的文件都放在什么地方，医生告诉他，自己要处理的所有事项都处理完了，连信件也回复了。

六个星期之后，那位主管把山德尔博士请到他自己的办公室去。他整个地改变了，他的办公桌也不一样了。他打开办公桌的抽屉，抽屉里不再有还没有做完的公事。“六个星期以前，”这位高级主管说，“我在两个办公室里有三张写字台，把我整个人都埋在工作里，清出一大车子的报表和文件。现在我的工作只需要一张写字台，事情一来马上就办完。这样就不再会有堆积如山做不完的公事烦恼我了，让我紧张和忧虑。可是，最让我想不到的是，我完全恢复了健康，我现在一点病也没有了。”

白吉尔是美国最成功的保险推销员之一，他不会等到早上5点钟才计划他当天的工作，而是在头一天晚上就已经计划好了。他替自己订下一个目标——在那一天要卖掉多少保险。要是他没有做到，差额就加到第二天，依此类推。

一个人不可能总按事情的重要程度来制定日程进度表。可是，按日程进度表做事，绝对要比随兴趣所至去做要好得多。

已故的霍华曾说，当他在美国钢铁公司任董事的时候，开董事会总要花很长的时间，在会议里讨论很多很多的问题，达成的决议却很少。其结果是，董事会的每一位董事都得带着一大包的报表回家去看。

最后，霍华先生说服了董事会，每次开会只讨论一个议题，然后得出结论，不耽搁、不拖延。这样所得的决议也许需要更多的资料加以研究，也许有所作为，也许没有，可是无论如何，在讨论下一个问题之前，这个问题一定能够达成某种决议。结果非常惊人，也非常有效。所有的陈年旧账都清理了，日历上干干净净的，董事也不必再带着一大堆报表回家，大家也不会再为没有解决的问题而心烦意乱了。

日程进度表无疑是很重要的，因为它可以有效地规划出该用的时间和该做的工作，只要你具备了制定日程进度表的能力，不但工作能够顺利完成，而且每逢假日，你的生活也会充满条理和生机。

不要明天为1秒钟哭泣

有些人办事情总是喜欢拖延，今天的事情拖到明天，明天的事情拖到后天干，而且还振振有词："我们还年轻，来日方长嘛！"

其实，细想一下，拖延的事情迟早要做，为什么要等一下再做？现在做完等一下可以休息，有什么不好？现在休息，也许等一下要付出更大的代价。

著名的大商人瓦烈梅克，取得了巨大的成就。别人向他讨教成功的秘诀："你怎么做出这么大的成就呢？"

瓦烈梅克十分干脆地回答："今日事今日毕。"

著名的哲学家塞内加曾经说过："时间的最大损失是拖延、期待和依赖将来。"

凡事希望拖延的人，必然会付出更大的代价来完成。应做而未做的工作总是不断给他一种压迫感，时常会感到一种时间的压力，使喜爱拖延者心力交瘁，疲于奔命。不仅于事无补，反而白白浪费了宝贵的时间。

威廉·奥斯勒爵士一生取得了很大的成就。

他创建了世界知名的约翰斯霍金斯医学院，成为牛津大学医学院的客座教授——这是英国医学界的最高荣誉——他还被英国国王册封为爵士。

1913年春天，在一个遍地鲜花的夜晚，威廉·奥斯勒爵士为哈佛大学发表一篇演讲。讲述了他的"成功秘诀"。

他认为，这完全是因为他生活在一个"只有今天的密封舱"里。他这句话是什么意思？先看看下面这则故事吧！

许多年前，年轻的他乘坐一艘巨轮横渡大西洋，他看见船长站在舵室里，按下一个按钮，轮船立即发出一阵机械运转的声音，船的几个部分立刻彼此隔绝开来——分成了几个完全封闭防水的隔水舱。在对耶鲁大学的学生演讲时，奥斯勒说：

你们每个人的身体组织都要比那艘海轮精美得多，你们要走的航程也遥远得多，我要劝诫各位的是，你们也要学会怎样控制一切，生活在一个"只有今天的密封舱"里，这才是确保航行安全的最好方法。只要你到舱室去，就会发现那些大的隔离舱都可以使用，按下按钮，注意倾听你生活的每一个层面，用铁门把过去隔断——隔断已经逝去的昨天；按下另一个按钮，用铁门把未来也隔断——隔断那些尚未来临的明天。这样你就保险了——你有的只是今天……切断过去，将已逝的过去埋葬；切断那些把傻子引上死亡之路的昨天……明日的重担，加上昨日的重担，就会成为今日的最大障碍，要把未来像过去一样紧紧地关在门外……未来就在于今天……没有明天这个东西，人类得到救赎的日子就是现在。精力的浪费、精神的苦闷，都会紧随着一个为未来担忧的人……那么把船前船后的大隔舱都关断吧，准备养成一个好习惯，生活在"只有今天的密封舱"里。

奥斯勒继续说道，为明日做好准备的最好方法就是集中你所有的智慧、所有的热诚，把今天的工作做得尽善尽美，这就是你迎接未来的唯一办法。

时间并不能像金钱一样让我们随意储存起来，以备不时之需。我们所能使用的只有被给予的那一瞬间，也就是今日和现在，例如，我们不能充分利用今日而让时间白白虚度，那么它将一去不返。

如果我们不好好珍惜现在，不珍惜今天、明天，我们会为那不会再回来的一秒钟而哭泣！

卡耐基曾经问一位做事拖拉的人一天的活是怎么干完的。这个人说："那很简单，我把它当做昨天的活。"

如果你是个办事拖拉的人，你大概在浪费大量的宝贵时间。这种人花许多时间思考要做的事，担心这个担心那个，找借口推迟行动，又为没有完成任务而悔恨。在这段时间里，他们本来能完成任务而且早应转入下一个工作了。

睿智的哲人曾劝告世人："你若爱千古，你当爱现在。"古今中外的伟大学者，无一不是抓住一个个稍纵即逝的"现在"，用顽强的毅力同"现在"赛跑。据一篇回忆录记载，有位同志向列宁汇报工作，列宁批准了他的计划，并问道："那么你们什么时候开始？""明天开始。""为什么不今天开始呢？就是现在！"

有人曾经在亨利面前称赞麦亚尼具有高超的技巧和过人的勇气。"你说得很对，”亨利说，“他是位了不起的将军，但是我总是比他早起5个小时。”亨利早上4点钟起床，而麦亚尼上午10点多钟起床。这一点造成了他们两个人之间的所有差别。

“快！快！快！为了生命加快步伐！”这句话常常出现在英国亨利八世统治时代的留言条上警示人们，旁边往往还附有一幅图画，上面是没有准时把信送到的信差在绞刑架上挣扎。当时还没有邮政事业，信件都是由政府派出的信差发送的，如果在路上延误要被处以绞刑。

抓“现在”，就要有一种紧迫感。抓“现在”就必须像昆虫学家柳比歇夫那样，把生活织成细密的网眼，学会同正想溜走的“现在”打交道。抓住了变幻无常的、老想溜走的日常生活中的“现在”，把它紧紧攒在自己的笔尖下，把每一个“现在”都当做不可缺少的事业之根。一切正在奋斗着的，愿意使自己的生命有更大价值的人，千万要抓住“现在”，积极建功，积极创业，把自己生命中的一分一秒都转化为“凝固了的时间”。

塞万提斯曾经说过：每天荒疏一点点，最后的结果就是一事无成。

除了“现在”，人们永远不能生活在任何其他时刻，你所能把握的只有现在的时光，其实未来也只不过是一种即将到来的“现在”。一个人只有抓住了一个一个“现在”，才可以积少成多，积成一月一年……他的几十年生命才会过得有意义。

现时，是一种难以捉摸而又与你形影不离的时光，如果你完全沉浸于其中，便可得到一种美好的享受。因此，你应该充分享受现时的每分每秒，而不必去考虑已过去的往日和自然到来的将来。抓住现在的时光，这是你能够有所作为的唯一时刻。珍惜现在的时光，充分利用现在的时光，不要放过一分一秒。但愿每一个年轻的朋友们，都不会在明天为1秒钟而哭泣！

将时间甩在身后

琳达·迈尔斯是一家顾问公司的老板，她平均每年要接下130个案子，而且她的大部分时间是在飞机上度过的。她认为和客户保持良好的关系是非常重要的，所以在飞机上她就给她的客户们写短签，她说：“我已经习惯如此了，这有什么坏处呢？”一位等候提行李的旅客对她说：“在2小时48分钟里，我注意到你一直在写短签，你的老板对你一定非常满意。”迈尔斯说：“我就是老板。”

现在是个人信息化的时代，一切都在加速、加速、再加速，只有像琳达一样敢于同时间赛跑的人才能傲立于时代的潮头。

巧妙地管理时间实际上就是与时间之间进行的赛跑。人人都有可能是胜利者。只有不参加的人，才是失败者。

有一天，在美国东部一位医生拥挤的候诊室里，一位老人突然站起来走向值班护士。他对护士小姐非常有礼貌而认真地说：“我预约的时间是3点，可现在已经3点15分了。我不能等了，请你给我重新登记预约吧！”

护士小姐一边重新登记预约，一边对这位老人说：“您老恐怕有80高龄了吧，现在还有什么要紧事吗？”

老人严肃地说：“我今年已经89岁，所以我更不能浪费一分一秒。”

确实，浪费时间就等于是在自杀。珍惜时间就是珍惜生命。凡在事业上有所成就的人，一个共同的特征即抓住生活中的分分秒秒，不图清闲，不贪逸趣，敢于同时间赛跑。

爱因斯坦曾组织过享有盛名的“奥林比亚科学院”的每晚例会，他总是愿意同与会者手捧茶杯，开怀畅饮，边喝茶，边谈话。爱因斯坦就是利用这种闲暇时间，交流自己的思想，把这些看似更平常的时间利用起来。后来他的某些理想主张，他的各种科学创见，在很大程度上产生于这种饮茶之余的时间里。

一个人如果连一分一秒的时间都能有效地利用，他一定会像爱因斯坦一样在同时间的赛跑中获胜。

卡耐基先生的一位朋友可以说是其中的佼佼者。他非常善于运用点滴的时间。一分钟也不愿意浪费。他甚至连上厕所的时间都要有效地利用。他每次上厕所都要在马桶上阅读古代罗马诗人的著作。

他读诗自有自己的方法，他将买回的诗集折成数页，每次上卫生间就扯下两页来读，方便完毕，这两页诗也读完了，而且阅读效果出奇的好。他就是在马桶边读完了维吉尔·塞内加等著名诗人的著作，让人惊讶不已。

这难道不是节省时间的好方法吗？与其待着什么也不做，不妨学学这位先生的做法。其实这种利用零星时间的方法太多了。

当你去看医生时，你可以带上一本书，这样一来，你就不必去看他们的杂志或没用的东西了。在排队等候时，可以带上一些东西去看；可以把技术报告和商业杂志放到车里，在塞车和等红灯时看上几眼。

事实上，你总会碰上让人等候的时候，你也许错过公共汽车、地铁、火车或突然的中途休息；你或许非常谨慎地计划好每一件事，但意外却将你困在机场，白白地浪费几个小时。然而成功人士会在这几小时中打开皮包，读书、写报告、检查语音邮件、打电话。

一位叫安妮·索思的总裁助理也是这样的人，她的车里有一把拆信刀，当红灯亮时她便拆开信来读。她说，大约有一半的信是无用的。所以，当她到办公室时，垃圾信件已被她处理掉了。而《菁华》杂志的编辑苏珊·泰勒说："我对于乘机非常偏爱，因为那段时间是我完成工作的最佳时间区。"所以，许多人放弃的通勤时间是完全可以充分利用的。

大量的时间就蕴涵在点点滴滴的浪费之中。浪费时间往往是绝望的开始，也是幸福生活的扼杀者。年轻生命最伟大的发现就在于时间的价值……明天的幸福就寄寓在今天的时间之中。

明智而节俭的人不会浪费时间，他们把点点滴滴的时间都看成是浪费不起的珍贵财富，把人的精力和体力看成是上苍赐予的珍贵礼物，它们如此神圣，绝不能胡乱地浪费掉。

同时间赛跑，不光要有效地利用点点滴滴的时间，而且还要最高效率地运用时间。有时一味地忙未必会有好的效果。同时间赛跑的胜利者从来不做这样的傻事。

俄国著名的地质地理学家弗·阿·奥勃鲁契夫就是根据不同时间自己的不同智力、精力状况安排自己工作的，他把每个工作日分为“三天”：“第一天”是从早晨到下午2点，这段时间大脑思维状态最佳，用于最重要的工作；“第二天”是从下午2点到晚上6点，这段时间大脑工作状态次之，用于比较轻松的（如写书评、做笔记）工作；“第三天”是从晚上6点到夜时里12点，这段时间大脑比较疲劳，用于看书或者读报。

当然，每个人情况不一，不一定照搬奥勃鲁契夫的具体安排方法，但根据自己的情况，合理安排自己的工作时间，你一定会收到双倍的效果。

能有效地管理时间的人，总是能创造自己的“时间特区”。他们大都选择别人都不做的时候才去做，这样可以节省许多时间。

他们总会避开交通高峰上下班，他们通常会早到或晚走，这样他们可以减少在路上等待的机会。一位高层管理人士就兴奋地说：“深夜开车是最棒的了，一般的卡车司机都会如此，因为那时路上的车很少。”

他们甚至连挑选礼品的时间都不愿意白白浪费掉，看看强尼吧！他在平时见到喜欢的就买下来，特别是他非常喜爱的。他从不考虑最后将送给谁，因为他相信总有人会喜欢它的。他有一个藏宝箱，里面全是他平时买下的礼物。当需要给某人送一件礼物时，他便从藏宝箱中找出一件很棒的礼品。这就免去了为买件好看而未必便宜的礼物再浪费时间。

关于这一点，切斯特菲尔德勋爵曾说：“我建议你们好好利用小段时间，这样大段时间自然就会产生效率。”

迈克·斯特劳同时间比赛的观念可谓是登峰造极，他最大限度地利用每一小段时间。为了节省时间，他甚至记住了哪家餐厅的动作迅速，哪些楼中的电梯快，哪些航空公司准时，哪些地方处理行李快捷。

每一个人都应该养成这样一种习惯，珍惜和利用好生命中的分分秒秒，抓紧任何一点闲散的时光。你可以把这样一些空闲时间用于改进你的本职工作，使之更上一层楼；你也可以将其用于开拓新的领域，让自己接触更为广阔的天地。

你一定要同时间赛跑，而且一定要将时间甩在身后，这样你一定会成功！

第七章　没有最好，只有更好——自我要求要高调

“差不多”差多了！

在工作中，很多人都不求进取，马马虎虎，得过且过，对存在的技术问题懒得思考，对技术隐患不去克服，总觉得问题“差不多”解决了就行。

每个企业都可能存在这样的员工：他们每天按时打卡，准时出现在办公室，但是却没有及时完成工作；每天早出晚归、忙忙碌碌，却不愿精益求精。对他们来说，工作只求一种“差不多”就行。

据说，在美国华纳音像公司与中国永乐影院合作的早期，华纳方面会经常派专人来永华影城与中方人员交流。

在一次对影城内部的巡视过程中，华纳方面的人发现，盥洗室里有一块瓷砖坏了，不过瓷砖上面有白色的墙纸覆盖，不是很显眼，一般的人是发现不了的。

华纳方面的人马上告诉永乐后勤负责修理的人，提醒他们赶紧修理。可是，中方人员并没有重视这个细节，觉得这根本就不算个事。接着，华纳又打电话给永华影城的老总朱中响，但这个问题还是没有得到解决。

于是，华纳专门派人到盥洗室，对着这块瓷砖拍了张照片，通过电子邮件发给朱中响，再次提醒他换掉那块坏的瓷砖。

就这样，这块原本在中方眼里并不起眼的坏瓷砖终于引起了中方的注意，前前后后共花了两天时间，终于得到了解决。

诸如此类的问题在永华电影院内实在很多。比如说影院内铺的地毯，大多数影院由于人来人往、加上保养不好的缘故，地毯磨损是难免的，而去永华的观众如果足够细心的话，就会发现永华电影城内的地毯全无卷角或者破损的现象。

这是因为华纳方面规定了，“地毯不允许磨损，地毯接缝处的线条一定不能脱落，地毯角落处一定不能卷起揉皱”。

朱中响说："华纳跟国内某些影商的营销至上理念不一样，它的第一理念是：清洁和环境。他们一直强调要提供最佳的视听环境给观众。"

像这样的小事，相信你也曾在工作中遇到过，而大多时候的情况是，人们总是因为觉得"差不多"，而没有去做。

"差不多"就行了，是员工缺乏责任心的一种表现，它实际上是工作中的失职。许多人之所以失败，往往就是因为他们做事只做到"差不多"为止。

因为表面上看起来"差不多"的工作，其实差得太多了！

一个由许多人组成的公司是经不起太多"差不多"的。由上到下传达一项任务，如果一个人差1%，下一个人又差1%，这样下去，等到真正执行任务的人接到这项任务的时候，恐怕这项任务已经变得面目全非了，而他会做出什么样的工作也就可想而知了。同样，当由下向上传递一项建议的时候，每一层的人都抱着"传递得差不多就可以了"的心理，最后到最高层领导那里，你的建议就可能变成了一项对你的惩罚措施。

在工作中，你可能觉得自己做的和别人做的比起来差不多，以为那样就足够了，但你的上司、你的老板心中有数，你的顾客心中也有数。你一定会因为你的勤奋或懒惰赢得或失去晋升的机会。你也会因为你态度的好坏而赢得或失去客户。

"差不多"心理要不得！每个人、每个企业，都要努力避免陷入这个误区当中去。无论做什么事情，都要多问自己几次："真的可以'差不多'吗？差的那一点会给自己、给公司、给顾客带来什么害处？"

消灭"差不多"心理，完善自己的责任意识系统，并不是一个不可实现的梦。有时，人们所缺少的不是技术、设备、流程和理念，而是决心，消灭这种"差不多就可以"的心理的决心。

只有100%才算合格

在数学上，"100 − 1"等于99，而在企业经营上，"100 − 1"却等于0。

100次决策，有一次失败了，可能让企业关门；100件产品，有一件不合格，可能失去整个市场；100个员工，有一个背叛公司，可能让公司蒙受无法承受的损失；100次经济预测，有一次失误，可能让企业破产……

水温升到99℃，并不是开水，其价值有限；若再添一把火，在99℃的基础上再升高1℃，就会使水沸腾，产生的大量水蒸气就可以用来开动机器，从而获得巨大的经济效益。许多人做到了99%，就差1%，但就是这点细微的区别使他们在事业上很难取得突破和成功。

小事上做得不到位，就会造成大事的失败。对很多事情来说，执行上的一点点差距，往往会导致结果上出现很大的差别。一位管理专家曾一针见血地指出，从手中溜走1%的不合格，到用户手中就是100%的不合格。为此，员工要自觉地从被动管理走向主动工作，让规章制度成为每位员工的自觉行为，把事故苗头消灭在萌芽之中。

前美国国务卿基辛格，在诸事繁忙之时，对下属的要求仍然是100%才算合格。当他的助理呈递一份计划给他，问他对其计划的意见时，基辛格和善地问道："这的确是你所能拟订的最好的计划吗？"

"嗯……"助理犹疑地回答："我相信再作些改进的话，一定会更好。"

基辛格立刻把那个计划退还给他。

两周后，助理又呈上了自己新的成果。几天后，基辛格请该助理到他的办公室去，问道："这的确是你所能拟订的最好的计划吗？"

助理后退了一步，喃喃地说："也许还有一两点可以再改进一下……也许需要再多说明一下……"

助理随后走出了办公室，腋下夹着那份计划，下定决心要拟出一份任何人——包括亨利·基辛格都必须承认的100%的"完美"计划。

这位助理日夜工作，有时甚至就睡在办公室里，3周之后，计划终于完成了！他很得意地迈着大步走进基辛格的办公室，将该计划呈交给国务卿。

当听到那熟悉的问题"这的确是你所能拟订的最完美的计划吗？"时，他激动地说："是的。国务卿先生！"

"很好。"基辛格说，"这样的话，我有必要好好地读一读了！"

基辛格并没有直接告诉他的助理应该做什么，而是通过这种严格的要求来训练自己的下属怎样完成一份合格的计划书。

无数安于现状的员工，当他们达到99%的合格率，甚至低于这一合格率时，就沾沾自喜了。殊不知，市场对企业，从来都是拿着"显微镜"来审视，并且实行一票否决制。如果你生产的1万套服装中，有一套质量不合格，消费者就会说“你的服装质量不过关”，而不会说“你的服装有一套不过关，另外9 999套是过关的”。有一个典型的例子，某一年，浙江某企业向欧洲出售1 000吨对虾，被欧洲有关当局查出有0.2克氯霉素，结果被全部退货。0.2克占1 000吨的多少？五十亿分之一！

老板对员工虽然不会是“一票否决制”，但如果你第一次错了，老板会很不高兴；第二次错了，老板就觉得你这个人不行；第三次错了，可能就不再用你了。只有100%才算合格，要生存，就必须不断打破现状，追求卓越。

每一位老板都知道能严格要求自己的员工是多么难得。这些老板所从事的业务并不需要出众的技巧，而是需要谨慎、尽职尽责地工作。他们聘请了一个又一个员工，却因为粗心、懒惰、能力不足，没有做好分内之事而只好将这些员工解雇。与此同时，社会上众多失业者却在抱怨现行的法律、社会福利和命运对自己的不公。

一位父亲告诫自己的孩子：“无论未来从事何种工作，一定要全力以赴、一丝不苟，尽力向100%靠拢。能做到这一点，就不需要为自己的前途担心了。世界上到处都有散漫粗心的人，只有那些善始善终者才是供不应求的。”

一个人成功与否取决于他是不是做什么都力求做到最好。许多人无法培养一丝不苟的工作作风，原因就在于贪图享受、好逸恶劳、安于现状。而成功者无论从事什么工作，他们都绝不会轻率疏忽。

因此，在工作中你应该以最高的标准要求自己。

能做到最好，就必须做到最好，能完成100%，就绝不只做99%。只要你把工作做得比别人更完美、更快、更准确、更专注，动用你的全部心血，你就能引起他人的关注，实现你心中的愿望。

每天进步一点点，成功就离你近一点

成功是由一个个小小的目标实现，一次次小小的进步累积而成的。也就是说，成功是由无数个点组成的完整的生命历程，成功就是每天进步一点点。

法国一个童话故事中有一道脑筋急转弯的智力题：荷塘里有一片荷叶，它每天会增长1倍，假使30天会长满整个荷塘，问第28天，荷塘里有多少荷叶？答案要从后往前推，即有1/4荷塘面积的荷叶，这时，你站在荷塘的对岸，你会发现荷叶是那么的少，似乎只有那么一点点，但是第29天就会占满荷塘面积的一半，第30天就会长满整个池塘。

正像荷叶长满荷塘的整个过程，荷叶每天变化的速度都是一样的，可是前面花了漫长的28天，你能看到的荷叶都是只有那一个小小的角落。在追求成功的过程中，即使你每天都在进步，然而，前面那漫长的28天因无法让人享受到结果，常常令人难以忍受。人们常常只对第29天的希望与第30天的结果感兴趣，却因不愿忍受漫长的成功过程而在第28天时放弃。

每天进步一点点，它具有无穷的威力，只是需要你有足够的耐力和信心，坚持到第28天以后。

每天进步一点点是简单的，就是要你始终不要忘了学习。一个人，如果每天都能进步一点点，哪怕1%的进步，试想有什么能阻挡他最终到达成功呢？

某银行招聘三名储蓄员。他们经过三个月培训后，走上工作岗位。

甲开始工作时有种新鲜感，干得挺欢，可是不久，面对单调而忙碌的工作便厌烦了。在他的眼里，干这一行是不会有什么出息的；另找工作吧，又没那么容易。于是他消极地对待工作，能拖则拖，能少干就少干。

乙工作了一段时间后也觉得储蓄工作实在是单调，不过他想，当今社会分工越来越细，什么工作干久了都会感到单调。于是，他耐下心来，认真学习储蓄各项业务，苦练各种技能。

丙熟悉储蓄业务后，发现储蓄工作还有不少地方需要改进。于是，他一项项地琢磨。不久，他摸索出了一种新的点钞法，大大地提高了点钞速度。一年后，他设计出一种“自动分币机”——不同硬币放进该机后，就能将不同面额的硬币分拣出来。三四年后，他与人合作，发明了便携式点钞机和液压式捆钞机等。

8年过去了，甲仍然是一名业务水平低下、心情糟糕的储蓄员；乙是该部门颇有成绩的业务主管；丙已离开银行，开了一家公司，专门研制、生产银行和邮政储蓄业务所需的各种用具，生意红火。

“投入”与“产出”往往是成正比的。当一个人对自己的工作投入的是冷淡、懈怠、无所谓时，工作除了回报他空虚、无聊、失望之外，还能给他带来什么呢？相反，当一个人以满腔的热情对待自己的工作，把自己全部的聪明才智都投入工作中去的时候，生活自然不会亏待他，他一定能从工作中收获成就。

成功来源于诸多要素的几何叠加。比如，每天笑容比昨天多一点；每天走路比昨天精神一点；每天效率比昨天提高一点……正如数学中50% ×50% ×50% =12.5%，而60% ×60% ×60% =21.6%，每个乘项只增加了10%，而结果却是成倍增长。每天进步一点点，假以时日，你的明天与昨天相比将会有天壤之别。

做事尽善尽美

什么是伟大？不在于你是否做出惊天动地的伟业，或者你当上了名人、高官、百万富翁、亿万财阀，甚至“总统”元帅，伟大在于你是否具有诸如勤劳、正直、自律、诚实这些人类的美德，在于你是否真正最大限度地展现出了自己作为一个人的价值。

比尔·盖茨做出了伟大的事业，有些人只看到他拥有的巨大的财富、显赫的名声，却不知道盖茨本人并不那么看重这些东西。盖茨说过，等你有了1亿美元时，你就会明白钱不过是一种符号。他看重的仍然是对人类社会的贡献，是简朴的普通人的品格。有关比尔·盖茨的传记介绍说，盖茨从来不因为钱财而去特意摆阔。他始终保持着他那种随随便便、不大讲究的特点。人们不时在公司里、工场里或机场上看到他穿一条休闲裤、一件开领衫，一双运动鞋，而且没有一样是名牌。已经成为社会名流的盖茨，喜欢独来独往，做事不需要那种前呼后拥、仆从尾随的派头。他在回答《花花公子》记者提问时说：“我认为讲究派头并不是一个好的榜样。一个人如果习惯于享受，他就再也不能像普通人那样生活。我喜欢生活得跟普通人一样，这已经足够了。”

就盖茨的地位和业绩而言，他的工资完全有资格列全美之冠，但实际上只属中等偏下。他说，他对于钱总是从不关心，而且也不大在意股票行情的变化。他更关心的是他的工作。这个“世界大腕”最看重的，是他的“本分”，即电脑软件技术，而对这本分之外的东西，则“不加毫末”。他把自己看做一个技术员，他认为“英雄”是一个很伟大的字眼。

就精神实质来讲，被一些人艳羡的大人物比尔·盖茨，也只不过是一个平凡的人。至少他自己是这样看待自己的。

别人看他成就了大事业，而他自己则认为不过是尽了一个技术员的本分。陶行知讽刺那些“居高位如在厅里挂画像”的“小人”，把大事也能做小。而真正伟大的人，则能把小事做大，或者在他们看来，只要有益于世，“本来事业并无大小”。

比尔·盖茨为社会作出了巨大贡献，并保持着普通人简朴、勤奋、正直的品格，是值得人们尊敬的。

比尔·盖茨劝告青少年学生牢记这几句话：事情不分大小，都应使出全部精力，做得完美无缺，否则还不如不做。

一个人如能从小养成这样的好习惯，他的生活将一定过得满足愉快，无牵无绊。

要想过一种美满愉快的生活，只需做事精益求精，力求完善。当一个人把事情处理得顺顺当当、无牵无挂时，他心里的愉快，真非笔墨所能形容。那些做事草率疏忽，错误多多的人，不但对不起事情，也对不起自己！

失败最大的祸根，就是从小养成不认真的习惯。而成功的最好方法，就是把任何事都做得精益求精、尽善尽美。

1965 年，一个四年级小学生到西雅图景岭学校图书馆帮忙，管理员让他把已归还图书馆却放错了位的书放回原处。小学生问：“像是当侦探吗？”管理员说：“那当然。”

小学生便不遗余力地干起来。第一天，他找出三本放错地方的书。第二天，他来得更早，而且更卖力气。过了两个星期，小学生的父母要搬家，小学生担心地说：“我走了，谁来整理那些站错队的书呢？”没过多久，小学生又来了，高兴地对管理员说，那边的图书馆不让学生干，母亲把他转回这边上学，由他爸爸用车接送。“如果爸爸不带我，我就走路来。”

这个小学生是如此敬业。让图书馆的管理员没有想到的是，这个小学生后来成为信息时代的天才、微软电脑公司总裁——比尔·盖茨。

做事尽善尽美，不但能够使你迅速进步，并且还将大大地影响你的性格、品行和自尊心。任何人如果要想成功，就非得秉持这种精神去做事不可。

做到，更要做好

大家知道，企业如果正常运转的话，一项工作就如同在流水线上一样，是有顺序的。设计、采购、生产、检验、销售、服务，形成一个大的工作流。每一项工作中，又会有相应的流程形成小的工作流。而你就处于工作流中的一个环节。

如果你不能完成自己的职责的话，就会让整个流水线停止工作，所有的人都需要停下来等你。丰田公司的零库存，不是一天就成功的。他们的培训工作进行了3年多，因为要保证每一个环节的步调一致，否则一个环节有问题，整个体系都要停下来。

因此，履行你的职责，把工作“做到”是第一步，是起码的职业操守，在“做到”的同时还需要“做好”才行。

1.做到，仅仅是及格

当你迈入职场后，企业肯定会对你提出很多要求，其中就有职业道德的要求。在一个小品中有这样一句话：“要想守好你的摊，首先守好你的道”，职业道德的第一个要求就是尽职守则，把工作做到位。

但仅仅是这一点，很多职场人士就没有得到应有的分数。

1964年10月6日，我国成功爆炸了第一颗原子弹：1967年，我国第一颗氢弹试验成功；1970年4月24日，我国第一颗人造地球卫星发射成功。这“两弹一星”构成了民族整体、自卫力量的重要盾牌。可你知道“中国导弹之父”钱学森怎么评价自己的工作吗？

“我只是按照党的要求，做了自己该做的工作，仅此而已。”

这是你的工作，做好它是你的责任。做好它，你没有什么好炫耀的；而做不好它，你更没有任何借口。迟到了，不是因为路上塞车，而是因为你起床太晚了；工作没有完成，不是由于时间太紧，而是因为你能力不够。因此，有责任感的人，首先要做的就是完成自己的工作。但仅仅完成工作还不能是全部，这只是及格的表现。

对于员工来说，做到及格是平淡无奇的。为什么可以做到更好时人们总是做到及格就停了下来呢？为什么不对自己来一个超越，让自己做到最好？

如果你是一名货运管理员，也许可以在发货清单上发现一个与自己的职责无关的未被发现的错误；如果你是一个过秤员，也许可以质疑并纠正磅秤的刻度错误，以免公司遭受损失；如果你是一名邮差，除了保证信件能及时准确到达，也许可以做一些超出职责范围的事情……这些工作也许不是你的事，是专业技术人员的职责，但是如果你做了，就等于播下了成功的种子。

对于手头工作和自己的行为百分之百负责的员工，总是能超越及格的要求，他们更愿意花时间去研究各种机会和可能性，显得更值得信赖，也因此能获得别人更多的尊敬，与此同时，他也获得了掌控自己命运的能力，这些将加倍补偿他为了承担百分之百责任而付出的额外努力、耐心和辛劳。

你对工作的态度决定了你对人生的态度，你在工作中的表现决定了你在人生中的表现，你在工作中的成就决定了你人生中的成就。所以，如果你不愿意拿自己的人生开玩笑，那就在工作中多迈一步，而不仅仅是做到及格。

2. 做好，才是优秀

很久很久之前，一位地主要出门远行，临行前他把下人们叫到一起并把财产委托他们保管。依据他们每个人的能力，他给了第一个下人10两银子，第二个下人5两银子，第三个下人2两银子。拿到10两银子的下人把它用于经商并且赚到了10两银子。同样，拿到5两银子的下人也赚到了5两银子。但是拿到2两银子的下人却把它埋在了土里。

很长一段时间之后，他们的主人回来与他们结算。拿到10两银子的下人带着另外10两银子来了。主人说："做得好！你是一个对很多事情充满自信的人。我会让你掌管更多的事情。现在就去享受你的奖赏吧。"

同样，拿到5两银子的下人带着他另外的5两银子来了。主人说："做得好！你是一个对一些事情充满自信的人。我会让你掌管很多事情。现在就去享受你的奖赏吧。"

最后拿到2两银子的下人来了，他说："主人，我知道你想成为一个强人，收获没有播种的土地，收割没有撒种的土地。我很害怕，于是把钱埋在了地下。"主人回答道："又懒又缺德的人，你既然知道我想收获没有播种的土地，收割没有撒种的土地，那么你就应该把钱存到银行家那里，以便我回来时能拿到我的那份利息，然后再把它给有10两银子的人。我要给那些已经拥有很多的人，使他们变得更富有：而对于那些一无所有的人，甚至他们有的也会被剥夺。”

这个下人原以为自己会得到主人的赞赏，因为他没丢失主人给的那2两银子。在他看来，虽然没有使金钱增值，但也没丢失，就算是完成主人交代的任务了。然而他的主人却不这么认为。他不想让自己的下人只会没有出息地按要求行事，而是希望他们能主动些，变得更杰出些。

不要满足于尚可的工作表现，要做最好的，你才能成为不可或缺的人物。人类永远不能做到完美无缺，但是在人们不断增强自己的力量、不断提升自己的时候，人们对自己要求的标准会越来越高。这是人类精神的永恒本性。

对你来说，最好的东西还在后头。不要在回顾自己的业绩时说“做得真好，目标已完全实现”，而应该认为能这样好地完成工作，只是“证明自己还有进一步发展的可能”。要经常相信自己的面前有永无止境的美好未来，不能有丝毫怀疑。这样就能从某种程度的成功，继续走向更大的成功，从而拥有不断发展的辽阔人生。

3. 没有最好，只有更好

出色地完成自己的工作，是否能让一个人成为艺术家或者天才，这个问题暂且不论，但是有一点却是千真万确的：一个人尽己所能、精益求精地完成自己的工作，这种觉悟所带来的内心的满足感是无与伦比的。

所谓成功始于内心，指的就是这样的过程。工作，就应以最高的标准来要求自己，而这种要求对人产生效果的原理就是通过这样的行动选择而表现出来的。

韩国现代公司的人力资源部经理在谈到对员工的要求时是这样认为的：“我们认为对员工的最好的要求是，他们能够自己在内心中为自己树立一个标准，而这个标准应该符合他们所能够做到的最好的状态，并引领他们达到完美的状态。”在现时代的各种公司中，对员工的要求已经由原来的公司规定怎么做，员工只要老老实实照做，变成了员工自我加压、自我完善。这样的转变要求员工心中必须具有对自己的高要求，这样才能达到自我管理、自我发挥的状态。

对于员工来说，以最高的标准要求自己，在工作时候，就意味着做到让客户百分百满意,让客户感受到超值的服务。这就是卓越员工工作的唯一标准。这样的标准在实际工作中，一方面将造就优秀的员工，另一方面将造就成功的企业。

在各种行业中，零售业是最考验服务水平的行业。很多专家都研究过沃尔玛成功的原因。专家们分析得出了三个结论:

其一，沃尔玛拥有全球性的信息网络，能够及时有效地反映全球的零售业变化;

其二，沃尔玛拥有整体高效的成本分摊系统;

其三，沃尔玛员工提供了优质而无挑剔的服务。

在沃尔玛的店面里，员工都以最高的工作标准警醒自己。员工的微笑服务、耐心、诚实早已是最基本的准则。他们追求的是向心中的完美状态进发。拥有这样的员工的沃尔玛当然不可阻挡地成为零售业的巨头，甚至超过了很多实业公司，成为世界企业500强的一员。而沃尔玛的员工也为自己是沃尔玛的一员而骄傲，因为这意味着优秀、完美和卓越。这便是员工用最高的标准要求自己，给企业和自己带来的巨大效益的秘诀之一。

但对于员工个人而言，工作能不能做到精益求精，关键是看他能否做到热爱自己的工作，发自内心去追求精益求精的目标，追求完美的实现。美国的马丁·路德·金曾经说过:“如果一个人是清洁工，那么他也应该像米开朗基罗绘画、像贝多芬谱曲、像莎士比亚写诗一样，以同样的心情来清扫街道。”假如你能以这种心态做事，目标的达成根本就顺理成章。

中国的神舟5号载人宇宙飞船成功飞入太空并安全返回指定地点，是中国航天科技发展史上的又一个里程碑。要知道这样一个极其复杂的载人航天系统，要由500多万个零部件组成的。即使是有99%的精确性，也仍然存在着5 000多个可能有缺陷的部分。如何能够达到100%，那就要消灭那5 000个可能存在的缺陷。哪怕是99.99%的精确性，不也还存在50多个可能的隐患吗？航天的奇迹就在于一定要做到100%，要把一切可能的隐患都测试估计预控到，这样才能确保万无一失。

按照一般的概率统计，如果一部由13 000个部分组成的汽车，其精度能够达到99.999%的话，那么它第一次发生故障或出现反常情况将可能在10年以后。中国的汽车都还做不到10年以后才出现毛病，德国奔驰汽车就能够保证20万公里不动螺丝刀，而正常每年2万公里汽车行程，也基本上能做到10

年工夫了。这种质量保证就来自员工精益求精的工作态度。

有一句广告词是这样说的：没有最好，只有更好。一个优秀的员工对待工作态度也应如此，唯有如此，才能保持向上追求的工作激情，才能把工作做得更好，也才能不断进步。

要使工作产生的价值远远超过薪水

从前在宾夕法尼亚的一个山村里，住着一位卑微的马夫，后来这位马夫竟然成了美国最著名的企业家之一。他就是查尔斯·齐瓦勃先生。

齐瓦勃先生是如何获得成功的呢？齐瓦勃先生的成功秘诀是：每谋得一个职位，他从不把薪水的多少视为重要的因素，他最关心的是新的位置和过去的位置相比是否前途和希望更远大。

他最初在钢铁大王安德鲁·卡内基的工厂做工，当时他就自言自语地说："总有一天，我要做到本厂的经理。我一定要努力做出成绩来给老板看，使老板主动来提拔我。我不会计较薪水的高低，我只要记住：要拼命工作，要使自己的工作产生的价值，远远超过我的薪水。"他下定决心后，便以十分乐观的态度，心情愉快地工作。在30岁时，他成了卡内基钢铁公司的总经理，39岁时，他又出任全美钢铁公司的总经理。

齐瓦勃只要获得一个位置，就决心做所有同事中最优秀的人。当同事抱怨待遇低微时，齐瓦格把注意力集中在工作上。他明白，目前的待遇或多或少，与他将来注定要获得的财富相比，是微不足道的，计较这几美元是很无聊的。他看清了周围人的卑微愿望和平庸命运，也在自己的卓越之路上默默努力。他做任何事情都保持乐观的心态、愉快的情绪，他在业务上尽可能做到尽善尽美、精益求精。人们习惯于把难度高的事情都交给他来处理，他渐渐成了公司的主心骨。

如果你在一个平庸职位上拿到不错的薪水，就缺乏向更高职位努力的动力，就非常遗憾了，说明进取心开始消磨了。其实，你有能力做得更好，甚至有能力自己创业。

如果你认为自己做得挺好，可以站稳脚跟了，别人也这么告诉你，那你应该听听这番话："其实你的薪水不算多，你要是不想争取更多，恐怕就连这点薪水也不能保住。现在的事情像逆水行舟一样，不做得更好，就会做得更差。你知道有多少人在盯着你吗，那些能够做得更好的人，正等着把你挤下去呢。"

浅尝辄止、安于现状、不思进取的人不会做出什么大成绩。一个有崇高目标、期望成就大业的人，总是不停地超越自我，拓宽思路，扩充知识，敞开生活之门，希望比周围的人走得更远。他有足够坚强的意志，激励自己做出更大的努力，争取最好的结果。

作为一个职员，如果你想迅速获得提升，就找一些同事们啃不动的工作，去完成它。做好了，就容易超越那些资历比你高的职员。如果一个人做起事来总是精益求精，总是让别人惊喜，上司自然会注意到他，必要时自然会把他提拔到重要的位置。没有一个雇主不喜欢有上进心的下属，他们也在随时观察员工们的表现。

绝不可养成非监督逼迫不能好好工作的恶习。无论上司在不在，都要忠于职守、全力以赴，工作不是装样子给上司看的，而是为自己的发展创造条件。绝不能这样想："照着上司的吩咐，按部就班就可以了。"过于计较自己付出的劳动是否超过了报酬，这样的人即使偶尔得到升迁的机会，发展的空间也会非常有限。

很多事不需上司吩咐，就可以去做。不计较报酬，激励自己作出更大的努力，争取最好的结果的员工，前途才是不可限量的。

扩大自己对公司的贡献

任何一个公司的职员都必须清楚，在现在的企业组织里，工作范围的界定其实只是每个人所该做的最小范围。对工作有着雄心和热情的员工，绝不会将自己局限在固有的工作范围之内，他们知道要想在工作上有一番成就，就必须不断寻找学习的机会，扩大自己对公司的贡献。

现在很多公司的老板越来越不喜欢雇佣那种只知道每天固定朝九晚五，缺乏独立思考能力和创造力的员工。想要用"那又不关我的事"作为推托之辞来逃避责任，可能在十几年前的生产线上还有用，可是到了今天，这一套已经不管用了。作为一名员工，每天都要这样提醒自己：你必须独立思考并且积极主动。假设有某位员工失职，其他人所应做的不是眼睁睁地看着情况继续恶化下去，而是想办法补救。

在现实中，很多老板最看重的就是把公司的事情当成自己事情的人，这样的职员任何时候都敢做敢当，勇于承担责任。责任感任何时候都是很重要的，不论对于公司还是家庭和社交圈子都是如此。

> “我警告我们公司的每一个人，”美国塞文机器公司前董事长保罗·查莱普说，“假如有谁说：‘那不是我的错，那是其他同事的责任。’如果被我听到的话，我一定会开除他，因为这么说话的人明显对我们公司没有足够的兴趣——如果你愿意站在那儿眼睁睁地看着一个醉鬼坐进车子里去开车，或者没有穿救生衣、只有2岁大的小孩单独在码头边玩耍——好吧！我是绝不容许我们公司的员工这么做的，你必须跑过去保护那个小孩才行。”

同样的，不管是否是你的责任，只要关系到公司的利益，你都应该毫不犹豫地去维护。因为，假如一个职员要想得到提升，公司的每一件事情都是他的责任。要是你想让老板知道你是一个可造之材的话，那么你最好、最快的方法就是积极地寻找并抓住每一个可以促进公司发展的机会，哪怕不是你的责任，你也要这么做，因为公司的事情就是你的事情。

只有主动地对自己的行为负责、对公司和老板负责、对客户负责的人，才是老板心目中最优秀的员工。

把自己的职责范围划分得很小的人，通常对公司的事务缺乏热情，这样的人永远也难以在老板心中留下好印象。

假如你总是推卸自己的责任，老板也许会看到你有某方面的才华而暂时不会辞退你。但是在老板心中，你一定是一个不能够委以重任的人。

任何时候，“公司的事就是我的事”不是一句简单的口号，而是有责任感的员工的自我意识。

第八章　不重苦劳重功劳——提升业绩要高调

一切以追求结果为导向

企业只有依靠结果才能生存。任何一个激动人心的口号、理念和想法，如果不付诸实践并取得成效，所有都是妄谈。

环视周围，有不少企业，它们对于每一种流行的管理方法都认真学习积极采纳，可是在结果上并没有多大改进和提高。

究其原因，它们在思想上总是有清醒地认识，可是一到了行动，就往往要打折扣。

所以，对于领导者而言，企业成败的关键其实就是以“追求结果”为导向。

一个崇尚行动同时不缺理论的领导者是伟大的，是未来所需的。因为他能看到企业要的是结果，结果来自行动，而行动永远只有一个主题——富有成效，仅有行动相当于积累脂肪而非肌肉。

一个高明的领导追求结果，一个优秀的员工做任何事情时，同样应该以“追求结果”为导向，而不要把目光局限在“完成任务”上。

有这样一个故事：

小张、小李、小王不仅是中学同班同学，而且是大学同班同学，更是同一天进入了同一家公司。

但是他们的薪水却大不相同：小张的月薪是 5 000 元、小李月薪 3 500 元、小王月薪 1 500 元。

有一天，他们的中学老师来看望他们，得知他们薪水的差距之后，老师就去问总经理：“在学校，他们的成绩都差不多呀，为什么毕业一年就会有这么大的差距？”

总经理听完老师的话，笑着对老师说：“在学校他们是学习书本知识，但在公司里，却是要行动，要结果。公司与学校的要求不同，员工表现也与学校的考试成绩不同，薪水作为衡量的标准，就自然不同呀！”

看到老师疑惑不解地皱着眉头，总经理对老师说：“这样吧，我现在叫他们三人做相同的事情，你只要看他们的表现，就可以知道答案了。”

总经理把这三个人同时找来，然后对他们说：“现在请你们去调查一下停泊在港口边的船。船上毛皮的数量、价格和品质，你们都要详细地记录下来，并尽快给我答复。”一小时后，他们三人都回来了。

小王先做了汇报：“那个港口有一个我的旧识，我给他打了电话，他愿意帮我们的忙，明天给我结果。我为了保证明天他给我结果，我准备今晚请他吃饭，请您放心，明天一定给您结果。”

接着，小李把船上的毛皮数量、品质等详细情况给了总经理。

轮到小张的时候，他首先重复报告了毛皮数量、品质等情况，并且将船上最有价值的货品详细记录了下来。然后表明，他已向总经理助理了解到总经理的目的，是要在了解了货物的情况后与货主谈判。于是，他在回程中，又打电话向另外两家毛皮公司询问了相关货的品质、价格等。

此时，总经理会心一笑，老师恍然大悟。

相信看到这种情况后，任何一个人都会像那位老师一样，一下子就会明白，为什么他们的薪水会有这么大的差别。

在任何一家企业，人们都可以看到这三种人，你应当问问自己：哪一种人中有自己的影子？你是否真正清楚——你周围那些收入高的人，为什么他们的薪水与你的不一样？

在上面的故事中，小张显然是现在众多公司喜欢的员工类型。因为他不仅是投入全部身心去完成任务，也就是老板“吩咐”他做的事，而且更懂得老板和公司“吩咐”他做事想要的结果！

也许，有人会感到迷惑：完成了交代的任务不就是有结果了吗？这就是“任务”——这个假象迷惑人的地方：任务不是结果，不仅不是结果，而且是结果的大敌。

你必须要明白一个基本的不等式：完成任务≠结果。

比如领导让小王去买书，小王先到了第一家书店，书店老板说："刚卖完。"之后又去了第二家书店，营业人员说已经去进货了，要隔几天才有；小王又去了第三家书店，这家书店根本没有。

快到中午了，小王只好回公司，见到领导后，小王说："跑了三家书店，快累死了，都没有，过几天我再去看看！"领导看着满头大汗的小王，欲言又止……

什么是任务？什么是结果？买书是任务，买到书是结果。小王有了苦劳，却没有功劳，因为他没有为公司提供结果。要知道公司是靠结果生存的，如果每个人都满足于苦劳，满足于"我尽力了，结果做不到我也没办法"，那么公司靠什么生存？客户会因为公司员工很辛苦，但没有提供优质产品就付钱给你吗？

如果你要任务，那么你多半得到的是借口，因为完不成的借口有成千上万，欲找借口，何患无辞？如果你要结果，那么你多半得到的是方法，企业绝大多数的工作都不是去攀登珠峰，怎么可能办不到？办不到是因为你不执著地办到！

比如买书，去买是任务，买到书是结果。小王的确跑了三家书店都没有书，这就意味着小王已经付出了劳动，却没有结果，如何让自己的劳动不白费？只要小王执著地要结果，就有很多办法：

方法一：打电话问其他书店是否有这本书，这样可以大大节省跑书店的时间。

方法二：向书店打听，或者上网查这本书是哪家出版社出的，直接从出版社邮购。

方法三：到图书馆查是否有这本书，如果有，就问领导愿不愿花钱复印。

但小王这么做了吗？没有！为什么他不这么做？是因为他脑子中有一个思想，你安排我做这件事（任务），我就投入全部心思去做了这件事（任务），我只对事（任务）负责，我不对结果负责。但公司真正想要的是做事（任务）吗？不是，公司要的是这件事的结果！

任务与结果的差别，是很多企业的"心病"：有时候并不是员工不尽力，大家似乎都在工作，但企业却拿不到结果，导致销售下降，质量波动，人心浮动，没有业绩。同样，这也是员工们的疑惑：我这么努力，"圆满"地完成了任务，为什么老板还是不满意？

关键就在于，你没有把重点放到结果上，被"完成任务"迷惑了。其实在大多数情况下，对于你想要的结果，不是办不到，是因为你没有执著地办到。

为什么要强调员工的“结果”而不是“任务”涉及企业与员工之间的本质关系。

企业是一个商业组织，员工与企业之间是一个商业交换关系。什么叫商业关系呢？举个例子，你要快递公司送一封信，大致是10元钱，无论刮风下雨，都是10元，甚至是下大雪，交通极其困难，也是10元钱。

如果是送信的员工碰到天气很差，信没有送到，你会不会给快递公司付钱？不会，为什么？因为10元钱交换的是你把信送到的结果，价格是你自己定的，所以信送到，就付钱，信送不到，无论你的员工有多少苦劳，你都不会付钱！

这就是赤裸裸的商业关系，商业关系的本质就是一种结果，或者叫利益交换关系，或者叫买卖关系。

请记住，企业购买的是结果，也就是劳动的结果，而不是劳动。

为什么企业要这样？因为只有每个人提供的是结果，企业才有钱赚，才能够生存。但现在，不少员工却把上班当成结果，以为只要上班就可以领工资，这种观念大大地扭曲了员工与企业的关系。

你是不可以用上班来交换工资的，上班的结果才可以交换工资。这就像睡觉一样，睡觉没有价值，睡着才有价值，睡觉但睡不着叫什么？叫失眠。失眠不仅没价值，而且还是一种病。

如果你工作的时候，是完成任务，而不是追求结果，那么就是在睡觉，却没有睡着，处于失眠状态。所有有执行力问题的公司，一定有一部分员工或领导处于这种失眠状态。

现实工作中，人们常常被“完成任务”这类完美的执行假象所迷惑。

因为人们不明白：完成任务其实只是实现结果的一个过程，有时候甚至只是刚刚开始做结果，但在因果逻辑上，他的确已经完成“任务”，可又没有达到你的要求。这种矛盾，会导致下属甚至整个公司都在找理由推卸责任，下属找理由对付上级，上级找理由对付老板。因为只要完成了任务，员工就有一万个理由来说明，没有完成结果不是自己的责任。

公司规模扩大之后，部门就增多，职位多了之后，员工就多。职位和部门一多，员工完成任务的程序就往往会代替实际要做的结果，组织层级就会代替客户价值。于是，任务往往就会迷惑人们的眼睛。这样一来，员工就有了无数可以开脱责任的理由：你看他已经投入了，他已经努力了，没有功劳也有苦劳啊！

如果你要致力于打造一个具有强大执行力的团队，如果你要成为一个优秀的执行型人才，那么请记住，执行永远都只有一个主题：执行是要做结果，而不是完成任务！

你永远都要锁定“结果”这个目标，而不是完成任务这个“程序”，因为“完成任务≠结果”。

所以，你的所有投入都是为了创造结果，而非用来完成任务。

业绩第一，文凭第二

前几年曾流行一本书叫《北大毕业等于0》，它提出了这样一个观点：“大学毕业，尤其是在诸如北大这样的名校毕业，它的确是一个很好的基础，是优越的条件，但它还不能保证你成功。”

知识与能力并不能简单画等号，一个人拥有知识，但不一定就能在工作中创造出业绩。

“拥有哈佛学位可以在世界任何一个地方混得好”，不少现在或将来想去哈佛求学镀金的人都这样认为。那么哈佛到底有多神？哈佛学子真是个个成功？哈佛的经验真的放之四海而皆准？哈佛的理念真能在中国的土壤上生根发芽？非也。手里拿着哈佛毕业证书，却连工作都难以找到，这在哈佛毕业生中并不少见。

史密斯学习成绩出类拔萃，财务、会计等课程门门优秀，投资银行很需要这样的人才，而他也参加了几家投资银行的面试，却接连失败了。

在学校，他确实是位屈指可数的优等生，但不知怎么偏偏在面试时怯场，哈佛的口才培养看来没有在他身上起到作用。最后在他准备的面试公司名单上，只剩下了一家地方城市的公司。由于连续的挫折，史密斯的精神受到很大的打击。他想，自己的大学时代就是在这个城市的近郊度过的，回到这里不是也很好吗？

面试开始后，史密斯感受这次面试有一种与以往不同的好气氛，考官是一位平易近人的年轻人，而且毕业于与母校有密切关系的大学，所以交谈起来非常融洽。他想，这次可能差不多了吧！

哪知考官突然发问："你想加入我们公司的动机是什么？"

说实话，史密斯本来就没想到会到这家公司面试，所以对该公司的内部情况一无所知。慌乱之中他只能把自己有关投资银行的知识拿出来应付场面，这样他犯下了一个致命的错误。一席话说完，考官默默地站起来，打开房门，做出一个送客的手势："对不起，我们公司可不是投资银行，以前不是，现在不是，将来也不打算成为投资银行。不过你的发言还真让我吃了一惊。迄今为止把我们与投资银行搞混的人你还是第一个。请记住，我们公司是美国屈指可数的几家资产管理公司之一。"

走出面试房间很长时间了，那位考官的话还在史密斯耳边振荡。

类似史密斯遭遇的哈佛毕业生不多，他们大都能找到一份属于自己的工作，但绝对不是如人们想象的是凭了哈佛的毕业证书，他们所靠的是自己的实力和业绩。

靠实力做出成绩是你唯一的通行证，也是你最可靠和最有效的通行证，意识到这一点，你才能畅行无阻。

业绩是检验员工的标准

现代企业，以业绩评价员工已成为共识。

汉夫特是加拿大渥太华一家宾馆的主人，他以"懒惰"著称，凡是能吩咐给手下干的事，他绝不亲自去做。宾馆业务虽然繁忙，他却整天悠闲自在。有一年圣诞，他让宾馆全体员工分别评选出 10 名最勤快和 10 名最"懒惰"的员工。汉夫特叫人把 10 名最"懒惰"的员工叫到他的办公室。这些员工忐忑不安，以为老板要炒他们鱿鱼。可是令他们没有想到的是，一进门，汉夫特说："恭喜各位被评为本宾馆最优秀的员工。"

这10名员工面面相觑，看到大伙这样，汉夫特微笑着解释道：“根据我观察，你们的‘懒’突出表现在总是一次就把餐具送到餐桌上，一次就把客人的房间收拾干净，一次就把工作干完，因而在别人眼里你们每天大部分时间闲着，无所事事。但依我看，最优秀的员工无一例外都是‘懒汉’——‘懒’得连一个多余的动作都懒得去做。而勤快员工的‘勤’，大多表现在整天忙忙碌碌，不在乎把力气花在多余的动作上，做一件事不在乎往来多少趟，花多少时间，如此能有效率吗？”

也许你会觉得汉夫特的行为不可思议，这并不奇怪，只因为你还没有弄懂工作追求的是什么。

有人曾经问过许多公司的管理者：什么是他们评价员工的标准？他们都毫不犹豫地告诉我：业绩。

考核你能力的标准，是你的业绩；也唯有你的业绩才能体现你的价值，让你“物有所值”，得到你应得的报酬。考核领导能力的标准，是领导的业绩；企业只会看重领导取得的业绩，除此之外，别无其他考核的准则。考核企业综合实力的标准，还是企业所取得的业绩；股东、公众、国家都是通过察看企业年终收益来判断企业成功与否。

许多人宣扬“结果并不重要，重要的是过程”。这是一种非常可笑的观点，怀着这种所谓的“超然”心态去做事，其结果只能是失败。这种人所看重的“内心的体验”也只不过是失败所带来的遗憾和伤感。这种遗憾和伤感或许是诗人们创作的源泉，但对于绝大多数靠薪水生活的普通人来说，没有任何帮助。

要知道没有结果的付出只是在做无用功。竞争残酷无情，不论你曾经付出了多少心血，做了多少努力，只要你拿不出业绩，那么老板和上司就会觉得付给你薪水纯属浪费金钱。

老板要的是结果。老板雇用员工不是用来欣赏对方做事的过程，而是要他为公司创造效益。

有句话说“为达目的不择手段”，这话或许偏激，但有它的道理。这当然不是主张通过违法等手段去实现自己的目的，但是在竞争激烈的今天，这也算是实话。这句话可以理解为“条条大路通罗马”，就像要到某一个地方去一样，可以乘车去，也可以徒步去，但是最重要的一点是你必须在规定的时间内到达。

不管你跑也好，跳也好，你到达了目的地就是成功。在公司里也是一样的，你只有在相同的环境、相同的条件下，创造出更多的业绩，你才能得到老板的赏识和器重。

精业创造非凡业绩

以色列有一则寓言讲道：

一天，克尔姆城里的补鞋匠把一个顾客杀了。于是，他被带上了法庭，法官宣判处以绞刑。判决宣布之后，一个市民站起来大声说："尊敬的法官，被你宣判死刑的是城里的补鞋匠！我们只有他这么一个补鞋匠。如果你把他绞死，谁来为我们补鞋？"

克尔姆城的市民这时也异口同声地呼吁。法官赞同地点了点头，重新作了判决。"克尔姆的公民们，"他说，"你们说得对，由于我们只有一个补鞋匠，处死他对大家都不利。城里有两个盖房顶的，就让他们其中的一个替他去死吧！"

这则寓言也许放在这里比喻精业的价值不太好，但是它的确反映了精业的作用——你只有精业才能避免被淘汰的命运。

有一位通讯员请教一位老编辑：怎样才能写出好稿件来？这位编辑回答：敬业，敬业才能精业，精业才能出精品。

成功者与失败者的区别就在于成功者无论做什么，都力求达到最佳境界，不论从事何种职业都不会轻率疏忽。

洛克菲勒最初在石油公司工作时，既没有学历，也没有技术，被分配去检查石油罐盖有没有自动焊接好。这是整个公司最简单、枯燥的工序。每天洛克菲勒看着焊接剂自动滴下，沿着罐盖转一圈，再看着焊接好的罐盖被传送带移走。半个月后，洛克菲勒忍无可忍，他找到主管请求改换工种，但被拒绝了。没有办法，洛克菲勒只好重新回到焊接机旁，既然换不到更好的工作，那就把这个不好的工作做好再说。

洛克菲勒开始认真观察罐盖的焊接质量，并仔细研究焊接剂的滴速与滴量。他发现，当时每焊接好一个罐盖，焊接剂要滴落39滴，而经过周密计算，结果实际只要38滴焊接剂就可以将罐盖完全焊接好。经过反复测试、实验，最后洛克菲勒终于研制出“38滴型”焊接机，也就是说，用这种焊接机，每只罐盖比原先节约了一滴焊接剂。就这一滴焊接剂，一年下来却为公司节约出几百万美元的开支。

年轻的洛克菲勒凭着他不断完善的专业技能迈出日后走向成功的第一步，直到成为世界石油大王。

你要想在敬业的基础上进一步精业的话，必须注重细节。完美的细节代表着永不懈怠的处世风格，也是一个人追求成功的资本。就像洛克菲勒那样，注重细节，才能成功。

通用电气公司前总裁杰克·韦尔奇是企业管理界的大师，被人尊称为“世界经理人的经理人”。有一年，他准备着手写一本商业管理著作，总结自己多年来的管理经验。书还没有写，就被时代华纳下属的时代华纳贸易出版公司以710万美元的高价买下了这本书的发行权。

许多人在读了这本书之后，发现韦尔奇在管理理念上并没有什么过人之处。他只是在管理实践中注意一些细节问题：亲自动手写小纸条并亲自交给基层经理人甚至是普通的员工；能随口叫出1 000多位通用电气公司管理人员的名字；亲自接见所有参加通用电气高级职位应聘的人员等。正是这一个又一个细节，造就了韦尔奇在管理界的大师地位。

老板想要的就是精业的员工。员工是你一生所扮演的众多角色中的重要角色，那么你就要好好地去扮演这个角色。把“做一个精业的员工”作为自己的座右铭，不断地激励自己去提高自身素质。从细节做起，从现在做起，学会用心去做自己的工作，把自己当做是乐队的指挥，去把工作当做你的艺术作品去完成。

记住：掌握完美的技能就是精业，你的本分就是掌握完美的技能，追求尽善尽美！

尽力为老板开源

假如一位猎人奔波劳碌一天连一只猎物也没打到，那他肯定会垂头丧气的。同样，如果老板一天到晚忙得不可开交而无利润可赚，他会高兴吗？

“利润至上”是每个公司的原始推动力，利润是公司存在、发展乃至服务社会的根本，也是老板的第一要务。而且，老板都希望员工头脑中有一个简单却至关重要的概念，即公司的每一个成员都有责任尽力帮助公司赚钱。

1. 积极寻找机会报效公司

A以前工作过的某大型商贸公司的营销方式一直是以传销为主，但由于政府认为传销不适合中国国情，而不再支持传销。公司不得已只好改变了经营思路，意欲将产品直接打进超市，可惜公司中对物流方面有实践经验的领导人物并不多，老板为此大伤脑筋。

当时A是这家公司的仓库管理员，得知老板的意图后，他对老板说：“我在进入咱们公司之前，曾经在W大型连锁超市做过出纳，与该超市的经理关系不错，而且我对超市的经营方式也较熟。我想找三至五人成立一个攻关小组，力求打开W超市的门槛。”

老板一听，竟大喜过望道：“W超市的分店众多，品牌号召力也颇大。你能如此竭诚报效公司，是我的荣幸。”当即便任命A暂为公关部助理。他当时有些诚惶诚恐，若是成功，则一切好说；若是失败，莫说公关部助理，连现在的仓库管理员都保不住了。但事到临头，已无退路，只好硬着头皮上阵。

在背水一战般的努力之下，公司的产品终于摆上了W超市的柜台。在W超市的带动下，公司的产品大量进入了消费者家中。

A为公司赢得了巨额利润，年终时，老板将他正式提拔为公司营业部经理。老板对A说：“营业部是公司的核心部门，这个大摊子，就交给你了。”

常言道：疾风知劲草。在关键时刻，老板会更真切地认识与了解下属。当某项工作陷入困境之时，你若能自告奋勇，大显身手，为公司解决难题，创造业绩和利润，那你一定会让老板格外器重。在这样的关键时刻，切忌变成一块木头，呆头呆脑，冷漠无情，或畏首畏尾，胆怯懦弱。否则，老板便会认为你确实是一个不学无术、无情无能的平庸之辈。

所以，你一定要寻找机会尽力报效公司，尽力为公司广开财源。

2. 广泛利用各种人际关系为公司创造利润

当公司遇到困难时，不论你是何职位，你都不妨积极开动脑筋，看看可否通过自己的力量或人际关系网络，为公司的业务打开一条通道。

社会是十分复杂的，每一个人都套在盘根错节的关系网中，每一件事也都明里暗里交织着错综复杂的关系。一般而言，你在社会上有这样一些基本关系很值得利用：同学关系、同乡关系、朋友关系，亲戚关系、邻里关系。

那么，你该怎样利用这些关系为老板开源呢？

首先，办事最实在最得力的要属同学关系。同学关系是非常纯洁的，一般都可以发展为长久、牢固的友谊。曾几何时，你们在一起热烈地争论和探讨，每个人的内心世界都袒露无遗。加之同学朝夕相处，彼此对对方的性格、脾气、爱好、兴趣等都有深入了解。即便你在学生时期不及别人引人注目，交往的范围也很有限度，你也大可不必受限于昔日的体会，而使自己的想法变得消极。因为每个人踏入社会后，所接受的磨炼是不同的，绝大多数人会受到洗礼，而变得相当注意人际关系。换言之，就是不要拘泥于学生时期的自己如何不善交际，而要以目前的身份来与往日的同学交往。

当你得知你的某位同学正是本公司正待公关的客户或是某同学与该客户有密切关系时，你就应该努力去说服他，请他帮助你及你的公司，千万不要把这种宝贵的人际关系资源白白浪费掉。

其次，远亲不如近邻。邻居是你经常接触的最小单位。邻里近在咫尺，且互知底细，每天低头不见抬头见，相互之间都有把关系搞好的愿望。因此，你若要求他们利用职务或其他关系之便帮助你时，只要不是太过分，他们一般都会答应的。

再次，是亲戚关系。每个人都有三亲六戚，与这些亲戚来往也是交际生活中的重要内容。因为亲戚之间大都是血缘或亲缘关系，是一种不会改变的比较稳固的关系，所以亲戚之间的亲密性是难被打破的。

比如，当你的家庭遇到困难时，你一般首先想到的是找亲戚帮忙。其实在工作上，你的亲戚若能够帮上忙，只要你将烦恼告诉他们，他们也会很热情地向你伸出救援之手的。

最后，千里难得是同乡。中国人有着强烈的乡土观念，其表现之一就是对同乡人有一种天生的热情，尤其是人在外地时，这种同乡感觉就越发强烈。因此同乡关系在一些特定的环境里能够发挥很大的作用。学会利用同乡关系，不但可以多几个朋友，更重要的是办事时能得到关照。

在工作生活中，你应该学会利用这些关系，使这些关系最大限度地发挥作用。千里难寻是同乡，有了关系好办事儿。

你安身立命的关系网已经形成，你一旦有事需要照顾时，各种关系都会起到应有的作用，然而运用之妙，存乎于心。

对此，请记住如下忠告：珍惜关系，培养关系，利用关系，使你的交际圈子越来越大，越来越牢固，这是你学会开展工作，为老板创造利润的重要一步。

用最少的成本创造最高的效益

加强成本观念，这对你来讲非常重要。真正的老板都知道节约的重要性，你是节约的人，你的形象在老板心中也是不错的。在经济学上，有一个千古不易的致富秘诀，那就是“开源节流”。所谓的“开源节流”是指在财政经济上增加收入，节省开支。这恰恰是老板梦寐以求的。为老板节约成本，就是为老板创造利润，自然会得到老板的器重，

1. 学会为老板“开源节流”

随着公司的发展壮大，任何一个细小的浪费都有可能导致成本的急剧攀升。老板在维持公司运转的情况下当然希望员工能够替公司节约成本了。这对于想得到老板信任和器重的你来说是非常重要的。要做到这些并不难，有时有成本观念就意味着懂得节约。

你不要以为一滴水，一度电不算什么，任何东西都是由少积多的。

有一个粮食仓库的看管员，在粮食进库的时候，把粘在麻袋上的粮食和落在仓库门口的些许粮食都收集起来。日复一日，年复一年。十几年过去了，那位员工收集的粮食已经多达5吨。

这样的员工在任何时候都会得到老板的信任和重用，他们让老板觉得

放心。

此外你还必须适时地降低老板的培养成本。你在平时可以根据公司业务的需要去自己镀金，花一点钱去接受专业技能和知识的培训，这样的员工在老板心目中地位也会是很高的。

2. 做个“小气”员工

有一年的华为年终颁奖晚会上，面对公司研发浪费非常严重的情况，总裁任正非把那些浪费掉的材料全部分装打包，给每位研发人员发了一份作为奖金。任正非可谓用心良苦，虽然每个员工当时可能有些难受，但是也使他们深受教育：公司的资源是不应该浪费的，员工必须为公司节约！第二年，整个公司用于研发的资金就降了下来，任正非又将所有节省的资金作为奖励发给了员工。

台湾的龙头企业台塑集团，是典型的超大企业，但其经营理念却是“小气有理。”每一位员工的圆珠笔必须用到写不出字，再拿旧笔芯去后勤部门换新笔芯。

一提到利润，很多人就想着怎样把别人的钱变成公司的钱。但是，因为成本每天都在发生，大家习以为常，因此被人们忽略。实际上，一味向外挖掘和索取利润，不如让每一位员工都增强成本意识，厉行节约，这也是增加利润的有效途径。

有一家经营得很好的商店,其秘诀竟是关掉不必要的招牌灯。老板说:“小气就是赚自己的钱。如果自己的钱都赚不回来,又怎么有能力去赚别人的钱?”

美国大富翁弗雷德说：“吝惜每一美分，用好每一美分，才是财富增值的源泉。”加拿大渥太华有一家《吝啬家月报》，专门告诉读者怎样省钱。创办者尼克森先生说：“省下一元钱，从感觉上说，往往大于你赚进的一元钱。”

对于公司经营来说，尼克森所说的这种感觉也同样存在，而且有金融学理论的支持。

再看看利润的简单公式：利润＝收入－成本。假设收入为110，成本为100,那么利润为10,利润率（利润/成本）为10%,如果削减10分之1的成本,即成本变为90，那么利润上升为20，也就是说，削减一分成本，可以提升一倍利润。

在如今的微利时代，向企业内部挖潜力显得更为重要。员工应该意识到，成本就是公司的投资，也是可以由公司自行控制的因素，而且，每一位员工都可以参与到这个控制过程中来。节约成本，增加公司的利润，最终也会增加你的薪金。而公司的增长，可以扩大你的发展空间。在老板盯着成本的时候，无论在哪一个岗位，做什么样的工作，你都应该时刻保持成本意识，配合公司的利润增长目标，这也是有效地获得提升之道。说到底，老板喜欢替他省钱的员工。

第九章　团结起来力量大——合作要高调

一定要重视团结协作，互相帮助

成功者的道路有千千万万，但总有一些共同之处：团结协作是许多成功人士的共同特性。

合作是一件快乐的事情，有些事情人们只有互相合作才能做成，不合作谁也不能完成。美国加利福尼亚大学副教授查尔斯·卡费尔德对美国 1 500 名取得了杰出成就的人物进行了调查和研究，发现这些有杰出成就者有一些共同的特点，其中之一就是与自己而不是与他人竞争。他们更注意的是如何提高自己的能力，而不是考虑怎样击败竞争者。事实上，对竞争者的能力（可能是优势）的担心，往往导致自己击败自己。多数成就优秀者关心的是，按照他们自己的标准尽力工作；如果他们的眼睛只盯着竞争者，那就不一定取得好成绩。

你在个人生活和职业生活中的成功，取决于你与他人合作得如何。"合作"一词指在群体环境中普遍发生的社会关系。群体，一般被定义为一起工作以实现共同目标的一群人。群体的成员互相作用，彼此沟通，在群体中承担不同的角色，并建立群体的同一性。

社会学家指出，群体的成功要涉及一系列复杂的思考和语言能力，而这些能力正是许多人所没有系统掌握或完全拥有的。那些在社交方面很成熟的人，他们极容易适应任何的群体环境，能与许多不同的个体进行友好的交谈，与他人和谐地、富有成效地共事，用清楚的和有说服力的观点影响群体的思考，有效地克服群体的紧张和自我主义，鼓励群体成员守信、创造性地工作，并能使每一个人集中精力，朝着共同的目标前进。就像丹尼尔·戈尔曼在其畅销书《情商》中指出的，这些复杂的思考、沟通和社交技能对于生活中取得成果，常常比传统的智商或职业技能更加重要。你可能对你所熟知的人取得成功感到迷惑不解，因为他们似乎也不是最有知识或最聪明的，他们的成就似乎不是“你所认识的人”所能取得的。但正是因为他们具有良好的社交和沟通技能，再加上他们的学识和才智，他们取得了人们所想象不到的成功。不过，他们具有的社交和沟通的技能，许多人通过观察、实践和批判的思考也能够（而且需要）培养出来。

与他人合作比单独工作有许多好处。首先，群体成员具有不同的背景和兴趣，这可以产生多样化的观点。实际上，与他人合作可以产生出任何个人只靠自己所无法具有的创造性的思想。此外，群体成员互相提供帮助和鼓励，每个人都能贡献出他或她独特的技能，团体的一致性和认同感激励着团体成员为实现共同的目标而努力奋斗，这是一种“团队精神”，它能使每个人最大限度地实现自己。俗语说得好：“人多力量大”，“众人拾柴火焰高”。一群人一起工作，如果全力以赴，组织有序，就能在有限的时间里取得引人注目的成就。

当然，与别人合作不等于没有原则的迁就。人们经常说世界上没有两片完全相同的树叶。每个人都是独一无二的，每个人的特殊的遗传基因的组合，决定了他们有不同的生理条件；出身背景不同，所受的教育不同，人生的经历不同等，决定了每个人都会拥有自己不同的思想情感、性格气质、思维方式。在一个文明的社会里，只要个人的行为不妨碍社会的健康发展，不妨碍他人的生活，它就有存在的权利，任何人都没有权力也不能消除这种差异。因此你不能指望得到每个人的首肯，不能与每一个人都成为知心的朋友，你也不可能喜欢所有的人。你可以不欣赏、不喜欢他；但是你不能轻视他。他只是和你不同而已，你要尊重这种不同。在与别人交往中，也不要一味地迁就别人，从而丢掉自己的个性。

关注“我们”而不仅仅是“我自己”

有一种花叫加拿大一枝黄花，它是我国从西方国家引进的，过去几乎在所有的鲜花店人们都能够看到这种颜色鲜黄、花瓣细小的花朵。这种花过去常常用来做其他花朵的陪衬，把几支红色玫瑰和白色百合扎成一束，周围再点缀些加拿大一枝黄花，常常让人感到赏心悦目。然而，近来这种花却遭到了“通缉”——所有花店里的加拿大一枝黄花全部下架，就连正在花园或原野里生长的加拿大一枝黄花也正面临着被拔除的命运。

究竟是什么使得人们对以前大受欢迎的加拿大一枝黄花采取如此严厉的手段呢？原来这种植物非常霸道，只要在土壤中生根，它就会疯狂侵吞周围所有植物的养分，直到花园里和原野中只有大片大片的加拿大一枝黄花。它的生长态势已经严重侵害了其他植物的生长，这显然极其不利于整个生态环境的平衡和发展，所以人们不得不开始驱逐这种植物。

这个故事告诉人们：生活在社会的大团体中，不要为个人利益而触及团体的利益。公司就是个团体，团体的领导、决策人就是老板。如果总想着"我自己"的得与失，而不顾及"我们"的利益，就会得到其他人的反感和排斥，最终会被团体遗弃。记住，自私永远是你生活和事业中一枚隐藏的炸弹，无私却是最好的排弹专家。

下面的故事同样说明了这个问题。

刘益是一家公司的网络管理员，在公司里表现突出，技术能力得到了大家的认可，每次均能够按计划、保质保量地完成项目任务。在别人手中的难点问题，只要到了刘益那里，十有八九会迎刃而解。

公司对刘益的专业能力非常满意，有意提升他为项目主管。然而，公司在考察中发现，刘益除了完成自己的项目任务外，从不关心其他事情；且对自己的技术保密，很少为别人答疑；对分配的任务有时也是挑三拣四，若临时额外追加工作，便表露出非常不乐意的态度。此外，他从来都是以各种借口拒不参加公司举办的各种集体活动。如此不具备整体意识和团队精神的员工，显然不适宜当主管。

我们再来看一个例子。

美国职业棒球大联盟西雅图水手队的明星球员罗德基思，曾经成为许多球队的"挖脚儿"对象。罗德基思开出的条件除了2 000多万美元的年薪外，还要求球队给予他各种特别待遇，包括在训练场有自己专属的棚子，供他自由使用的私人飞机。

原本对罗德基思有兴趣的纽约大都会队，听到这些之后决定打退堂鼓。球队觉得，如果他们答应罗德基思的所有条件，几乎是允许他独立于球队之外，自成一格，对球队的影响是弊多于利。他们需要的是由25个球员组成的团队，而不是24个球员加上1个特殊球员。结果可想而知，罗德基思只好另做打算。

这样的事例在职场中随处可见，举不胜举。

充分发挥自己的聪明才智，为自己创造更大的利益，这是可以理解的。但是作为一个人，一个以社会存在为基础的人，要做的绝不仅是这些；维护属于整个团队的利益，这同样是自己不可推卸的责任，而且这种责任往往更能体现自己存在的意义。

有些人对于以上说法却持有不同意见，至少他们在行动中往往只顾自己的个人私利而丝毫不顾大局利益：

有些人为逞一己之强，欺压其他人的权利和自由；

有些人因为得不到某些利益而心生嫉妒，于是四处散播谣言去伤害对方；

有些公司员工会为了金钱而肆意出卖公司机密；

……

以上行为从短期看，或许（仅仅是或许）为自己带来了一时之利。但这种观点是极其片面的，如果从全面的、长远的角度来看，这些行为不会给自己带来真正意义上的利益。人们在破坏大局发展和损害他人利益的同时，其实早已更深地伤害了自己——想想看，这些不负责任的行为同样会令自己感到长期的不安和痛苦。

任何一种将个人利益与大局利益互相对立的行为都是极其不明智的，也是十分危险的。

如果每个人都只顾个人私利而忘记了自己对于维护大局利益的重要责任，人们在相互争夺与伤害的过程中，恐怕任何人的利益都不会得到最基本的保障。

事实上，人的需求总是大于他们自身能力所能满足的需求，因此每一个人都需要社会的帮助去满足他的需求。社会也因个体追逐自己的利益或需求而形成了自身的一个体系，这个体系中的每一分子，都应该在创造个人利益的同时兼顾他人利益，也只有这样，每个人的利益才能在整个社会不断向前发展的基础上得到最大限度的实现。

为此，你有必要也确实需要超越个人利益，凡事从大局着眼。着眼于大局这是每一个人的责任，也是使团队中所有成员的个人利益得到保障的前提。

有一种精神叫牺牲

在一个企业或团队中，各个成员之间难免会有意见相左或利益纷争的时候，当个人的意见或诉求与整体的目标相冲突时，个人要无条件地牺牲自我。只有这样，大家才能共同推进一个目标，共同打造一支最佳的团队。

对于牺牲精神，长征中红二方面军的战士们早已经给人们做出了表率。

红二方面军是在1936年8月份过草地的。过草地时，由于断粮，他们只好采食野菜。红二方面军的指战员绝大多数是南方人，对川西北草地上的那些光怪陆离的植物多数是第一次认识，因而无法确定哪些能食用，哪些有毒。为了战胜饥饿，走出草地，上自最高首长贺龙，下至普通战士，都像神农氏那样开始冒险“尝百草”了。

红二方面军的红6军团保卫局执行科过草地时共有7个人，科长杨凤生把大家采集来的野草揽到自己身边，环视了一眼其余6个人说：“我们现在开一次党小组会。这些野草一定要先品尝、鉴别后才能吃。我是科长，又是老党员，我看，我先来尝。万一我中毒了，科里的工作就由副科长陈云开同志接替负责。”

“不行！”“我反对！”“坚决不行！”……另外6个人对科长的这一提议纷纷表示反对。陈云开急着说：“羊群走路靠头羊。我们这个科，没有你的领导，怎么能完成任务？眼下，你最要紧的任务是带领大家克服困难，走出草地。这堆东西应该让我来先尝……”

躺在担架上的黄凯打断了他的话，他强打精神，支撑着身体半坐起来说：“我看你们谁也别先享这个口福。你们都比我年轻，身体又好，将来为革命工作的时间还很长。我年纪大了，身体又弄成这个样子，可能不中用了，所以由我来尝比较合适。”说着，就朝野草堆爬过去。

大家都慌了，一边将黄凯抬上担架，一边劝阻他说：“你的身体本来就不好，抵抗力太弱，这怎么能行？”小张、小萧、小尹、小李都争先恐后地要尝野草……

“都不要争了！”副科长陈云开以命令的口气说完，扯过一大把野草猛地站起来，激动地向大家请求道：“同志们，我今年才20岁多点，血气旺，身子骨硬，抵抗力强，有毒野草的毒素能被我的身体抵抗掉。所以，我恳切地请求党小组长和同志们对我的意见进行表决。”

没有人发言。陈云开首先举起了自己的右手。过了好大一会儿，黄凯才慢慢地举起右手，两只，三只……七只右手全部举起来了。

陈云开见大家都同意了，很是高兴，乐呵呵地在大家的注视下开始品尝那一堆不知名的野草。绿色的浓汁从他的嘴角流出，可以看出这些野草的滋味实在让人难以接受，但陈云开还是皱着眉头逐一尝下去。他一边尝一边说出自己的口感；“这种有点苦而涩，这种有点酸中带麻，噢，这种还可以，带点甜味……”对于口感好又没有不良反应的野草放在身右，这野草马上升格为“菜”，而放在左边的则是不能食用的野草。

突然，陈云开感到嚼到嘴里的一棵野草有一种无法忍受的怪味，还没说出口，瞬间便被一股刺鼻的辛辣味锁住了喉咙，既而一阵眩晕，他昏迷了过去。大家连忙将他嘴里的野草抠了出来，进行急救。折腾了半天，陈云开终于睁开了眼睛。围在他身旁的战友们欢呼了起来，科长杨凤生紧紧地握着他的手说：“够用了，够用了，你尝出的这十多种野菜够我们好好吃一顿了。小尹，你们快去煮野菜，今天我们就来个野味大会餐！”

陈云开算是幸运的了，在过草地时，有很多战士就是因为尝野草或误食野草而中毒身亡的。在红269团，有个连队的战士们发现了一种罕见的山萝卜，其颜色是灰色的，外形很像山药蛋，因为采集到的数量不多，煮熟后大家还互相谦让了一番，结果睡到半夜，吃了萝卜的战士开始出现神经错乱现象，大吵大闹，接着就是剧烈地呕吐和头痛。卫生队长带着医生赶来抢救，但吃得较多的三个战士因中毒太深没有被抢救过来。

尝野草是一件拿着自己的生命做实验的事。但是，为什么那个执行科的科长和战士们争着要作这个“恐怖的试验”呢？因为他们深知，即使自己遇到不测，中毒倒下了，但是为其他6个人、为这个小团队找到了可以充饥的“菜”，使这个团队的大多数人能安全地走出草地，继续革命事业。也就是说，为了团队的整体利益，牺牲了自己的局部利益和“小我”利益是应该的，即使中毒死了，也死得其所。

红军之所以能够成为一支战无不胜的钢铁团队，是因为这个团队中的每一个战士都具有像陈云开这样为了集体的“大我”利益，而放弃和牺牲“小我”利益的精神。这种精神被不断地传承和强化，成为当今世界上最强大的武装力量之一的人民解放军的一条始终不渝的信条：“光荣地牺牲个体，争取战斗的胜利！”

在现代企业团队中，难免有个人利益与组织利益相冲突的时刻，这时，有全局观念的员工就会自觉地发扬“牺牲小我，维护组织整体利益”的长征精神。

有位哲人说：“人，就个人而言终有一死，就整体而言则是不朽的。”牺牲自我，保全整体利益，实质上是微小的个人实现“不朽”的一种智慧。对于这种智慧，不会说话的动物往往比人类领悟得更深刻，做得更悲壮。

> 一群青羊在猎人的追赶下，狂奔到万丈悬崖的边缘，如再往前奔跑，那么这群青羊就会坠入深谷，粉身碎骨。就在这万分紧急的情形之下，只见一头年老的青羊走出羊群，大叫数声，随即羊群迅速、有序地分成了年轻的和年老的两支队伍。
>
> 但见老青羊冲着悬崖边猛跑过去，奋力一跳，后面一只年轻的青羊紧随其后，同样奋力前冲，接着又是纵身一跳。当老青羊即将下落的一刹那，年轻的青羊恰好踩到他的脊背上，以老青羊为跳板，纵身一跃，成功地跳到对岸的平地上。
>
> 接下来，一对对新老青羊都上演了相同的悲壮的一幕。就这样，年老的青羊任由自己在谷底的岩石上粉身碎骨，却让自己的后代、年轻的青羊们成功地跳到了生命的彼岸。青羊的团队保存了下来，其种群也延续了下去。

把组织整体利益置于第一位，强调组织利益高于一切，到头来，这样的组织，这样的组织中的个人，都会获得成功。

但在那些盛行斤斤计较之风的组织里，绝大多人把个人利益置于整体利益之上，只求个人利益，不顾组织利益，甚至做出损人利己的事来。为什么现在有很多企业和公司都是昙花一现，很快凋零倒闭呢？一个最大的原因就是大多数员工只注重个人利益而不具备牺牲精神。

企业组织的领导者最渴求的是以组织整体利益为重、“顾大局、识大体”的员工。所以，在漫长的职业生涯中，当你面临个人利益与组织利益发生冲突的时候，要敢于服从大局，敢于牺牲自我、成就组织的利益。一旦这样做了，会给你带来意想不到的回报，最终实现自我利益和组织整体利益双双“最大化”的双赢局面。

齐心协力创造奇迹

人们经常用“以一当十”这个词来形容军人的勇猛，能以一人之力抗击十个敌人。其实要做到这一点并不难，只要每个人发挥最大的能量就可以了。真正难的却是“以十当一”，就是把十个人的力量合成一股劲，拧成一股绳。

SGI 视算电脑科技有限公司的人力资源部经理曹广荣说：“SGI 公司生产世界上最先进的计算机，但世界上有一种仪器比计算机更精密，也更具有创造力，那就是人的身体。团队精神就好比人身体的每个部位，一起合作才能完成一个动作。”

对公司来讲，团队精神就是每个人为了全局的利益各就各位、通力合作。即使一个人的能力再好，如果他不具备团队精神，那么公司宁可选择其他的人。

联想企业提出的口号是“打造虎狼之师”。它要求员工既要像兽中之王的老虎那样有“以一当十”的王者风范和雄厚的实力，又要有像狼群那样分工协作的能力，有“以十当一”的团队精神。

每个人都要知道自己在团队中的位置和作用，把个人的目标与团队的目标合二为一，为这个共同的目标而相互协作、共同努力。

有一次，联想运动队和另一家跨国公司的运动队进行攀岩比赛，两个队都强调团队协作，但最后联想队却胜出了。这是为什么呢？

先来看另一家公司的运动队，他们在比赛中遇到了很多困难和惊险，大家同心协力，注意安全，最终排除了所有的危险，但他们所用的时间却超过了比赛所规定的时间。

而联想队呢？在比赛时，他们队的最前面站着一个动作机灵的小个子队员，第二个是一个高个子队员，而女士们和身体比较庞大的队员站在中间，最后面的是那些具有独立攀岩实力的队员。

在比赛中，他们相互扶持，再加上精心的组合，几乎没有遇上任何危险，就在规定的时间内完成了任务，赢得了比赛的胜利。

同样是两个注重协作的团队，为什么一个胜了，另一个却败了呢？原因就在于，联想队将团队中的每一个成员都摆在了最适合他们的位置上。

说白了其实很简单，就像几个人推一个箱子，同样是合作，如果有的人往前推，有的人往后推，还有的人往左右两边推，那么无论有多少个人合作，也是无法推动这个箱子的。

只有当这几个人各自都站在合适的角度上，同时朝着一个方向去推的时候，才能把这个箱子推走。

所以，在工作中，你光有团队精神是不够的，更要有善于合作的能力。

对于任何现代企业和组织来说，对每个员工的素质虽然有较高的要求，但更注重的是优秀团队的合作能力。除了具备优秀的专业知识之外，这种合作能力，有时甚至比员工个人的专业知识更加重要。

德国足球队是世界上最优秀的足球队之一，被誉为“日耳曼战车”。然而令人惊异的是，在这样一支传统的优秀球队里，却极少有个人技术超群的球星。和巴西、意大利、法国等国家的球队相比，德国的球员都显得平凡而默默无闻，甚至有些德国国家队的球员竟然还不是专业运动员！

然而，这并不影响“日耳曼战车”的威力，他们频频在世界级的比赛中问鼎冠军，把巴西、意大利、英格兰、荷兰等足球强队拉下马。谁也不敢轻视“日耳曼战车”的威力，原因在哪里呢？

一位著名世界级教练说：“在所有的队伍当中，德国队是出错最少的，或者说，他们从来不会因为个人而出差错。从单个的球员看，德国队是脆弱的，可是他们 11 个人就好像是由一个大脑控制的，在足球场上，不是 11 个人在踢足球，而是一个巨人在踢，对对手而言那是非常可怕的。”

全队拧成一根绳子，从整体利益出发，心往一处想，劲往一处使，发挥团队合作的最大力量——这就是“日耳曼战车”威力之秘诀！

企业组织中也是如此，企业是一艘巨大的航母，每一个员工都是它不可或缺的一部分。这艘航母能否朝着企业的预定目标前进，有赖于全体员工的精诚合作。只有每一个员工的力量都保持一致，企业前进的利箭才会以无坚不摧的力量射中靶心。

有些员工认为自己很有能力，所以很自信。但是只有一个人，就算再有能力，再自信，也不可能独自完成一项工程浩大的工作。企业的业绩和效益，不是某一个人创造的，是员工团结合作所铸就的结果。

1994年4月5日下午，一个德国的经销商给海尔集团打来一个订货电话，因为事情很紧急，所以他希望海尔能在两天内发货，否则订单就会自动失效。

但是，如果在两天内发货，就意味着当天下午就要将所要的货物装船。而当时已经是星期五下午2点，如果按海关、商检等部门下午5点下班来计算的话，时间只有3个小时。按照一般的程序，做到这一切几乎是不可能的。

海尔员工的团结合作精神在这时显示了巨大的能量。他们采取了齐头并进的方式，调货的调货，报关的报关，联系船期的联系船期，每个人都全身心地投入工作，抓紧每一分钟，使每一个环节都能顺利通过。

当货船终于驶离海岸的时候，所有员工脸上都露出了欣慰的笑容。

那位德国经销商接到了来自海尔货物发出的信息，他感到非常吃惊。后来，他破了几十年的惯例，给海尔写了一封感谢信。

一个优秀的企业必然拥有一个优秀的团队；一个优秀的团队也必然要求员工树立强烈的团结精神和合作意识。

团队协作模式对员工的个人素质有较高的要求，具有团队精神的员工除了应具备优秀的专业知识以外，还应该具备高效的沟通和合作能力。

那么，应该从哪几个方面来培养自己的合作能力呢？

1. 积极地参与

在许多场合，有的人喜欢让别人抛头露面，而自己却静静地坐在那里，做一个感兴趣的旁观者。这样做的结果是，你无法培养自己的社交能力，赢得团队中其他成员对你的尊重，或者对团队的决定施加影响。

2. 赞美同事

每个人都有被别人重视的需要。多给同事一句鼓励和赞许，就可以使他释放出无限的潜能，以满腔的热情与你默契合作。

3. 时常反省自己的缺点

应该时常检查一下自己的缺点，比如，是不是态度很冷漠，言辞是不是很尖锐。在单兵作战时，这些缺点可能还能被忍受，但在团队合作中，一定会成为障碍。因为团队工作需要成员在一起不断地讨论，如果你固执己见，不听取他人的意见，或无法和他人达成一致，团队的工作就无法进行下去。团队的效率在于配合的默契，如果达不成这种默契，团队合作就不可能成功。

4. 保持谦虚

任何人都不喜欢骄傲自大的人，这种人在团队合作中不会被大家认可。也许你觉得自己在某个方面比其他人强，但你更应该将自己的注意力放在他人的强项上。只有这样，你才能看到自己的弱点。其实，团队中的任何一位成员，都可能是某个领域的专家，所以你必须保持足够的谦虚。

5. 提升沟通能力

要提高沟通能力就应做到：清楚地表达你的观点，并提供支持的理由和根据；认真地聆听他人的意见，努力了解他人的观点及其理由；巧妙地提一些相关的问题，以便全面地探究所讨论的问题，然后设法去回答问题；把注意力放在增加了解上，而不要试图不计代价地去证明自己观点的正确性。

6. 认清各自的角色和彼此的关系

团队组织好比是活生生的、不断进化的有机体，是由处于复杂并充满活力的关系中的个体构成的。就如在一场球赛中没有号码牌你无法分辨运动员一样，一个团队要有效地发挥作用，也需要你识别出谁是“运动员”，他们彼此关系的性质，以及决策权是如何分配的。在一个你不熟悉的新团队中，弄清这些角色和关系是特别重要的，它可以为你提供一个你在其中能说话和回答的“思考环境”，从而使你尽快地融入团队。

总之，员工必须不断地培养自己的团队合作能力，以便和其他员工亲密无间地并肩奋斗，去创造更大的业绩。

做到位、不越位、善补位

作为一名员工，任何时候都要把工作做到位。做到位既是一种敬业精神，又是一种责任意识。所谓敬业，是对自己的工作兢兢业业，认认真真。而责任，就是不逃避工作中出现的风险。这种责任感是超越敬业精神的。因为对于敬业来说，你只有收获，而对于责任，你可能会有更多的风险。

每个公司、每个员工都有自己明确的工作范围和职责范围。你首先必须保证工作到位，做好自己的本职工作，让它尽量不出现漏洞。

即使大家都能够以老板的心态去对待自己的工作，勤奋敬业，尽可能积极主动维护公司利益，恐怕也同样存在着做不好的现象。做不好就要承担相应的风险。同时，责任边界总是会有交叉的地方。同事之间，上下级之间在责任边界上经常存在模糊地带。这个时候，往往需要自己积极主动，多承担一些责任，不能留出责任的空白区。这是责任意识到位的基本要求。

除了要求工作做到位，还要求在工作中不要越位。要做到不越位，你首先得对工作中的“越位”有正确的认识，而不是断章取义或以此为借口推卸责任。

有一个北京名牌大学的研究生，毕业之后到深圳工作，应聘做了一个公司的策划负责人。他工作起来也算出色，很受客户认可。但是他自恃才高，对一些他认为的小策划采取不接的态度。有一次，一个广告公司要设计宣传页，他不屑于接，于是就推给他的一个同事去做。他的同事很高兴地接下来。但他是新手，由于不懂得规则，在策划的过程中出现了一个漏洞。这个研究生发现了漏洞，但是他并没有指出，而是暗暗嘲笑。方案反馈到客户那里，客户毫不客气地取消了与他们的合作，转向了他们的竞争对手那里。很快，经理就找到了研究生，批评他因为他的推脱责任使他们失去了一个大客户。研究生据理力争，说那不是他策划的。这让经理很失望，于是经理决定将其开除，而那个研究生的同事却留了下来。

研究生在临走时的辩白中说道：“我就是为了不越位。因为我的责任就是把策划案做好，其余的不在我的权限范围内。怎么我按照规则做了却得到了这样的结果？”

其实，不要越位是说公司的有些事情牵涉到管理权限。如果没有上级的授权，超越了管理权限就会导致权责不清。但是，这并不代表着你可以推卸责任。

无论如何，该是你管的事情，就一定要管住管好。不该你管的事情，则要根据实际情况，主动配合主管人员把事情处理好。特别是在责任出现交叉的时候，更要以公司大局为重，从维护公司利益出发，从拓展公司业务出发，把相关工作做好。

还需强调的一点是，不越位不等于不要补位。

该补位的时候，你不及时补位就可能造成公司利益的损失。公司的每个员工都对其他的员工负有责任。这就像互相咬合的齿轮，大家必须紧紧地连在一起，才能共同发挥作用。因为“成功的组织必须对自己负责，也需要彼此负责，这才能达到事先约定的成果”。因此，当工作出现责任空当的时候，员工应该能够及时补位。

在一次项目完工的剪彩仪式上，有一家房地产公司邀请了总公司五位领导前来剪彩，当五位领导被请上台后，项目经理发现台下还有一位相当级别的老领导也来了，于是硬把这位领导拉上台，让他也一道剪彩。下面的员工看在眼里，急在心里，眼看就要出洋相了。

说时迟，那时快，公司办公室主任迅速地从大衣口袋里拿出一把剪子递了上去，一字排开，六位领导喜气洋洋地剪完了彩。所有的人皆大欢喜。一位老员工在吃惊之余，顿生敬佩之情，随即问办公室主任：“你怎么知道还会叫一个人上去？”

“如果老总再叫一个，我这边口袋还装着一把呢。”

人在职场，要善于补位，就要想他人所未想，你才能随时应对可能发生的各种问题，你才能把“泥饭碗”变为“金饭碗”。这样的人一般是不会失业的，因为别人的需要就是自己生存的最好条件。

陈清是一家公司的普通职员，平时的工作只是收发、传送文件。当公司出现一些无人料理的事情时，别的同事都为能少做就少做而推来推去，而陈清就像一颗螺丝钉一样赶快补上，不多久一份工作就漂亮地完成了。从此“阿清你见一下那个客户”，“阿清你去做那件事情”，这样的指派越来越多。

陈清从未觉得自己是个被人支来支去的“小跑堂”。虽然杂事很多，但是得到锻炼的机会也多。比如叫她去接触传媒，联系公司的广告业务，参与广告文案的写作，选择适合的传播渠道等，这都给了她一个充电和学习的机会。

一直在暗中观察员工表现的老总暗暗点头。从此陈清工作更忙了，但是忙的却是一些更重要的事情。比如公司的一些重要客户，一些谈判的场合，老总都会带上陈清一起去。终于有一天公司要准备“上市”了，需要把公司彻底包装成一家公众公司，拟一份招股说明书，集团董事会希望陈清能做好准备，协助管理层完成公司历史上质的飞跃。

陈清不负众望，漂亮地完成了自己的工作任务，理所当然地成为那家上市公司董事会的秘书。后来，她又跃升至公司管理层高级管理人员，并且成为资本运营方面独当一面的大将。

每个公司都会出现一些无人负责的事情，这时就需要员工及时补位，多做一些事情；做的事情越多，你的地位越重要，掌握的个人资源和工作资源也就越多，情形对自己就越有利。

其实无论你做什么，都是在为将来做准备。如果你树立起补位意识，用锻炼自己成长的积极心态来对待自己正在做的事情，就能把工作当成机会，把指派当成锻炼。

任何时候，你都需要扪心自问：你是否有补位意识？是否善于补位？如果你的回答不是特别肯定的话，那么，你就必须改变自己的工作态度，让自己成为一个任何时候别人都离不开你的人。

向不同的人请教

看过黄易先生的《大唐双龙传》的朋友，都应该知道石之轩的厉害。他为什么这么厉害呢？是因为他吸纳了魔教两个教派和佛教两个分支的武功。才无敌于大下的。所以，向不同的人请教，才是你增强自身能力，提高你的判断力的最佳途径。

美国历届总统中，最肯虚心求教于人的，莫过于老罗斯福了。他对于他所信任的人，总是放胆信托。他每遇到一件要事，常常召集与那件事有关的人员开会，详细商议。有时为使自己获得更多的参考，甚至发电报至几千里外，敦请他所要请教的人前来商议。

而美国早期政界名人路易斯·乔治，治理政务也以精明周密而声名远播，但是他对于自己的学问还是常感怀疑。每当他做好了财政预算送交议会审核之前，几乎每天都和几位财政专家聚首商议；即使一些极细微的地方，也不肯放松求教的机会。他的成功秘诀，可以一言以蔽之，就是："多多求教于人"。

有人说，美国钢铁公司的总经理贾里最爱听人对他发表意见，尤其是指责他的过失。他常常征求公司职员的意见，任何人对他说话时，他无不倾耳恭听。

古今中外的伟人中，善于使用"求教于人"成功秘诀的，真是多得不胜枚举，简直可以说，通常身为领袖的人物，大多有着这种乐于征询他人意见的习性。

可以毫不夸张地说，一个人能获得外人助力的大小，可以决定他的伟大程度。一个聪明、有所作为的大人物，最能利用种种方法使人自动向他提供意见，并且善于审查这些意见，从中摘取有益于自己的加以利用。反之，那些庸碌无能的人，往往不懂得征询他人意见的方法，即使获取了人家的意见，也不能加以正确地选择和适当地利用。

也许你常常把自己能独断独行当作一桩值得骄傲的事，而把听取他人的意见当做是可耻的事情，其实这是一个莫大的谬见。当人家拿许多意见来供你参考时，正是你可以利用来把事情做得更加完美的机会。如果你错过了这种机会，蒙受最大损失的，不是别人，而是你自己。

在第一次世界大战时，鲁宾逊上校正在前线督战，属下有两个违反军纪的军人，逃到德军前线去了。鲁宾逊立刻命他队伍中的一个上尉，带领一支兵马，前去将犯人捕回。但这个上尉是个有勇无谋的人，事先既不周密计划，也不征询别人的意见，单单仗着那股愚勇，草率地前去血战，结果吃了一场败仗，全军覆没。

在失败的消息传来后，鲁宾逊只好再命另一位上尉，率领另一支兵马前去。这个上尉就深明成功的诀窍，他先去找一位法国军官，把自己将要实施的计划告诉了他，并征询他的意见。那位法国军官当然乐于指教，便根据自己的经验，告诉他一个最稳当的方法，他用这方法去做，果然将犯人安全捕回。

同是两个勇敢的上尉，只因前者喜欢独断独行。以致功业无成反而遭受杀身之祸；而后者由于肯向人虚心求教，不但保障了自己的生命，还圆满地完成了任务。所以说：求教于人不但不是一种可耻的行为，反而更显示一个人有思想、肯进取、有机智。试想，你独断独行，即使侥幸成功，又有什么值得格外自傲的呢？

也许你常常看见有些资深的人，能够独断独行而百无一失，便觉得万分羡慕。其实你还是只知其一不知其二，那些人能够独断独行而百无一失，正是由于他们在平日肯多多吸收学识，累积多年经验的结果。他们的作为，绝非那些学浅识陋、专以自炫“聪明”而独断独行的年轻人所可比拟。

当柯金斯担任美国福特汽车公司总经理时，有一天的晚上，公司里有事要发通告信给所有的营业处，因为十分紧急，所以这天晚上公司里的职工全体动员协助，连总经理柯金斯先生，也一同工作得十分紧张。当时柯金斯命令一个做书记的下属帮忙套信封时，那个年轻职员认为做这种事情有碍他的身份，便争辩说：“我不愿意干！我到公司里来，不是来做套信封的工作的。”

柯金斯听了这话当然怒上心头，但他仍若无其事地说：“好吧，既然做这件事对你是种侮辱，那么就请你另谋高就吧！”

于是那个青年一怒而出，跑了许多地方，换了好几种工作，最后他还是鼓起勇气重新回到福特公司来工作。他与柯金斯先生见了面，很诚挚地说："我在外面经历了许多事情，经历得愈多，愈觉得我那天的行为错了。因此，现在我仍想回到这里工作，不知你还肯任用我吗？"

"当然可以。"柯金斯说，"因为现在你已完全改变了。"

柯金斯先生提供给那青年的意见并没有错。如果那个青年当初接受他的意见，又何必到外面去兜那样一个大圈子呢？

后来，柯金斯先生述及此事时说："那个青年开始尊重别人的意见，不再独断独行，现在他已成了一个很有名的大富翁。"

其实，世上再没有比听取别人的意见更容易做到的事了，但一般经验不足的人，大多不愿那样去做，难怪他们会到处碰钉子呢。

如果你希望做事少碰钉子、少失误，最聪明的办法，就是多多参考别人的意见。有许多意见，常常是人家付出了极大的代价换得的经验之谈，他既然肯让你不费吹灰之力地去利用，你又何乐而不为呢？

交际本领比专业本领更重要

如果人们不喜欢你，他们对你可能败事有余，成事不足。

有一天在飞机场，一位旅客见到一个衣冠楚楚的商人大声呵斥，责骂搬运员处理行李不当。商人骂得越凶，搬运员越显得若无其事。商人走后，这位旅客称赞搬运员有涵养。搬运员微笑着说："噢，没关系，你知道吗，那个人是到佛罗里达去的，可是他的行李嘛——将会运到密西根去。"

和你共事的人——即使是下属——只要受了你的气，都会跟你捣蛋。

相反，只要你精于处世之道，则犯了严重错误也没事。许多能力平庸的管理人员，都能安然度过公司的人事大变动，原因就在于他们和人交往时，通情达理，讨人喜欢；一旦有错，支持他们的人总会帮他们补过。事实上，犯了一次错之后，如果老板觉得他们以练达负责的态度来处理这次错误，说不定他们的事业反而会更上一层楼。

美国普林斯顿大学曾对1万人的人事档案进行分析，结果发现："专业技术"、"知识"和"经验""只占成功因素的25%，其余75%决定于良好的人际关系。哈佛大学就业指导小组对几千名被解雇的男女进行调查，发现人际关系不好的比不称职的人高出2倍。另一研究报告表明，在美国每年离职的人员中，因人际关系不好而导致无法施展所长的占90%。可见，人际关系好坏何等重要。而人际关系的好坏，主要取决于交际本领的高低。

心理学家曾作过一项研究，研究对象均为学术智商很高的科学家。他们之中有的人出类拔萃，有的人成绩平平。研究结果表明：这一差别的原因，就在于那些获得大成就的人善于交际，拥有自己的广大的交际网，因而可以随时从各个方面获得自己所需要的信息或数据；而那些成绩平平的人则因不善交际，得不到别人的帮助。另一个有说服力的统计数字是，诺贝尔科学奖自1901年设立以来，到1972年为止的286名获奖者中，有2/3的人是因与别人合作进行研究而获奖的。而且，因协作研究获奖占总获奖数的比例逐渐上升，在诺贝尔奖金设立的头25年为41%，第二个20年跃升至65%，而现在则为79%。可见，交际、合作极为重要。与常人交际极为重要，与巨人交际更为重要。德国诺贝尔心理学和医学奖获得者瓦勃格指出："一个年轻的科学家，一生中最重要的就是跟当代的科学巨人进行个人接触。"

卡耐基有一个基本观点："一个人的成功，15%取决于专业本领，85%取决于人际关系与处世技巧。"这一观点得到了人们的高度重视和广泛推崇。无数事实证明：你的专业本领往往只能给你带来一种机会，而交际本领则可以给你带来百种千种机会；专业本领只能利用自身能量，而交际本领则可使你利用外界的无限能量。

第十章　坚忍不拔无事不立——磨炼意志要高调

钢铁是这样炼成的

《钢铁是怎样炼成的》这本书是奥斯特洛夫斯基全身瘫痪、双目失明以后完成的。

1920 年，当了红军战士的奥斯特洛夫斯基在战斗中受了重伤。由于他受伤过重和忘我地工作，再加上接连生了伤寒和风湿病，奥斯特洛夫斯基的健康坏极了。到了 1926 年，他只能长期躺在病床上了。

疾病虽然使他不能动弹，眼睛也看不清，但是，他认为自己还有健康的大脑和两只手，还可以去运用新的武器

——写作，为祖国作出贡献。

写作，对奥斯特洛夫斯基来说，困难是很大的。他只上过小学，又是残废。他为了充实自己，顽强地克服了疾病所造成的一切困难，他拼命地读书，人们看到他这种样子，都叫他是“发狂的读者”。

到了 1930 年，他的两眼完全失明了，胳膊除了肘部以下部分还能勉强活动外，全身都不能动弹了。但是经过三年的准备，到 1933 年，他终于咬紧牙根，开始写作《钢铁是怎样炼成的》。

奥斯特洛夫斯基每写一个字，都是非常艰苦的。他每一次活动，关节都疼得厉害，但是他还是忍受着，不断地写着。因为看不见，摸索着写出来的字，简直没法认：不但字写得歪歪倒倒，而且字上叠字。后来他想出了一个办法，用厚板纸刻出一行行空格，他沿着空格写，字就不会重叠了。为了尽早将书稿写完，他不但白天写，晚上也写。有时，为了抵抗剧烈的疼痛，他把嘴唇都咬出血来。但写书的事却一天也未停止。

经过两年多的艰苦劳动，战胜了无数难以想象的困难，到了1936年6月，这部伟大作品，终于胜利完成了。

并非只有你的生活才充满悲伤与挫折。即使最聪明、最成功的人也同样会遭受一连串的打击与失败。这些人和平常人的不同之处仅在于他们深深知道，没有纷乱就没有平静，没有紧张就没有轻松，没有悲伤就没有欢乐，没有奋斗就没有胜利，这是人们生存所要付出的代价。

奥斯特洛夫斯基说："只有意志坚强的人，才能战胜一切。"在一个钢铁战士面前，不能克服的困难是没有的；而钢铁战士也正是在克服困难的过程中锻炼成长的。

成功需要坚忍不拔

人的一生就是一个不断奋斗的过程，每个人都在为自己的理想努力奋斗着，每个人都渴望走出平庸，走向成功。在为理想奋斗的过程中，不怕吃苦、坚忍不拔的品格不可缺少。

在现实生活中，人生的道路崎岖坎坷，不管是做人还是做事，每个人都难以避免地要遭遇失败和挫折。世上有许多人很注重事情表面的结果，只以成败论英雄，一旦遭到失败和挫折就马上放弃了。其实，做事的过程才是最重要的。一个人如果在失败时不忘初衷，具备了跌倒之后随时可以爬起来的勇气和毅力，他就有希望走向最后的成功。化学家戴维斯说："真正的雄心壮志几乎全是智慧、辛勤、学习、经验的积累，差一分一毫也达不到目的。至于那些一鸣惊人的学者，只是人们觉得他一鸣惊人，其实他下的工夫和潜在的智能，别人事前未能领会到！"

使理想变成现实，无疑是大多数人梦寐以求的。于是千军万马向目标挺进，但是真正到达成功巅峰的人只有少数。这是为什么？主要原因在于：大多数人没有持之以恒地向自己的目标挺进，他们纷纷落伍了，从此碌碌无为，终此一生。要想成功就要有坚忍不拔的意志和面对绝境的决心，甚至还要做好付出自己生命的准备。

其实，人世间有许多事情，很难做到一夜成功，你必须具有坚忍不拔的意志才能坚持到底。许多人在事业上的失败，常常不是因为没有选准目标，也不是因为难度太大而难以实现，而是因为他们缺乏坚强的意志和坚韧的品格。著名文学家苏轼说过："古之成大事者，不唯有超世之才，亦有坚忍不拔之志。"这是一个客观规律，古今中外，概莫能外。

有人说："官渡之战曹操能以弱胜强秘诀只有一个，那就是：咬牙坚持！"在大人物与小人物之间、弱者与强者之间，最大的差别就在于意志的力量。意志力强的人遇到困难，会潇洒地向困难招招手，进而去克服困难。而弱者总是一旦遭到失败和挫折就马上放弃。

很早以前，在荷兰的一个小镇，来了一位名叫列文虎克的年轻农民，他的工作是为镇政府守大门，一干就是60多年。他在工作之余，不下棋不打牌，只爱磨镜片。为了钻研磨镜技术，他到处求师访友，向眼镜匠学习，向炼金家请教，常在寂寞的深夜磨个不停。由于忙，减少了与亲友的往来，有人骂他是"不近人情的家伙"。对此，列文虎克无动于衷，锲而不舍地勤奋工作。磨出的复合镜片的放大倍数超过了专业技师，最终制成了当时无与伦比的精细显微镜，揭开了科技尚未知晓的微生物世界的"面纱"。为此他被授予巴黎科学院院士的头衔，英国女王访问荷兰时，还专程到这个小镇拜会他，英国皇家学会也选他为会员。

列文虎克打磨镜片，一干就是60多年，其中的艰辛、枯燥和乏味不言自明，没有坚忍不拔的意志和锲而不舍的精神是万万不行的。他走的是一条"光荣的荆棘路"，打磨镜片是那样细小平凡，为了把手头上的每一块镜片磨好。他扎扎实实，一丝不苟地用尽毕生的心血完成每一个平淡无奇的动作。正是把坚忍不拔的品格作为护身法宝，列文虎克才走过了漫长而坎坷的崎岖小路，用辛劳的汗水浇出了绚丽的成功之花。科学上的许许多多所谓"一举成功"、"一鸣惊人"的壮举，都是长久地进行顽强劳动的结果，都是以钢铁般的意志和锲而不舍的精神去战胜无数困难的结果。

坚韧需要磨砺，急火难做美食。只要站起来比倒下去多一次就会走向成功。所以说，风雨过后，面前会是鸥翔鱼游的水天一色，荆棘过后，面前会是铺满鲜花的康庄大道。生命是一朵常开不败的花，那挫折必是滋润花的养分，没有滋润的花迟早会枯萎。因为，挫折是生活的一部分，没有经历过挫折的人生是不完整的人生。阳光总在风雨后，成功将属于为理想不懈奋斗，矢志不渝，坚忍不拔的人们！所以那些渴望成功的人，都懂得不能因为暂时的失败和挫折而自暴自弃，反而应该更加努力上进。跌倒了，只要勇敢地爬起来，就一定还有机会走向成功！

再多走一步试试看

1948年，牛津大学举办了一个“成功秘诀”讲座，邀请到了丘吉尔做演讲。演讲开始之前，整个会堂就已挤满了各界人士，人们准备洗耳恭听这位大政治家、外交家的成功秘诀。终于，丘吉尔在随从的陪同下走进了会场，会场上马上掌声雷动。丘吉尔走上讲台，脱下大衣交给随从，然后又摘下了帽子，用手势示意大家安静下来，说：“我的成功秘诀有三个：第一是，绝不放弃；第二是，绝不、绝不放弃；第三个是，绝不、绝不、绝不能放弃！我的讲演结束了。”说完后，丘吉尔便穿上大衣，戴上帽子离开了会场。会场上陷入一片沉寂中。但不一会儿，全场又一次响起了雷鸣般的掌声。

没有失败，只有放弃，不放弃就不会失败。获胜没有什么其他秘诀，唯一的秘诀就是自己的不断努力。坚守“永不放弃”的两个原则。第一个原则是，永不放弃，第二原则是当你想放弃时回头看第一个原则：永不放弃！

成功者与失败者并没有多大的区别，只不过是失败者走了99步，而成功者却多走了最后一步，即第100步。失败者跌倒的次数比成功者多一次，成功者站起来的次数比失败者多一次。

当你走了100步时，也有可能遭到失败，但成功却往往躲在拐角的后面，除非你拐了弯，否则你永远不可能成功。

成功者共有的一个重要的品质就是在失败和挫折面前，仍然充分相信自己的能力，而不是考虑别人可能会说什么。翻阅一些知名人物的早年生活的书籍，就会从中发现他们中的一些人曾痛苦地遭到老师和同学的讥讽和泼冷水，而反对的焦点却恰恰是后来他们出类拔萃的方面。人们断言他们绝对办不成想干的事，或者说他根本不具备必要的条件。但他们不听这一套！坚定地按照自己的信念干下去。

伍迪·艾伦是奥斯卡最佳编剧、最佳制片人、最佳导演、最佳男演员金像奖获得者，但当年他在大学学习时，甚至连英语也不及格。

马尔科姆·福布斯，世界最大的商业出版物之一——《福布斯杂志》的主编，上大学时却没能当上普林斯顿大学校刊编辑。

利昂·尤利斯，作家、学者、哲学家，却曾三次没有通过中学的英文考试。

利文·尤里曼，两次被提名为奥斯卡金像奖最佳女演员的候选人，当年投考戏剧学院时，却没能入选，主考人认为她没有表演才能。

理查德·马尼博士，神经放射学专家，在医学院上一年级时，神经解剖学不及格。

超级球星迈克尔·乔丹曾被所在的中学篮球队除名。

赛拉·霍兹沃斯10岁时双目失明，但她却成为世界上著名的登山运动员。1981年她登上了瑞纳雪峰。

瑞弗·约翰逊，十项全能的冠军，有一只脚先天畸形。

温斯顿·丘吉尔曾被牛津大学和剑桥大学以其文科太差而拒之门外。

美国著名画家詹姆斯·惠斯勒曾因化学不及格而被西点军校开除。

1905年，艾尔伯特·爱因斯坦的博士论文在波恩大学未获通过，原因是论文离题而且充满奇思怪想。爱因斯坦感到沮丧，但这未能使他一蹶不振。

赛乌斯博士的处女作《想想我在桑树街看到的》，曾被27个出版商拒绝。第28家出版社——文戈出版社，接受并出版了该书，不久便售出600万册。

作家威廉姆斯·肯尼迪曾著作多篇，但他曾多次遭出版商的冷遇。直至他的《铁人》一书问世，他才一举成名。然而就是该书也曾被13家出版社拒之门外。

《心灵鸡汤》在海尔斯传播公司受理出版之前，也曾遭33家出版社的拒绝。全纽约主要的出版商都说："书确实好得很，但没有人爱读这么短的小故事。"然而现在《心灵鸡汤》系列在世界范围内售出了 1700 万册，并被翻译成 20 种文字。

1935 年，《纽约先驱论坛报》发表的一篇书评，曾把乔治·格斯文的经典之作《鲍盖与贝思》评论为"地道的激情的垃圾"。

1902 年，《亚特兰蒂克月刊》诗歌版编辑退还了一位 28 岁诗人的作品，退稿上写："我们的杂志容不下你如此热情洋溢的诗篇。"那个 28 岁的诗人叫罗伯特·普罗斯特。

1889 年，罗迪亚德·开普林收到了圣佛朗西斯科考试中心的如下拒绝信："很遗憾，开普林先生，但你确实不懂得如何使用英语这种语言。"

多年前，著名滑雪教练员彼得·赛伯特首次透露他将开创一个新的项目时，大家都认为这简直是天方夜谭。站在科罗拉多大峡谷的一个山顶，赛伯特表述了那个从 12 岁就伴随他的梦想，开始向世人认为不可能的极限运动项目进行挑战。赛伯特的梦想——高台滑雪——现在已经成为冬季奥运会的比赛项目之一。

年轻的伊内蒂·比萨刚从按摩学校毕业后，想在加利福尼亚州美丽的蒙特雷地区见习接诊。当地的按摩机构告知他，该地按摩师为数众多，但却没有那么多的病人。于是比萨在以后的 4 个月中，每天用 10 个小时挨家挨户地毛遂自荐，上门服务。他总共敲响了 12500 扇门，曾和 6500 个人交谈并邀请他们到他未来的诊所就医。作为对他的毅力和诚挚的回报，在接诊的第一个月，他就医治了 233 名病人，并创下了当月收入 72 000 美元的纪录。

理查德·贝奇只上了一年大学，之后接受喷气式战斗机飞行员的培训。20 个月后他羽翼初丰，却辞了职。后来他在一份航空杂志社任编辑，旋即破产。当他写出《美国论生活中的海鸥》一书时，他仍然觉得前途未卜。书稿搁置 8 年之久——其间被 18 家出版社拒之门外。然而一出版之后即被译成多国文字，销量达 700 万册。理查德·贝奇也因此成为享有世界声誉的受人尊重的作家。

当艾利斯·赫利还是一个尚未成名的文学青年时，他在 4 年中几乎每周都能收到一封退稿信。后来艾利斯几欲停止写作《根》这部著作，并自暴自弃。如此 9 年，他感到自己壮志难酬，于是准备跳海，了却一生。当他站在船尾，看着波浪滔滔，正欲跳海，忽然他听到所有的先人都在呼唤："你要做你该做的，因为现在他们都在天国凝视着你，切勿放弃！你能胜任，我们期盼着你！"在以后的几周里，《根》的最后部分终于完成了。

约翰·班扬因其宗教观点而被关入贝德福监狱，在那里他写出《无路的历程》；雷利爵士在身陷囹圄的13年中写出了《世界历史》；马丁·路德被羁押在瓦尔特堡时译出了《圣经》。

1962年，4名少女梦想开始专业歌手的生涯。她们先是在教堂中演唱并举办小型音乐会，后来尝试灌制了一张唱片，但未获成功。接着又灌制一张张唱片，但销路极差。第3张、第4张、第5张直至第9张唱片都未能走红。1964年，她们因《侦探克拉克的表演》而小有名气，但这张唱片也是订单寥寥，收支仅仅持平。那年年底，她们录制了《我们的爱要去何方》，结果荣登金曲排行榜榜首。黛安娜·罗丝及其"超级者"组合开始赢得国人的认可，不久便引起乐坛轰动，声名鹊起。

这些有名的成功者并没被挫折、失败吓倒，也没有听从别人好意却是消极的劝告。相反,他们重新考虑并否定了那些权威们下的结论。他们重整旗鼓，又勇敢地冒险前进。

往往有许多人对失败的结论下得太早，当遇到一点点挫折时，就对自己所干的事情产生了怀疑，甚至半途而废，前功尽弃。唯有经得起风雨及种种考验的人才是最后的胜利者。因此，如果不到最后关头就绝不要放弃，成功者永远不放弃，放弃者不会成功！

不论面对什么情况，成功者都显示出创业的勇气和坚持下去的毅力。他们以一种大无畏的开拓精神，在困难面前泰然处之、坚定不移，稳步前进在崭新的道路上。

职场需要恒心和毅力

有些职员有一种错误的认识，认为不断跳槽的人是有实力和发展前途的人，他们会因此而担当重任。实际情况真的如此吗？

远非如此，而实际情况却是，不少跳槽者往往是因为在工作上遇到了难题，自己焦头烂额、无计可施，才三十六计走为上策的。他跳槽的结果，往往给公司造成一定的损失。并且，这样的跳槽者往往也不受新公司的欢迎，最后不得不再次跳槽，结果越跳越糟。

其实，这种没有恒心和毅力的员工，任何一位老板都不会喜欢。所以说，恒心和毅力也是一个优秀员工应具有的职业道德。因为恒心和毅力往往能改变一个人的现状，使他一步步到达辉煌的顶峰。

听说世界上只有两种动物能到达金字塔顶：一种是老鹰，还有一种就是蜗牛。老鹰和蜗牛，它们是如此的不同——鹰矫健、敏捷、锐利；蜗牛弱小、迟钝、笨拙。鹰残忍、凶狠，杀害同类从不迟疑；蜗牛善良、厚道，从不伤害任何生命。鹰有一对飞翔的翅膀，蜗牛背着一个厚重的壳。它们从出生起就注定了一个在天空翱翔、一个在地上爬行，是完全不同的动物，为什么都能到达金字塔顶？

这是因为：鹰能到达金字塔顶，归功于它有一双善飞的翅膀。与鹰不同，蜗牛能到达金字塔顶，主要是靠它永不停息的执著精神。其实，人也是如此，坚强的毅力加上不屈的耐心，你就能获得别人拿不到的果实，这就是你迈向成功的条件。

1. 用锲而不舍的精神去敲幸运女神之门

1823 年，瑞典化学家柏济力阿斯收到维勒的一封信，这位 23 岁的德国化学博士诚恳地要求拜师学习，柏济力阿斯接受了这位弟子。维勒聪明敏捷，但却缺乏锲而不舍的精神，他做实验很快，但比较粗心。柏济力阿斯告诫他做实验要把准确性放在第一位。

一年以后，维勒告别严师，回到德国从事化学教学与研究。1830 年维勒在分析墨西哥出产的一种铅矿石时，发现一种特殊的沉淀物，他断定，这种铅矿中有一种还没有被人发现的新元素。非常遗憾的是，他没有继续深入研究，而是轻易地把它放到了一边。

第二年，柏济力阿斯的另一个学生、瑞典化学家塞夫斯德朗发现了这一新元素——钒。钒的原意是希腊神话中一位女神凡娜第丝的名字。

维勒非常懊悔，这一唾手可得的新发现从他手边溜走了。他把事情的经过写信告诉老师柏济力阿斯，不久便收到老师一封风趣而意味深远的回信：

"在北方极远的地方，有一位叫做凡娜第丝——'钒'的女神。有一天，来了一个人敲这女神的门。

"女神没有马上去开门，想让那个人再敲一下，结果那敲门的人转身就回去了。这个人对于是否被请进去，显得满不在乎。

"女神觉得奇怪，就奔到窗口去瞧瞧那位掉头而去的人：'原来是维勒这家伙！他空跑一趟是应该的，如果他不那么急躁，他就会被请进来的。'

"不久，又有一个敲门的人来了，这个人很热心地、执著地敲了很久，女神只好把门开了。

"这个人就是塞夫斯德朗，他终于发现了'钒'。"

维勒缺乏深入钻研精神，使他失去了一次重大发现的机会。但他记取了这一教训，专心致志地深入进行化学研究，终于用辛勤的劳动和汗水，敲开了一座座女神之门，成为德国著名的化学家。

人生的旅途，总会遇到许多困难和棘手的事情，而工作的成功，更离不开锲而不舍与脚踏实地的精神。作为职员，你要想在公司干一番大事业，得到老板特别的垂青，最重要的是必须培养自己踏实、稳重的工作作风。

只在这样，你才能够越过重重障碍，才能发挥出你所具有的一切长处，并且最大限度地调动起自己的潜能，向着成功的目标迈进。否则的话，即使成功来到了你的面前，你也会与它擦肩而过。

为此，你要牢记，只有锲而不舍，你才能敲开老板紧锁的心扉，得到赏识与重用，从而到达成功之巅。

2. 不要轻言放弃

卡耐基是全世界公认的最成功的演讲大师，可他并不是天生的演讲家，面对观众，他的恐惧也曾经不比任何人少。

为了不断克服自己的恐惧心理，他主动地与人交谈，尽量让自己在众人面前大声讲话，学着观察每个人的表情、反应，总结自己讲话时什么地方被人赞同，什么地方更吸引人，什么地方令人厌倦，什么地方能引起听者的兴趣……

与此同时，他开始参加学校举办的演讲比赛，但结果总是令人失望，他一次又一次地遭到失败。一连12次的失败也并没有叫他放弃，相反，他以更大的力量去对抗失败。在家乡的大河边上，人们总会看到他瘦高的身影，不论是严冬，还是酷夏，他都在那里不停地念着、讲着。他讲到激动处，便会奋力地挥手，有时还会大声地叫喊出来。

有一次，当他正在练习时，被一位路过的农民看见了，以为他是疯子，竟然跑去叫来了警察。

卡耐基深信自己必有出头之日，而他在22岁时便只身独闯纽约市，当时他身上只有500元美元，以及一份深信自己将会成为名人的自信。

卡耐基到纽约后做过演员，也做过小说家，但最后都彻底失败。最后卡耐基只得挖出自己曾经苦练的专长“演讲”作为营生工具。他在哈兰开班授课，利用晚上时间教授人们如何在公开场合流利地演讲。

当时，美国的产业形态正值转型期，小厂商逐渐凋零，取而代之的是拥有大资金及众多员工的大企业。这种大企业对于管理阶层的人才可说是求才若渴，而卡耐基的课程刚好能够帮助那些想一展才能的人们如何在众多人中彰显自己的独特之处以吸引雇主注意。在此同时，卡耐基教授的课程有了转变。

他开始教授大家“结交朋友与影响他人”的秘诀。其实卡耐基的秘诀没什么深奥之处，都是浅显的道理，“微笑，别抱怨，承认错误”等，但神奇的是，参加卡耐基课程的学员们都深为这些道理所感动，而卡耐基的课程也比以往更加受人欢迎。

20世纪30年代中叶，有位出版商游说卡耐基出书，卡耐基拒绝了，然后他自己动笔写了《如何赢得友谊与影响他人》一书。以前尝试成为小说家而失败的卡耐基这次获得了读者的回响，他的书非常畅销，许多人开始向卡耐基求助，从婚姻、友谊到如何成功以及各种稀奇古怪的问题都有。

卡耐基的成功说明，人不必为天生的才智太少而烦恼，能否成功全在于自身的努力和拼搏。并且对于自己的目标，绝不要轻言放弃。

年轻人，更不要放弃，不要泄气。你再不济，再不聪明，但你可以努力地爬上巨人的肩膀去撑起一片蓝天！你看到卡耐基了么？看到爱因斯坦了么？

看到更多的伟人了吗？他们的成功，哪一个不是靠对成功的不懈追求才获得的？

3. 用恒心和毅力才能烧开那壶水

一个老板说，现在有太多的人不能把一壶水烧开，很多人都是烧到60℃就撒手了。还有不少的人是这壶水没有烧开，又跑去烧别壶的水。而这些人本来是很有才华、可以有些作为的。

是的，每个人其实都好比是个烧水工，人生苦短，看到一个人终其一生也没有把一壶水烧开，真是令人惋惜。

一个人要想烧开一壶水，归结起来大概有这样四个问题：一是一壶水值不值得烧；二是应该烧哪一壶；三是如何烧；四是烧开之后又怎么办。

社会上有一种根深蒂固的偏见，就是所谓“冷门”。考大学，热门专业报考的人很多。选择工作时，吃香的行业总是门庭若市。其实呢，热门和冷门是相互转换的。世上只有没烧开的水，没有不值得烧的水。

有句俗话：七十二行，行行出状元。所谓状元，无非就是烧开了的水而已。

一个人要想烧一壶开水，首先要定位，看看自己到底有什么过人之处，看自己到底有什么潜能，至少应该看看自己的兴趣何在。常常有这样的情况，一个太过优秀的人，总是认为壶壶水都值得烧，壶壶水都可能烧得开。但是，有谚语说，不要同时追两只兔子。

人们不免会有见异思迁的弱点，不免会怀疑乃至动摇，对这壶水是不是可以烧开有深深的疑虑，最后人们甚至认为也许这壶水根本就不值得烧……一个能够把水烧开的人，一定经过了寂寞、艰难和挫折……尤其是烧到60℃之后，常常令无数来者无功而返。

身为“烧水工”的你，总是烧不好水，如果不是客观的外因（如这水根本就是被人念过咒，即使温度到了一万度也不行），而仅是因为你的内因（如懈怠、怀疑、不专心等），那你还能说你是个好“烧水工”吗？连水都烧不开的“烧水工”，其职业操守如何，也就可见一斑了。

打造你的意志力

意志力是一把能够开启人的洞察力和征服力的神奇钥匙。只有当人和他的意志力互相沟通，使两者融为一体的时候，这个世界才有驱动力。强大的意志力，即使面对着毁灭性的打击，依然能傲然挺立。罗素·康维尔博士说："古往今来，对于成功秘诀的谈论实在太多了。但其实，成功并没有什么秘诀。成功的声音一直在芸芸众生的耳边萦绕，只是没有人理会她罢了。而她反复述说的就是一个词——意志力。"

成功与失败的分水岭在于意志力的强弱差异：成功者常常是意志力坚强的人；失败者常常是意志力薄弱的人。训练和提升意志力，就能使一个人获得成功的强大动力。只要一个人具有善于自我克制的坚强意志力，他就能承受常人难以承受的苦难，征服常人难以征服的障碍，完成常人难以完成的事业。

一个有心修炼和提升自己意志力的人，将获得无比巨大的力量，这种力量不仅能够完全地控制一个人的精神世界，而且能够让人的心智达到前所未有的高度。任何一个人，只要听见了她的声音并且用心去体会，就会获得足够的能量去攀越生命的巅峰。其实，人类的意志力包含了某种神秘的力量。然而，作为一种普通的"心智功能"，意志力又是为人所熟知的东西。人们每天都能感受到它的存在。有很多人会否认，在本质上人是一种精神动物，但是，恐怕没有人会怀疑每个人都或多或少要受自己意志力的影响。

尽管不同的人们对于意志力的源泉、对于意志力如何影响人，以及对意志力的积极作用和局限性有着不同的看法，但大家都认同这样的看法：意志力本身是人类精神领域一个不可或缺的组成部分，甚至在每个人的生命中，意志力都发挥着超乎寻常的重要作用。

有人认为，意志力是"一种有意识的心理机能，尤其体现在经过深思熟虑的行动上"。但"有意识"一词对于意志力的界定是否必不可少，这仍然是一个值得商榷的问题，因为一些看似无意识的举动，可能正是一个人意志力的体现；而另外一些脱离人的意志力指引的行为却肯定是有意识的。人的一切自愿行动都是经过考虑的，因为即便这一行动是在瞬间作出的，思考的因素仍然在其中发至着作用。所以，应该把意志力定义为"自我引导的力量"。

意志力总是与人的感受、知识一起发挥作用，但不能因此而认为人的感受、知识等同于意志力，也不能把欲望、是非感与意志力混为一谈。一个人可以违背他的意志力，而听凭他的感官来摆布；也可以调动自己的意志力，而使自己免受自己情感的摆布。意志力发挥作用的过程有时是为人们所熟悉的，而有时却是以某种秘密的方式悄悄进行的。但一般来说，当一个人完全受意志力的支配后，就感觉不到欲望、情绪和感官等力量的存在了，意志力可能会完全地根据道德伦理的标准来采取行动；或者完全将道德问题搁在一边，不去理会道德的要求，而根据其他某种因素来采取行动。

意志力不仅是指下决心的决断力，不仅是用来感悟理解的感受力，或是进行构想的想象力；意志力是指所有“进行自我引导的精神力量本身”。罗伊斯这样说：“从某种意义上说，意志力通常是指我们全部的精神生活，而正是这种精神生活在引导着我们行为的方方面面。”

人们善于运用这一有益的力量时，就会产生决心。而人有决心就说明意志力在起作用。人的心理功能或身体器官对决心的服从，正说明了意志力存在的巨大力量。没有人会下定决心去做他自己认为不可能的事，比如一个人不可能会决心举起已丧失活动能力的手臂，也不会决心在不借助器械的条件下进行飞翔。对于这样可能性极小的事情，人们也许曾经产生过尝试一下的想法，但他们不可能在内心真的下决心去尝试这样的事情，因而他们也不会有做这件事情的真正勇气。

心理学家通常认为，意志力既有静态的方面，又有动态的方面。一方面，它是引导人类行动的力量；而另一方面，它又是人们在这些行动中的行为。因此，当一个人能够在某一事件或一连串事件中表现出极大的决心与力量时，就会被认为拥有很强的意志力；而他的意志力的特性，需要通过他的决心或行动的力度和持久性来体现出来。这样，在这一过程中所展现出来的意志力就变为动态的意志力。他的决心也成了引导自我心理的行为。意志力可被视为一种能量，而且根据能量的大小，还可判断出一个人的意志力是薄弱的，还是强大的；是发展良好的，还是存在障碍的。

意志力，首先是指面对某一个决心要完成的行为时表现出来的精神力量。一个人拥有强大的意志力意味着，他通过意志力本身、通过自己的身体或通过其他的事物，能够利用巨大的内在能量来实现自己的目标。这就是爱默生所说的，意志力是“鼓舞士气、振奋人心的冲劲”。从这个意义上说，人的意志力可以比作充电电池，其放电能量的大小取决于它的容量和它的疏导系统。它可以积聚很多的能量，在恰当的操作下可以释放出强劲的电流。在某个事件或者某种特殊的情况刺激下，一个人可能会表现出巨大的意志力，而由这种意志力又引发了超常的能量。因而，意志力可以被看做是一种积累起来的能力，一种在量上能够增加、在质上能够提高的能量。

意志力不仅是心灵中的一种动态力量，也是一种与人的目标息息相关的力量——这种目标可以是暂时的、近在眼前的，也可以是恒久的、远在未来的；可以是只涉及行为的很小方面，也可以是关系到人的一生的复杂的利益组合。而意志力在长期的目标中所能起到的作用，则取决于它在平时每一次下决心来完成某件事时所起的作用。

在一些相互独立的、偶发性的事件中，意志力可能表现出了巨大的力量，但如果面对的是某些事件连续的全过程，或者是一生宏伟的目标，它又可能是力不从心的。人的行为在很大程度上是由他的意志力决定的，而意志力又取决于人本身，因为归根到底还是人在作选择。在这个问题上，就产生了意志力的一对矛盾：意志力具有引导自我的巨大力量，然而又必须由人来决定怎样发挥这种力量，以及用这一力量来实现什么样的目标。正是这对矛盾，引发了人们对意志自由问题的思考。

只要精神和体力条件允许，人们通常会按照自己实际的选择来做。当条件不允许的时候，人们也许心里很渴望，但是在意念上人们不会选择去做。从这个意义上来说，选择也包含了理性，只有当理由足够充分的时候，人的心灵才会产生意志力。

一个充分的理由就构成一种动机，人们认为可用它作为行动的依据。当一个人认可了某一种动机，也就是在这一方面为下定决心提供充足的理由时，那么他就已经选择好了适当的行为来服从意志。说到意志的自由，其实就是讲意志是存在的，是在发挥作用的。一个人如果没有能力决定自己该做什么，就不是一个完整、和谐的人。

人的意愿能力不会受到任何的束缚。意志力本身并没有感觉，感知事物的是人的感官；意志并不会对某种选择产生渴望或厌恶，产生好恶的是人的情感；意志也不会判断一个目标的本质和价值，作出判断的是人的智慧；意志不会对一个目标或一种选择进行是非对错的衡量，这样做的是人的良知和道德感；意志不会衡量和比较种种目标，最后决定是选择还是放弃，因为对这一行为进行选择判断的是人的理性。

锻炼坚忍不拔的意志

古语云："行百里者半九十。"这是说，成功需要坚持不懈、坚忍不拔，否则就会半途而废。许多人正是因为没能坚持到最后一刻，在离目标半步之遥时停住了脚步，与成功擦肩而过；而所谓成功者，不过是那些坚持到最后一刻、迈出了最后一步的人。

李时珍是我国古代最为著名的医学家之一，他所写的辉煌巨著《本草纲目》，曾被达尔文称誉为"中国古代的百科全书"。

李时珍出生于湖北蕲州一个医生世家，从小就对医学特别感兴趣，学到了许多医学知识。李时珍14岁中秀才，后经三次乡试落选，于是就放弃了科举考试，选择医生作为终身职业。在长期的行医过程中，李时珍深切感到，古人留下的医药书籍中有许多中药品种记载不全，甚至还有不少错误，为了对病人负责，为了给子孙后代留下详细而严谨的医药知识，李时珍决定编一部新的医药书。当年李时珍35岁。

为了编《本草纲目》，李时珍搜集整理了大量前人留下来的资料，参考著述就达800多种。而对许多药物的效用，他都要亲自逐一予以确认。为了研究新的疾病，他不惜亲自下到危险而黑暗的炼窑，不惜前往炼铅的闷热作坊，实地研究工人的中毒现象和职业病。有时候，为了取得第一手珍贵资料，他冒着生命的危险，吞服一些作用剧烈的药物。他曾吞服了曼陀罗体验这种药的麻醉作用，直到精神恍惚、失去痛觉的程度。为了搜集药方与药材，李时珍广泛深入民间，行走于荒山草原之中，风餐露宿，白天翻山采药、治病救人，晚上独坐孤灯之下，一笔笔书写自己的著作。

多少次的困苦挨饿，多少次的露宿荒郊野外，多少次的被动物追咬，又有多少次的讥笑嘲讽，李时珍都一次次咬牙坚持了过来。就这样，李时珍30年如一日，艰苦卓绝，坚忍不拔地坚持实践和写作。

坚忍不拔的人不仅有着坚强的意志，还有着坚定的信念，正是信念与毅力造就了他的坚忍不拔、一往无前，不达目的誓不罢休的性格。

在美国百老汇，每隔一段时间，总有人从长龙般寻寻觅觅的人群中脱颖而出，然后风靡百老汇。但是，风靡百老汇不是一朝一夕就可以达到的，只有在一个人把“罢休”“放弃”一类字眼儿从他的词典里扔掉之后，百老汇才会用金钱认同其天赋才华。美国作家芬妮·赫斯特的奋斗史里，就有这样一则故事。

1915年，芬妮·赫斯特来到纽约，要化写作为财富。转化并没有在一夜之间来到，4年中，赫斯特踩遍了纽约的每一条人行道。她夜以继日地收集素材，写作投稿。每当希望暗淡的时候，她不是说：“好吧！百老汇，算你赢了！”而是说：“很好，百老汇，你打倒过不少人，不过，那可不是我！我会让你认输的。”

在一篇故事刊登在《星期六晚邮》报之前，这份报纸已经退了赫斯特36次稿。一般的作家碰到第一次退稿就会放弃了，而她却投了36次。

之后，回报来了，仿佛魔咒一下子解除了一般。从此以后，出版商络绎不绝往来于她家大门，然后是拍电影的人找到她，就像找到宝藏一样。

从这则故事中，人们可以看出恒心和意志的力量。芬妮·赫斯特并不是例外。百老汇可以给任何一位乞丐一杯咖啡和一块三明治，但是却要求那些想做大赢家的人必须坚忍不拔。

一个人在做事时能否不达目的不罢休，这是测验一个人品格的一种标准，坚忍不拔是最难能可贵的一种德性。许多人都乐于跟随大众向前，在情形顺利时也肯努力奋斗，这并不难做到；但是在大众都选择退出、向后掉转，而剩下他自己孤军奋战时，要是仍然能够坚持着不放手，这就更难能可贵了。这是需要恒心，需要意志。

如果你想做一个成功人士，那你就要终生都问自己：“你有耐性吗？你有恒心与意志力吗？你能在失败之后仍然坚持而不放弃吗？你能不管遇到任何艰难险阻都仍然决然前进吗？”

培养坚强意志的基本原则与方法

意志是完全可以训练和提高的，通过训练，每个人都可以培养出坚强的意志，培养坚强意志，应当遵循以下六大基本法则：

原则一：树立大志

要打造坚强意志，必须树立远大志向。当一个人真正树立了远大的志向，他的行动就会有方向，有动力，就会百折不挠，矢志不渝。许多伟大人物的坚强意志，都是源于他们的雄心大志。如果司马迁没有写《史记》的强大志向，他就不可能忍羞含辱整整奋斗15年。有些成功人士，原本也并非是意志坚强的人，但当他们真正立了大志，有了明确的伟大的目的和追求，就会自觉地进行意志锻炼。托尔斯泰年轻时曾一度沉溺于花天酒地的挥霍之中而不能自拔。然而，当他有了追求，有了大志，就开始对自己的“软弱”宣战——特地为自己编写了《发展意志守则》。可见，是否有大志，从根本上决定着意志的强弱。

树立大志，能使人对前途充满希望，产生强大的内动力，大大有利于意志的培养。

原则二：实践锻炼

意志的发生、发展、形成、培养都离不开实践活动。正如从下水游泳中学会游泳一样，锻炼意志力同样要在相应的意志实践中才能锻炼好。赞科夫说：“给儿童提供独立活动的机会，是培养意志的必要条件。如果一个教师老是牵着学生走路，那他就是不懂得意志力形成的条件和源泉。”

培养意志，不能单靠“告诉”、“讲授”，更重要的要靠“实践”、靠“锻炼”。锻炼意志的机会，遍布人们日常生活的方方面面，有体育锻炼、劳动锻炼、行善锻炼，也包括日常生活的其他各种锻炼。只有通过在各种实践中迎战困难、攻克难关，才能最好地磨炼意志。只要你善于抓住各种时机有意识地进行实际锻炼，你的意志力就会变得坚强起来。

原则三：一举两得

有的国家建有专门锻炼意志的机构。这虽然是一种方法，但是应更加倡导的是在克服日常遇到的各种困难时进行锻炼。这是一种一举两得的意志锻炼方法，既能更好地解决人们的实际问题，克服所遇到的各种困难，确保人们的学习成功、工作成功，又能锻炼出坚强的意志。

意志锻炼的过程是战胜困难的过程，也是获得成功的过程。生活中点点滴滴的困难，都是锻炼意志的好机会。当你不断战胜了困难，意志就会得到不断增强，同时又使你获得了成功，岂不是一举两得吗?

运用这一法则，既拓宽了锻炼意志的场所，又增加了锻炼意志的机会。凡是你所遇到的应当做而又必须克服困难的活动，都可进行意志锻炼。

原则四：严字当头

锻炼意志必须讲究三严：严肃、严格、严厉。首先，对锻炼意志必须怀着严肃的态度。同时还必须严格要求自己、如果对自己放松要求，一味放纵自己，何谈锻炼意志呢? 再者，要严厉地对待自己，一旦意志薄弱，要严厉地惩罚自己。只有做到“三严”，才能真正锻炼出钢铁般的意志。

没有严格要求，就不可能有意志的锻炼和铸造。任何一项培养意志的练习和锻炼，都要以严格要求为前提。没有严格要求，即使进行锻炼，其效果也会大打折扣。那些“下次再努力吧”，“明天再也不这样了”的借口，都是培养意志的大敌。

原则五：循序渐进

凡事都应循序渐进，锻炼意志当然也不例外。进行意志锻炼时，一定要从易到难，从小到大，一步步地锻炼，才有益于增强锻炼意志的信心和兴趣。如果难度过大，怎么努力也达不到，只会使人丧失信心，不利于意志培养；如果难度过低，也不会产生什么锻炼效果。

遵循“循序渐进”法则锻炼意志，可以从身边小事做起。例如，早上闹钟响了，可是却不愿意起床，这时你要命令自己立即起来。这就是对自己懒惰的挑战，去赢得对自己的一个小小的胜利，增强信心。这样，从生活中的小事着手，循序渐进，久而久之，你的意志就会变得非常坚强。

原则六：自我修炼

意志的培养，关键在于实际修炼，尤其是自我修炼。

那些拥有坚强意志的人，并不是天生就有坚强意志，而是自我塑造、自我修炼的结果。他们中的很多人有意识地采用各种方法来进行意志的自我修炼。

例如，司马光自制“警枕”，迫使自己不至贪睡，增强意志；越王勾践“卧薪尝胆”，坚持夜间以稻草为榻，白昼口尝苦胆，时时砥砺坚强的复国之志；

汉代孙敬，为使自己孜孜读书，晨夕不歇，竟用“悬梁”之法；战国苏秦，与睡魔作斗争，竟用锥子自刺其股，血流如注。

以下所列举的方法，对于提高意志是很有帮助的：

方法一：体育锻炼法

利用体育锻炼来锻炼意志。运用体育锻炼法，必须要做到持之以恒。一般说来，在各种体育项目中，长跑对人的锻炼意志的作用最大。因为长跑最能锻炼人的耐力、毅力，最能使人具坚持精神。当然，其他体育项目同样能锻炼人的意志，关键是要结合自身的情况，选择最适合自己的项目进行锻炼。

方法二：劳动锻炼法

劳动锻炼法的使用非常广泛，无论是体力劳动，还是脑力劳动，都可以作为锻炼意志的好项目。事实上，意志，也只有通过劳动才能够得以锻炼。艰苦的劳动，是铸造意志的大熔炉。

劳动是人的生活的主要内容，生活中的一切幸福和欢乐都由劳动所创造。劳动是一切之母，是天才的必经之路。运用劳动锻炼法，不仅能够锻炼意志，还能够收到劳动本身之效，也是一举两得。

方法三：行善锻炼法

行善锻炼法，就是结合道德修养、爱心训练、善心训练来培养意志。人的行为都是受意志控制、支配的。道德教育之所以流于说教，就是因为人们仅晓道德知识，缺少道德实践、道德行为。之所以人们缺少善行，不是缺知识、缺能力，而是缺行动、缺意志。许多时候，人们做了错事，都属于“明知故犯”。明知不对，还要去做，主要是意志薄弱，抵挡不住压力或诱惑。达尔文说：“道德修养所能达到的最高境界是：我们认识到应当控制自己的思想。”控制自己的思想，必须靠意志。在严格地控制自己思想的过程中，也能最好地锻炼自制力、意志力。古人道德修炼的要求是——君子忍人所不能忍，容人所不能容，处人所不能处。要想真正达到君子的这种道德水准，没有意志是根本不行的。

方法四：消除恶习法

消除恶习法，就是通过消除自身的各种不良习惯、不良心性来锻炼意志。消除自身一个小小的恶习，就是对自己的一个小小的进步，就能使你的意志坚强很多。

每个人都不可避免会有这样或那样的坏习惯，这就为你锻炼意志提供了素材。运用消除恶习法，既锻炼了意志，又消除了恶习。培根说："习惯是一种顽强而巨大的力量，它可以主宰人生。"消除恶习，就是战胜自我、完善自我、超越自我，就能重新塑造一个理想的自我。比如，驼背这个坏习惯很影响形象，你可以规定一个月内一定要初步解决，三个月内必须彻底解决。当你克服改变姿势的种种不适之后，驼背的坏习惯消除了，意志也变得更为坚强了。

方法五：逆境法

这里所说的逆境是指广义的逆境，包括种种艰难困苦的环境，还包括各种各样的挫折、失败，都是锻炼人的最好机会。俄国物理学家列别捷夫说得好："平静的湖面，练不出精悍的水手，安逸的环境，造不出时代的伟人。"邹韬奋明确指出："挫折磨难是锻炼意志增加能力的好机会。"逆境是意志的磨刀石。磨砺越多，意志就会越强。

方法六：调控心情法

锻炼意志不仅需要你与自己的肉体作斗争，更重要的是要与你不良的心情、情绪作斗争。生活中你的情绪往往波动很大，很多时候消极的情绪在左右人们，或是悲观消极，或是烦恼忧愁。这些对人都是十分有害的，既影响人们的工作和学习，又损害人们的健康。戴埃说："一旦你学会依照自己的选择控制情感，你就踏上了一条通向'聪明才智'的道路。"控制情绪如此重要，而控制情绪的关键就在于意志。

困难通常可分为外在困难、内在困难。这两类困难，最根本的是内在困难。消极情绪就是一种内在困难。克服消极情绪、调控心情，就是与内在困难作斗争。

每当你产生消极情绪时，你就应将之作为锻炼意志的最好时机。不该有什么样的情绪，就要用意志坚决排除什么样的情绪。这不仅能使你的情绪、心情、心态经常处于最佳状态，又能最好地锻炼意志。

方法七：理智锻炼法

通过实现理智化来锻炼意志的方法。理智是人与动物的最大区别所在，"理智是一切力量中最强大的力量。"具体地说，就是克制自己何时何地都绝不能感情用事，而应完完全全地服从理智，当时该怎么做就怎么做。这关键在于意志。

自我修炼，乃是锻炼意志的根本法则之一。不进行艰苦的自我修炼，决不可能产生坚强的意志。

第十一章 没有做不到，只有想不到——克服困难要高调

面对困难要乐观

戴高乐曾经说过："困难，特别吸引坚强的人。因为只有在拥抱困难时，才会真正认识自己。"这句话一点也没错。

有一个小男孩在报上看到应聘启事，正好是适合他的一份工作。第二天早上，当他到达应聘地点时，发现应聘队伍中已有了20个男孩子。

如果换成另一个胆怯懦弱、不太聪明的男孩，可能会因此而打退堂鼓。但是这个小男孩却完全不一样，他认为自己应该多动脑筋，运用上帝赋予的智慧想办法解决这一困难。他不往消极方面考虑，而是认真用脑子去想，看看是否有法子解决，于是，一个绝妙方法便产生了！

小男孩拿出一张纸，写了几行字。然后走出行列，并请求后面的男孩子为他保留位子。他走到负责招聘的秘书面前，很有礼貌地说："先生，请你把这张便条交给老板，这件事很重要。谢谢你！"

这位秘书对他的印象很深刻，因为他看起来神情愉悦，文质彬彬。如果是别人，秘书可能不会放在心上，但是这个小男孩不一样，他有一股强有力的吸引力，令人难以忘记。所以，秘书将这张纸条交给了他的老板。

老板打开纸条，然后笑笑还给秘书，秘书也把上面的字看了一遍，笑了起来，上面是这样写的：

"先生，我是排在第21号的男孩子。请不要在见到我之前作出任何决定。"

你想他得到这份工作了吗？你认为呢？像他这样思考的男孩无论到什么地方一定会有所作为。虽然他年纪很轻，但是他知道如何去想，认真思考。他已有能力在短时间内，抓住问题的核心，然后尽全力去解决它，并尽力把它做好。

实际上，你一生中会遇到很多诸如此类的问题。当你遇到问题时，一旦进行认真思考，便很容易找到解决问题的方法。

乐观地面对困难，多一些快乐，少一些烦恼，你会惊奇地发现，这不仅会使你的工作充满乐趣，还会让你获得幸福。你会发现，自己成了一个更优秀、更完美的人。你用充满阳光的心灵轻松地去面对困难，就能保持自己心灵的和谐。而有的人却因为这些困难而痛苦，失去了心灵的和谐。

你怎样看待周围的事物完全取决于你自己的态度。每一个人的心中都有乐观向上的力量，它使你在黑暗中看到光明，在痛苦中看到快乐。每一个人都有一个水晶镜片，可以把昏暗的光线变成七色彩虹。

夏洛特·吉尔曼在他的《一块绊脚石》中描述了一个负笈登山的行者突然发现一块巨大的石头摆在他的面前，挡住了他的去路。他悲观失望，祈求这块巨石赶快离开。但它一动不动。他愤怒了，大声咒骂，他跪下祈求它让路。它仍旧纹丝不动。他无助地坐在这块石头前，突然间他鼓起了勇气，最终解决了困难。用他自己的话说："我摘下帽子，拿起我的手杖，卸下我沉重的负担，我径直向着那可恶的石头冲过去，不经意间，我就翻了过去，好像它根本不存在一样。如果我们下定决心，直面困难，而不是畏缩不前，那么，大部分的困难就根本不算什么困难。"

虽然困难会成为你人生路上的绊脚石，也会成为你前进途中的助推器，关键看你用什么样的态度去面对。古今中外，许多成功人士都把困难当做一笔财富，因为困难给了他们智慧，给了他们勇气，给了他们毅力。海明威说过："世界击倒每一个人之后，许多人在心碎之处坚强起来。"困难就像是大海中的一块礁石，如果没有它，人生就不会击起美丽的浪花。所以，在面对困难时，你要及时调整好自己的心态，将它由绊脚石变为垫脚石。

作为一名企业里的优秀员工，应主动帮助同事走出工作上的困境，让他们尽快成长为公司里的一名骨干分子。这样，大家才能配合一致，加速公司向前发展。所以，在工作之中，不要对同事工作中的困境采取漠视的态度。

> 小王是一名电脑安装工程师。有一次他带着3名新人到一家公司里安装电脑配置系统。当时，在3名新人中，有一位给自己留下的印象不佳。所以，当这位新人在工作中出现了问题后，小王假装没有看见，任其在困境中自我摸索，结果客户的一台电脑出现了故障，对方要求小王所在的公司进行赔偿。最终，小王和这位新人同时受罚，尤其是小王，作为一名主管，竟然干出了如此不负责任的事，让上司十分失望。

同事之间的互相帮助，不但能够为公司创造出一种和谐融洽的工作氛围，增加公司内部的凝聚力，加速公司的发展，也能使人们品尝到许多友谊上的欢乐。所以，在工作中，你不要对同事的困境视而不见。这将会破坏公司内部良好的工作氛围，同时也将为公司和个人事业的发展带来无形的损失。

有人说，困难是人生的催熟剂，因为从困难中走过来的人都会更加成熟、更加勇敢、更加充满智慧。但也有的人视困难为人生最大的不幸，因为困难会使人意志消沉，失去斗志。为什么同样的情况会有两种截然相反的观点呢？因为每个人承受困难的能力不同。对勇敢的人来说，困难不但不会成为他们前进道路上的阻碍，还会成为磨砺他们，使其更加成熟和完善的一次机会。而对懦弱的人来说，困难却会让他们沉入失望的深渊中去。

事实上，令人艳羡的成功中必然包含着不为人知的失败的内涵。失败是不可避免的，失败总是以不同的方式光顾每一个人。它可以彻底摧毁一个人的自信，也可以完全造就一个人的坚忍。

面对逆境的勇气来自自己的自信和遭遇挫折和屈辱时所表现出的坚忍，它可以激发出最大的力量，使你获得最后的成功。

爱因斯坦说过："一个人在科学探索的道路上，走过弯路，犯过错误，并不是件坏事，更不是什么耻辱，要在实践中勇于承认和改正错误。"对于困难，你应该采取一种正确的心态，将其向有利的方向转化。那么，你应该如何来对待困难呢？

第一，培养乐观自信的心态。乐观是人生的一剂良药，它可以让你以一种更加愉悦的心情来面对生活中的各种困难。一个人的心态越乐观，那么他对困难的接受能力也就越强，他的行动也就会越积极，也就越能将困难解决。

乐观还可以防止你产生自卑的心理。自卑是一种消极的心态，它会让你不相信自己、怀疑自己，让你在面对困难时失去勇气。而且自卑心理过重，还会让你自暴自弃。据调查，许多有自卑心理的人都有自杀的倾向。因为他们的心理承受能力很弱，遇到困难就会怀疑自己。他们行动也比较缓慢，不会像乐观的人那样积极地想办法解决困难。

另外，就是建立自信。信心是一个人的精神支柱，它可以帮助你更好地去面对困难。列宁说过："自信是走向成功的第一步。"一个人没有信心就不能经受住生活中遇到的各种困难，就不会再有前进的动力和勇气。一个人只要不失去信心，就没有失败，就有扭转困境的机会，就能看到希望，对前景也就更加乐观，也会以更加积极的心态去摆脱困境。

第二，正视现实，适应环境。正视现实，就是要求你要正确看待困难与现实，保持良好的接触，只有这样才能够尽自己的最大能力去改造环境。另外，就是要学会调整自己，因为外部的环境总是在不断地变化，如果你不能根据环境的变化调整自己，就肯定会碰壁。

这是你避免困难的一种办法，避免困难也就是让你少走弯路，让你少犯错误。当然，这并不是教你逃避困难，而是说你应该尽量让自己减少失败的机会。你只有根据不断变化的环境来不断调整自己的策略，才能够让自己少遭受困难。

第三，增强承受困难的能力。一个人的身体虚弱，通过锻炼就可以使之强壮。你的思想也是可以通过锻炼而使其强壮起来的。一些喜欢从事冒险运动的人，他们承受困难的能力就比常人强，因为他们通常都会面临很险恶的环境，也更加知道身临险境时该如何生存。所以，你可以进行一些有针对性的锻炼，比如登山、跳伞等。而且这也会使你的身体得到锻炼。身体是承受艰苦生活和精神折磨最根本的保证。一个人的身体状况好的话，那么在生活中面对困难时就会更加有勇气。而同一条件下一个身体虚弱的人对困难的承受能力就会差一些。

第四，多结交一些朋友。当一个人面临困难的时候，他周围人的态度会对他产生极大的影响。如果周围的人都很积极乐观，那么他自己也就变得更有勇气，可以重塑战胜困难的信心；如果周围的人幸灾乐祸、落井下石，那么他就会否定自己，不相信自己，行动也会变得迟缓消极。

另外，人类是群居动物，必须生活在一个群体中，获得信息，寻求帮助，发泄情感。当你遭遇困难时，就会产生悲观、失落的情绪，而这些情绪如果可以及时发泄出来，就可以保持你心理的平衡，有益于身心的健康发展。而朋友会是你一个很好的倾诉对象，他们也往往会给你一些有益的指导，或者一些安慰，帮助你及时调整到正常的状态中来。

第五，给自己制定正确的目标。有时你之所以会遇到困难，往往是你把自己的实力估计得太高、把目标定得太高，超过了自身的能力，最后遭遇失败。所以，你在给自己制定目标时一定要适度，既不能太高，也不能太低。目标太高，实现不了，会挫伤你的积极性；目标太低，很容易达到，也失去了自我激励的意义。所以，制定一个正确的目标，也可以避免你遭遇困难。

困难和失败是人生路上必不可少的，你应该正确地对待，让它们向更加有利的方面转化。只要你心中有成功的信念，那么就会将所有的困难踩在脚下。你应理智地对待生活中的风风雨雨，经历过困难和失败，你的人生将会更加成熟和完美。

经受住困难的考验

困难与问题是每个人都会遇上的。巴尔扎克说过：“世界上的事情永远不是绝对的，结果完全因人而异。苦难对于天才来说是一块垫脚石，对于能干的人来说是一笔财富，对弱者来说是一个万丈深渊。”

其实，困难是人生的一堂必修课，一个人只有经历过苦难，才能真正得到成长，才能真正变得成熟。从苦难中走出的人总会特别踏实，也会更加懂得生活，更加珍惜自己。

几乎每一个成功人士都是从苦难中走过来的。因为通往成功的道路是曲折的，想要成功，就必须付出代价，只有你能够经受住生活的考验，你才能得到成功。

困难可以使一个人的意志无比坚韧，而艰苦的环境又会激起他内心的勇气，让他的头脑更加成熟，思想更加深邃。《孟子·告子下》云：“天将降大任于斯人也，必先苦其心志，劳其筋骨，饿其体肤，空乏其身，行拂乱其所为，所以动心忍性，增益其所不能。”说的也是这个道理。

松下幸之助被称为“经营之神”，他是日本商业史上的一个神话。而他所有的这一切，与他童年那些苦难的经历是分不开的。

他小时家境比较贫困，在他刚刚 9 岁的时候就不得不外出打工。这在别人的眼里还是一个向父母撒娇的年龄，但是他却不得不肩负起生活的重担。他远赴大阪谋职，母亲为他准备好行囊并为他送行。临行前，母亲哭着请同行的人多多照顾自己的孩子，之后，便一步一回头地走了。当时母亲那悲凄的背影给他留下了很深的印象，他发誓一定要改变自己的命运。

来到大阪之后，他先是在一家店里当学徒。小小的年纪便远离家乡，让他感到特别孤独无助，于是他只能拼命地干活，只有劳累会让他忘掉一切。

一天，店主叫住了他，给他一个五钱的白铜货币，说是他的薪水。这对一个穷人家的孩子来讲可不是一个小数目。从那以后，他更加卖力地干活，不辞辛苦地打杂、磨火盆。有时一双手甚至都磨得皮破血流了，但他都咬牙坚持了下来。就是童年的这些经历，养成了他坚忍不拔的性格，虽然在他以后的生活中遇到了不少的困难，但他都勇敢地走了过来。如果没有童年的那些经历，或许也就不会有以后的松下幸之助，而日本的商业史上也就少了一位传奇人物。

困难并不是一种悲哀，它是命运女神赋予一个人的财富。只是这种形式很残酷，有的人能够接受，有的人不能够接受。凡是能够接受的人，都是意志坚强的人，他们也大都能受到命运的青睐。当然，这并不是让我们安于现状，面对困难只是逆来顺受而不去改变。

一场大火烧光了爱迪生的设备和成果，但他却说："大火把我们的错误全都烧光了，现在我们可以重新开始了。"

一名记者问美国总统威尔逊"贫穷是什么滋味"时，这位总统亲身讲述了一段他自己的故事：

"我 10 岁时就离开了家，当了 11 年的学徒工，每年可以接受一个月的学校教育。在经过 11 年的艰辛工作之后，我得到了 1 头牛和 6 只绵羊作为报酬。我把它们换成了 84 美元。从出生一直到 21 岁那年为止，我从来没有在娱乐上花过一美元，每个美分都是经过精心算计。在我 21 岁生日之后的第一个月，我带着一队人马进入了人迹罕至的大森林，去采伐那里的原木。每天，我都在天际的第一曙光出现之前起床，然后就一直辛勤工作到星星探出头来为止。在一个月夜以继日的辛劳努力之后，我获得了6美元作为报酬，当时在我看来，这可真是一个大数目啊！每个美元在我眼里都跟今天晚上那又大又圆、银光四溢的月亮一样。”在这样的穷途困境中，威尔逊下决心，不让任何一个发展自我、提升自我的机会溜走。很少有人能像他一样深刻地理解闲暇时光的价值。他像抓住黄金一样紧紧地抓住了零星的时间，不让一分一秒无所作为地从指缝间溜走。在他21岁之前，他已经设法读了1 000本好书——想一想看，对一个农场里的孩子，这是多么艰巨的任务啊！

有的人只注意别人成功时的情景，而却忽略了他们成功路上的辛劳、痛苦与危难。在人生的征途上，我们必须对苦难形成一个正确的认识。

在人生道路上，困难和挫折都是难免的，人生起起落落也无法预料，但是有一点你一定要牢牢记住：永不绝望。当你遇到逆境时，千万不要忧郁沮丧，无论发生什么事情，无论你有多么痛苦，都不要整天沉溺于其中无法自拔、不要让痛苦占据你的心灵，要尽量摆脱困境，让快乐永远陪伴着你。困难来临时，你要有勇气直面困难、打倒困难，以顽强的意志战胜困难。一个目标明确的人能排除前进道路上的一切阻碍，勇敢地向着自己的目标迈进，以坚定的意志、顽强的毅力去排除一个又一个困难争取胜利。

任何人遇上困难，情绪都会受到影响，这时，一定要操纵好情绪的转换器。面对无法改变的不幸和无能为力的事，就抬起头来，对天大喊：“这没有什么了不起，它不可能打败我。”或者耸耸肩，默默地告诉自己：“忘掉它吧，这一切都会过去！”紧接着，就要往头脑里补充新东西，因为头脑每时每刻都需要东西补充，这种补充就能使情绪“转换器”发生积极作用。最好的办法是用繁忙的工作去补充，去转换，也可以通过参加有兴趣的活动去补充，去转换。物理学家普朗克在研究量子理论的时候，两个女儿先后死于难产，妻子去世，儿子又不幸死于战争。普朗克不愿在怨悔中度过余生，便用加倍努力工作来转移自己内心巨大的悲痛，情绪的转换不但使他减少了痛苦，还促使他发现了基本量子，获得了诺贝尔物理学奖。

如果你懂得及时“转换”困难，那么你就将会战胜困难。一个人如果一辈子都生活在困难与问题中，那才是一种悲哀呢。这只是让你在面对生活——尤其是艰难的生活时——要有一种良好的心态，不要被它压垮，不要向它屈服。

现在生活不同了，苦难离你也就比较远了，但是困难却是每个人都不可避免的，这也是苦难的另一种转化。而你在面对困难时也要有一个良好的心态，要积极乐观，而不是自怨自艾或自暴自弃。总之，把不幸当做垫脚石，把困难踩在脚下，勇敢地面对生活，在任何时候都不放弃自己的理想和希望，那么你的人生也定会绽放出光彩。

你是解决了问题？还是成了问题的一部分

要想在未来的职场立足，你就必须具备自我解决问题的能力，以及自立的工作态度，这样，你对工作的投入才会变得有价值。

有业绩看不见提升；与上司隔阂日重；不知继续从事这份工作，还是另觅他途……

工作中总是有着各种的烦恼，你可以询问朋友、同事，或是主管的意见，寻求他们的协助。但是，他们也只能提供建议而已，要去面对问题、解决问题还得依靠你自己。

因此培养自我指导的能力是非常重要的。正如同一位运动员教练，他必须随时随地观察选手的表现，找出问题所在，设想解决的方法，并拟订一套训练计划。如今，你就是自己的职场教练，必须自己找到问题、解决问题、突破工作的瓶颈。否则，你对工作的一切投入都毫无用处。

> 1998年4月，海尔集团在全集团范围内掀起了向洗衣机本部住宅设施事业部卫浴分厂厂长魏小娥学习的活动，学习她“认真解决每一个问题的精神”。为了发展海尔整体卫浴设施的生产，1997年8月，33岁的魏小娥被派往日本，学习掌握世界上最先进的整体卫浴生产技术。在学习期间，魏小娥注意到，日本人试模期废品率一般都在30%～60%，设备调试正常后，废品率为2%。
>
> “为什么不把合格率提高到100%？”魏小娥问日本的技术人员。
>
> “100%？你觉得可能吗？”日本人反问。从对话中，魏小娥意识到，不是日本人能力不行，而是思想上的桎梏使他们停滞于2%。作为一个海尔人，魏小娥的标准是100%，即“要么不干，要干就要争第一”。她拼命地利用每一分每一秒的学习时间，3周后，带着先进的

技术知识和赶超日本人的信念回到了海尔。

时隔半年，日本模具专家宫川先生来华访问，见到了“徒弟”魏小娥，她此时已是卫浴分厂的厂长。面对着一尘不染的生产现场、操作熟练的员工和100%合格的产品，他惊呆了，反过来向徒弟请教问题。

“有几个问题曾使我绞尽脑汁地想办法解决，但最终没有成功。日本卫浴产品的现场脏乱不堪，我们一直想做得更好一些，但难度太大了。你们是怎样做到现场清洁的？100%的合格率是我们连想都不敢想的，对我们来说，2%的废品率、5%的不良品率天经地义，你们又是怎样提高产品合格率的呢？”

“用心。”魏小娥简单的回答又让宫川先生大吃一惊。用心，看似简单，其实不简单。

一天，下班回家已经很晚了，吃着饭的魏小娥仍然在想着怎样解决“毛边”的问题。突然，她眼睛一亮：女儿正在用卷笔刀削铅笔，铅笔的粉末都落在一个小盒内。魏小娥豁然开朗，顾不上吃饭，在灯下画起了图纸。第二天，一个专门收集毛边的“废料盒”诞生了，压出板材后清理下来的毛边直接落入盒内，避免了落在工作现场或原料上，也就有效地解决了板材的黑点问题。

魏小娥紧绷的质量之弦并未因此而放松。试模前的一天，魏小娥在原料中发现了一根头发。这无疑是操作工在工作时无意间落入的。一根头发丝就是废品的定时炸弹，万一混进原料中就会出现废品。魏小娥马上给操作工统一制作了白衣、白帽，并要求大家统一剪短发。又一个可能出现2%废品的原因被消灭在萌芽之中。

2%的责任得到了100%的落实，2%的可能被一一杜绝。终于，100%，这个被日本人认为是“不可能”的产品合格率，魏小娥做到了，不管是在试模期间，还是设备调试正常后。

在工作中，如果人们能够像魏小娥这样用心，也一定能成为第二个“魏小娥”。

任何人在面对工作时，都必须想清楚一个问题：这份工作对人到底具有什么样的意义？人为什么要做这份工作？提高工作动机的关键在于工作对你有什么样的意义。如果你不去思考工作对你的意义，就不会有所成长。

事实上，工作的有趣与否，完全是个人主观的判断。尽管你可能不喜欢现在的这份工作，但是也不要因此而轻言辞职，你要做的是积极寻找这份工作的正面意义。

你必须学习改变自己的视野，试着从不同的角度重新看待现在的工作，包括从不同的时间点与立场，为自己的工作赋予意义。

你还需分清楚“想做的”与“应该做的”。

在决定应采取的行动时，必须分清楚哪些是你应该做的、能做的，以及想做的。实际的情况是，你想做的不一定是你应该做的或是能做的，你必须要做的却又是你不想做的。

“人之所以失败，并非是不努力，只是力气花在错误的地方。成天只顾着‘想做的’事情，至于‘应该做的’却是一件也没做，”改变必须从“应该做的”部分开始，你必须问自己：“现在这份工作，我应该做的是什么？”然后再循序渐进地去做“能做的”以及“想做的”部分。

在未来的职场环境中，自我指导的能力将日趋重要。正如同德国企业管理畅销书作者莱纳德·史布莱格尔所说的，21世纪是“固体”的时代，我们只为一个组织工作，那就是“自己”。

人们有了更多的自主性，但这也意味着你必须要自己承担全部的责任。从自我出发，依靠自己的力量，走出属于自己的一条路。

先别说难，先问自己是否竭尽全力

中国有句成语叫“眉头一皱，计上心来”。其实，这往往是在特定时期、特定情况下才会产生的状况。面对困难和艰辛，要想有好的点子和想法，应当投入更多的心思，付出更多的努力。下面来看一位人士与自己朋友的对话。

曾有一位朋友向我诉苦：单位安排他去银行贷款，本认为容易办成的，结果跑了许多次，还是没有办成。

他自嘲地说：“有句诗这样说：山重水复疑无路，柳暗花明又一村。可我呢，经常自己觉得柳暗花明了，其实还是山重水复疑无路。”他很灰心地说：“我真的努力了，真的一点也不想干了！”

我问：“你真的努力了吗？你真的知道‘努力’的意思是什么吗？”

他不说话了，静静地看着我。于是，我向他讲起了听到的一个故事：

士光敏夫是日本经济界鼎鼎有名的人物。他在重整东芝公司时，遇到了资金不足的困难。当时正是战后，要筹到资金非常不容易。他去某家银行申请贷款，但主管贷款的部长对他十分冷淡。经过他的不断努力，部长的态度才稍微有所好转，但对贷款问题却绝不松口。

终于到了那么一天——如果在两天内仍然没有资金投入，那么，公司将不得不全线停工。士光敏夫决定破釜沉舟：“怎么也得迫使部长同意！”

他让秘书给他找了一个大包，在街上买了两盒盒饭放在里面，然后赶到银行。一见部长，他就开始软磨硬泡，希望给他贷款。但对方就是不松口。

双方又展开了一场舌战，不知不觉已接近下午下班的时间了。当营业部的下班铃声拉响时，部长如释重负，提起公文包准备回家吃饭。

不料士光敏夫却从袋子里拿出两盒盒饭：“部长先生，我知道你工作辛苦了，但是为了我们能够长谈，我特意把饭准备了。希望你不要嫌弃这寒酸的盒饭。等我们公司好转后，我们再感谢你这位大恩人。”

面对他这份“无赖劲”，部长真是无可奈何。但也正是他表现出的这份坚毅和对工作的投入度，使部长产生了对他贷款的信心，最终批准了他的贷款申请。

我问这位朋友：“与士光敏夫相比，你能说你努力了吗？”

朋友笑了，说：“我们往往认为自己努力了，但实际上我们并没有竭尽全力！”

说得太对了。你之所以说事情艰难，往往是你没有尽到最大努力！你说自己已经尽力了，实际上你并没有把全部潜力发挥出来！所以，面对问题和困难的时候，你永远不要先说难，而要先问一问自己：我是否已经尽了最大的力量。

1. 把自己逼到“非……不可”的境地

难，是人们拒绝努力的第一理由。但是，问题真的是那么难解决吗？

汽车大王亨利·福特，被誉为“把美国带到轮子上的人”。一次，他想制造一种V8型的发动机。当他把这个想法跟工程师交流时，工程师们都认为只能在图纸上设计，但绝对不可能在现实中制造出来。尽管如此，福特仍然坚持说：“想办法制造出来。”

工程师们很不情愿地开始了尝试，几个月后，他们给福特的回答是：“我们无能为力”。

但福特还是说：“继续尝试！”

一年多过去了，还是没有结果，所有的工程师都觉得无论如何都该放弃了。但福特仍然坚持“必须做出来”。

就在这时，有一位工程师突发灵感，竟然找到了解决办法。

福特终于制造出了“绝不可能”成功的V8型发动机。

为何工程师们认为“绝不可能”的问题，最后还是在福特的“逼迫”之下解决了呢？

关键的一点，就是先把“不可能”的戒律放一边，而只想我自己是否完全投入，是否想尽了一切办法、穷尽了一切可能。

如果将心灵的焦点对准“难”，头脑就会加速运转，找出千万个理由，证明真的很“难”，人就很容易屈服。因为，畏惧使人无法真正冷静地应对问题，甚至导致行动的瘫痪。

但是，假如你不问问题难不难，只问自己是否尽了最大努力，你就会轻装上路，尽力挖掘自己的潜能，反倒容易将问题解决。

把自己逼到“非……不可”的境地吧，你会创造出难以想象的奇迹！

2. 问问自己：竭尽全力了吗？

不要给自己的人生打折扣，爱打折扣的人是很难取得成功的。

24岁的海军军官卡特，应召去见海曼·李科弗将军。在谈话中，将军让卡特挑选任何他愿意谈论的话题。然后，再问卡特一些问题，结果每每将军都将他问得直冒冷汗。

卡特终于开始明白：自己自认为懂得了很多东西，其实还远远不够。结束谈话时，将军问他在海军学校的学习成绩怎样，卡特立即自豪地说："将军，在820人的一个班中，我名列59名。"

将军皱了皱眉头，问："为什么你不是第一名呢，你竭尽全力了吗？"

此话如当头棒喝，影响了卡特的一生。此后，他事事竭尽全力，后来成了美国总统。

竭尽全力，就是不给自己任何偷懒和敷衍的借口，让自己经受生活最大的考验。

竭尽全力，就是要你把意识的焦点对准如何解决问题，减轻解决问题的焦虑感，轻装上阵，集中心智，去创造生命的奇迹。

有些问题的确非常顽固，想了许多办法，仍无法解决。于是有人便认为"已是极限"，再去努力也是白塔。其实，当你真正经过一番努力奋斗，就会知道所谓"难"，其实只是你自己的"心灵桎梏"。只要不断努力，开发的潜能就会越来越大。努力不够，你当然不知道自己的潜能到底有多大。

从"我已尽力"的假象中把自己解放出来吧！再努一把力，你还会有更大的作为。

站得高才看得远

工作中有一些棘手的问题，费了很多时间也解不开疙瘩。这是很多人都会遇到的情况。

奉劝你对难题要有另一套解决办法，才能高效率地完成任务。

如果遇上一时想不到解决方法的问题，最好暂且搁置下来，改在午饭后，或翌晨再重新分析吧。

你不妨将这死结放在另一个角度去看，例如尝试想象问题是发生在某人身上。这样做你就可以抽离事件，在解除压力之下，以更客观的态度去重新观察事件，而且不会有失败感。再想象一下，某人会怎样去处理这问题呢？

从他人的处境出发，或许可以有另一种发现。

要是难题牵涉到另一个人，试试从他的角度去观察。

甚至由你一人扮演双方角色，这样，既能设身处地为他人着想，又可更深入地了解事件的关键所在。最后，可以写下一些条子，将所有可能性写下来。

例如："要是我这样做，最坏会发生什么事？最好又是怎样？如果什么也不做，情况又如何？"逐一分析，正确的答案自然就会出现。

无论公事，还是私事，在顺利进行之际，突然给中断、打扰，当事人自然大大不悦。

在正常情况下，人们对打岔者的印象是"他一定是有急切需要"，可是，当发现事实并非如此，就会产生"岂有此理"的想法，甚至以为你故意捉弄人。事实上，你同时会被认定为不懂得控制自我或没有组织能力。

要是你本来就是如此，那么实在有必要去进行改善，否则青云路与你无缘。

若你本性非此，就是你的表现方法有问题了。

下一次，当你要冲入上司的房间，中断他与另一位主管的谈话，询问他有关难题时，请先反问自己："为什么我这个时候会这么心急如焚？是否自己太惧怕出错？事情是否不可以再拖延？"

如果每一个问题能够有一个正面答案，或许，你已会取消冲入的行动。

有没有发现自己许多时候是有理的，却在讨论之中节节败退？

据专家们指出，一般人士与别人争论时，起初会据理力争，理直气壮，可是，一旦念及恐怕伤害别人或惹怒别人，气势就会自然消退，甚至瑟缩一隅了。

要克服这种棘手情形，自有妙法。

首先，请你认定可与自己站在同一阵线的人：秘书？上司？搭档？如果一旦发现自己语塞，可请这些人接着替你发言。

其次，是争取主动地位，如果讨论气氛不愉快，或者你相信自己快要控制不住自己，可以向主持者提出："王先生，既然我们意见不一致，大家暂时又没有中肯的意见，不如改天再开会讨论吧。"让自己有更多时间去"充气"、"充电"，是最聪明的做法。无论你是否被围攻，一定要小心言辞，切勿用道歉的语气说话。

为了增进信心，请用笔记录下讨论时你想到的办法，待有发言机会就一一讲出，甚至你可写些鼓励性话语在旁，或许会有意外的效果。

你是否常常在会议进行时，感到不能好好控制自己的情绪？或者是不够冷静呢？那是你缺乏自信心的表现，要设法改善。会议前，先估计一下有哪些问题困扰你，列一张清单，逐点想出一个正面解决办法来。

平日多做开会的练习，例如请一位朋友与你对讲，由他扮演负方，对你诸多刁难，着重于资讯和意见的查询，而你就设法用最直接的方法交出最佳的答案。

或者具体点来说，你正在准备一份与财政预算有关的工作，千万别说："我从未主持过一桩超过50万元的计划。"应该说："过去我曾做过共4个50万元的计划，全部都在预算之下完成任务。我想，我对财政预算有很好的控制能力。"

当处理一些私人事务时，请弄清楚你要处理的问题，别让熟悉你的人，利用你的私人事件恐吓或击倒你。

当你的声音放软，双肩颓然下坠，或双眼顾盼左右，请注意你正在谈论些什么话题，以后就针对这些话题多做练习，以便今后控制自己。

花了不短的日子，费了无尽心血写成的计划书，老板只看了一个下午就复示：不接受。教你的一颗心直往下沉，甚至连工作也提不起劲来。

有些人对自己信心十足，所做的事一旦不被接受，就十万个不服气，找出一大堆保护自己的借口来，什么被排挤，老板必已有内定人选……诸如此类。

成功人士都不会胡乱推卸责任，所谓知己知彼，对自己的实力必须有明确的认识，才能武装好出征去。从失败中学习，是很必要的。

重新翻阅计划书，把问题逐点勾出来。

计划是否够全面？细节是否够详尽？实际的数据是否具有说服力？采取策略够实际吗？除了计划书的本身，其他方面，如呈示的方式、同事间的关注程度、公司的发展现况等，都是影响结果的因素，务请多加留意。

让自己站在老板的位置来看看整件事，或许你会有新的体会。

加一点智慧的料，让工作的汤鲜起来

如果职场是一场美食擂台赛，你这个大厨是否有信心将自己的工作调制成鲜美可口的佳肴？

既然要打擂，就一定要有绝招才能立于不败之地。面对你的老总和客户，也就是你的工作评委，你用什么来吊起他们的胃口呢？

对于工作，最好的调料莫过于智慧。它会使你的工作立刻可口起来。

有一位来参加白领培训的女老总，曾经非常感慨地说：

“我很幸运，有一位非常有智慧的员工。那次如果没有她，我的店很可能早就关张了。”

原来，女老总开着一家糕点店，这个行业，竞争本来就十分激烈，加上女老总当初在选择店址上有些小小的失误，开在了一个相对偏僻的胡同里，因此，自从蛋糕房开张后，生意一直冷冷清清，不到半年，就支撑不下去了。面对收支严重失衡的状况，女老总无奈地想结束生意。这时，店里负责卖糕点的一个女员工给女老总提了一个建议。

原来，这个员工在卖蛋糕的时候曾经碰到过一个女客人，想给男朋友买一个生日蛋糕。当这个员工问她想在蛋糕上写些什么字的时候，女客人嗫嚅了半天才不好意思地说：

“我想写上‘亲爱的，我爱你’。”

员工一下子明白了女客人的心思，原来她想写一些很亲热的话，又不好意思让旁人知道。有这种想法的客人肯定不止一人，现在，各个蛋糕店的祝福词都是千篇一律的“生日快乐”、“幸福平安”之类，为何不尝试用点特别的祝福语？

于是，这个员工送走女客人后，就向老总建议：

“我们店里糕点师用来在蛋糕上写字的专用工具，可不可以多进一些呢？只要顾客来买蛋糕，就赠送一支，这样客人就可以自己在蛋糕上写一些祝福语，即使是隐私的也不怕被人听到了。”

一开始，女老总并没有将这个创意太当回事，只是抱着试试看的心态同意了，并做了一些简单的宣传。没想到，在接下来的一个星期中，顾客比平时增了两倍，每个客人都是冲着那支可以在蛋糕上写字的笔来的。

那位女老总说：

“从那以后，我的生意简直可以用奇迹来形容。我本来都做好关张的心理准备了，没想到我的店员帮了我大忙，现在，她成了我的左膀右臂，好主意层出不穷，我都觉得我离不开她了。”

一个小小的创意，不仅成就了老总，更成就了自己。

美国第一颗人造卫星准备发射前，有一位公司的老总给有关部门去了封信，想在卫星外面做公司的宣传广告。有关人员听了后，一致认为他有神经病，根本不予理睬。

可是这位老总却很认真地一次一次给有关部门写信，非要做成这个广告不可。后来，这件事情被传开了，所有人都觉得很新鲜，在卫星上做广告，谁能看得见呢？一个谁也看不见的广告有什么意义？难道是做给外星人看的吗？

直至卫星真的发射成功了，这位老总的要求也没有被批准，但却被媒体炒得沸沸扬扬。短短的时间内，这位老总和他的公司在美国家喻户晓，知名度大大提高，公司产品的销量也节节攀升。

后来记者在采访这位老总时问道：

“您怎么会想到在卫星上做广告呢？”这位老总笑笑说：“当时我的公司刚刚起步，根本没有足够的资金去做广告。为了达到宣传目的，我只能找一个根本不可行的办法，一分钱没花，却比花了钱的广告效果还要好上千倍。”

心理学家的研究结果表明，人们所使用的能力，只有人们所具备能力的2%～5%。不断挖掘你的智慧，将这些可贵的资源应用在工作里，一旦遇到问题，你就能化缺点为优点，化弊端为有利，化腐朽为神奇。

善于思考、仔细琢磨才容易干出成绩

在绝大多数情况下，人与人之间的资质是差不多的。聪明的人常常只是在工作中采取了正确策略的人——他们善于思考，仔细琢磨之后，才会采取正确的行动。

创建英国路透社而闻名世界的报业大王路透曾说过：“只有看到别人看不见的东西的人，才能做到别人做不到的事情。”

路透的父亲是一个牧师。同别的牧师家的孩子一样，路透从小就过着家规森严的生活，但他丝毫没有继承父业、长大当牧师的念头，也没有增长学识的兴趣，却有志于经商。父亲去世后，他就下决心中止学业，离开英国而去经商立业。在德国哥廷根有路透的一个表哥开的银行，他想求得表哥的帮助。

路透不甘心整天无所事事地待在表哥的银行里消磨时光，总想找点事干干。于是，他当过推销员，也做过沿街叫卖的小贩，这为他积累了丰富的经商经验。

一个偶然的机会，路透对银行的汇兑业务产生了浓厚的兴趣。当他在表哥的银行里做汇兑业务的工作时，经常冥思苦想一个问题——怎样才能更快地了解各国外汇行情的状况。

一次，路透去了大数学家高斯的家里，他发现了高斯在汇兑行情的计算上出了一个大错，并指了出来。这位大数学家不仅坦率地承认了自己的错误，并且称赞了路透的非凡才能，这件事成了他们后来频繁往来的基础。

当时，高斯正埋头于一种划时代的通信工具——电报机的研制工作，这对一心想要尽快了解外国汇兑行情的路透来说，无疑是个求之不得的好消息，尽管他们二人对电报机持有迥然不同的想法：前者热心于发明创造，后者则侧重于实际价值。路透参加了高斯的电报机实验，他细致而又耐心地观察着试验的进展情况，心里却琢磨着：如果能用这套设备传送消息，便会产生情报革命，其成果也有可能为一种新型的电讯活动服务。

路透从高斯博士那里受益匪浅，他了解了许多关于电报机的实用化及与此相适应的技术等方面的问题。于是他怀着闯天下的雄心，去了德国首都柏林。

在柏林待了8年后，他又只身去了法国巴黎。不久，由于他能熟练使用英、法、德三种语言，被巴黎最大的哈瓦斯通讯社的老板聘为翻译。

正式工作之后，路透对哈瓦斯通讯社庞大的通信网惊叹不已。这家通讯社每天都能收到欧洲各地的主要报纸，从所有报纸中挑选有价值的文章并译成法文，作为通讯社的新闻稿，不仅分送给巴黎的顾客，还向国外的订户提供，甚至连俄国也购买哈瓦斯社的稿件。

路透努力工作，很快就熟悉了业务。几个月后，他主动提出了辞呈。既然译成法文的新闻在政界和财界很受欢迎，为什么自己不能单独经营呢？次年春，路透也搞了一个通讯社，和自己的“老板”哈瓦斯展开了竞争。这个做法也许让大多数人接受不了，但对于路透来说，这并不算什么违背道德的行为。关键是他的通讯社知识刚学了大半，且以他的微薄资本敢跳出来挑战，获胜的可能性有多大？

路透没想那么多，满怀信心地干了起来。他的起居室变成了编辑部和印刷厂，社长、总编、发稿主任、翻译、印刷工人、通讯员和收发员，全由路透一人兼任。

最后，路透获得了成功，他的通讯社一度是称雄全球新闻界的大哥大。但是，当初如果不是他善于思考、仔细琢磨，路透也许就只能终生平庸地做个街头小商贩了。

第十二章 人生能有几回搏——拼搏要高调

人生最大的失败就是害怕失败

人大脑里的某一图像会像实际情况那样刺激人的神经系统。比如，一个人打篮球在投篮时一再地告诉自己“不可以投偏”时，他的大脑里往往也会出现他所想的情景，这一情景并不是他想要的，而是他害怕看到的。害怕失败就是最大的失败。

1. 拒绝失败，无异于拒绝成长

心理学上有一种“瓦伦达心态”。这个理论来源于一个真实的故事。

瓦伦达是一个很有名的钢索表演家，他以精彩而完美的高超演技而闻名。在他的表演中从未出现过意外，因此，演技团决定派他去一个很重要的宴会献技。瓦伦达深知这次表演的重要性：全场都是上流社会的知名人物，这一次表演一旦成功不仅能为自己奠定在演技界的位置，还能为演技团带有很大的效益。因此，他在表演的前一天就开始反复想着每个细节和每个动作怎么做。

演出开始了，他这一次没有用保险绳。因为他在多年的演出中从未出过意外，他有信心自己不会出错。但是，意料之外的事还是发生了，当他走到钢索中间，才做了两个难度并不算大的动作之后，竟然从10米高的空中摔了下来，性命不保。

事情发生后，他的妻子说：“我知道这次表演一定会出事，他在演出前就不断地说，‘这次很重要，不能失败’。以前每次成功的演出，他都只是想着走好钢丝，不会去管这件事可能会带来的一切。”

瓦伦达太专注于这件事情的结果，他想成功，便也开始患得患失。如果他不去想走钢丝之外的事情，以他的技能和经验是绝对不会出事的。心理学家把这种为了达到某一种目的而产生的患得患失心态命名为“瓦伦达心态”。

一个人在做事情时，不必考虑太多事情之外的因素。不要多想，立刻去做，没有了成败的忧虑，人就会变得放松，因为害怕失败本身就是一种失败。

每个人在成长的过程中都有过无数次的失败，于是，失败的恐惧感便时常伴随着你。这种感觉来自以往的被嘲笑、遭受挫折的记忆，从而造成了内心的胆怯心理，产生消极的想象力和预期的失败感。当一个人在作出一个新的决定时，其恐惧心理常常会想到曾经受过的失败的景象，于是就会忧虑退缩，裹足不前。若是有害怕失败的心理，就要学会自己去调节，把成败得失的心态放平，过程才是最重要的。

你无从逃脱，就是在那些轻的重的、悲的喜的经历中，你才能成为你，你才能确定你，你才能拥有你。害怕失败就是害怕生活，拒绝受伤就是拒绝成长。

2. 每双脚，都该踩过凌乱的舞步

2 300 多年前，柏拉图的弟子为找不着对象而苦恼，他就问他的老师：怎样才能找到这个世界上最好的姑娘？柏拉图说，沿着麦田一直走下去，去找其中最大的一粒麦穗。弟子去了，但当他每拾到一粒大的，就会被他认为的更大的麦穗所代替，一直到整片麦田走完了，他才发现自己手里的那料麦穗，竟还没有最初的那粒大……

或许有人会觉得他很好笑，但他却是幸运的，因为他至少走过麦田，寻过麦穗。人生的现实也在于此：唯有那些行动过的，行动着的人，才更有资格作出理智的选择和正确的判断。这个很老的故事告诉人们：找过未必能找得到，更何况不去找？有时候一个人耗费很多的时间和精力都不一定能找得到自己想要的东西，如果你动也不动，不去努力，那只能是失败中的失败，至少找过的人还能看看路边的风景。

世上有捷径可以走吗？千万人有过的苦恼你必经历，再痛苦的感觉只有你尝过才知道是什么滋味……生命中的一切像是场圆舞，你必须亲自尝试过，才能找到自己，以至找到自己的命运。

一凡很厌恶竞争，甚至是害怕竞争。每次公司开会时，即便是他有好的想法想表达出来，但在看到其他同事表达自己的想法后，

他就会沉默不语。他总觉得自己如果再去说，好像是在跟某些人争宠似的。

公司有工作竞争，优胜者有奖品。一凡自认为自己肯定比别人做得好，但他却从不想去争，他给自己的理由是：不去跟那些人争，挺无聊的，自己知道比他们强就行了。久而久之，一凡就形成了一个习惯：如果不能保证自己一定能胜利，那就不去争。这样也不会让自己失望。而事实上，一凡的工作能力的确很强，但上司却一直不赏识他。一方面是因为上司没看到他表现自己，另一方面也认为他做事不主动，是个游离于边缘的人。至此，一凡便有了怀才不遇的苦恼。

害怕竞争是一种普遍现象。无论是升学、就业、加薪、升职，甚至找对象，每一个环节都缺少不了竞争。能力虽强但不懂得找机会表现，那就等于没有能力。逃避竞争，也是一种害怕失败的表现。

害怕竞争的人不愿表现自己，事实上还是他对自己没有足够的信心。他怕最后得不到自己想要的结果，尝受失败的滋味。一味地想如果失败了怎么办，这是种消极心态。要想将其转变为积极心态也不是件难事，要完成这个转变，就必须先认识在心中经常出没的那些恐惧的思想。例如生活中有一些人会被竞赛所吓倒，往往是将竞赛的处境加以误解，当做是对自己不利的事情。

事实上，事情本身是没有意义的，所有的意义都是人加上去的。人可以对事情的结果加上消极的意义，也可以加上积极的意义。两者都是自己对事物心态的不同解释，但积极的心态更有利于成功。要善于从一个事情中，找出对自己有利的意义，把事情的价值观改变，这一事情就会被赋予积极意义，自然也就更容易走向成功。

手持一把战胜厄运的利剑

一个成功的人一生中或多或少总要碰到两件事：经历逆境和遭受失败。对那些害怕打击的人来说，经历逆境和遭受失败是人生最痛苦的事，但对那些敢于面对现实，试图重新崛起的人来说，经历逆境和遭受失败恰好是人生的必修课，可以从中及时挖掘成功的“金种子”——制胜的经验。

马歇尔·菲尔德的零售店在一场芝加哥大火中烧毁了，所有的家产几乎付诸一炬。他指着燃烧中的灰烬说：“我要在这个地方，开一家全世界最大的零售商店。”他做到了，在芝加哥的史岱特街及鲁道夫大道的交会处，你可以看到马歇尔·菲尔德的公司巍然矗立着。每一次的逆境中都隐藏着成功的契机，就像一颗种子，需要勇气、信心及创造力，才能发现它，并且使它萌芽、茁壮之后开花结果。

麦克·班尼顿在36岁时，是全世界最伟大的油井大王，个人的财富高达数亿美元。问他成功的秘诀，麦克·班尼顿会告诉你：“我只知道在遇到困难时要继续努力。”他在第一次投资时，接受某些不当的建议，几乎赔光所有的钱。班尼顿得到教训，在作重要的决策时，要靠自己的判断，从此反败为胜。后来他“继续努力”开采出的油井，到现在依然取之不竭。

开采菲律宾的油矿失败时，他再度遭到打击。但是他并不在意，他说：“我只是暂时出局。你不可能随处都找得到石油，否则，就不必勘探了。”

社会上有很多克服逆境而名利双收的例子。肉体的疾病及残障也不能阻碍他们的成功，如罗斯福、海伦·凯勒及爱迪生都是最好的证明。

西维吉尼亚州的理查·戴维斯就是从失败中学习的例子。他为了煤矿事业奋斗一生，却在经济大恐慌中失去一切。他不愿意宣告破产，因为信誉是他最大的资产；最后他终于克服逆境的挑战，还清了沉重的债务。

戴维斯成为戴维斯—威尔森煤矿公司的总裁，他不但拥有巨额的财富，同时也因为争取国际和平不遗余力，而受到世人的赞许。

这里要一再强调你对于失败所抱持的心态，你是否能够掌握它具有决定性的影响，你可以把它看成一种“失”，但你也可以把它看成是一次“得”的机会。

在莎士比亚的剧中，凶手布鲁特斯的一段台词正好表现出以消极心态面对失败的情形：

在人类的世界里有一股海潮，
当涨潮时便引领我们获得幸福；

不幸的是，他们的一生都在阴影和痛苦中航行。

我们现在就正漂浮在这股海潮上：

当它对我们有利时，就应该充分把握机会，

否则的话，必将在危险的航行中失败。

这是一位被判处死刑的人所说的话，他根本不了解引领人获得幸福的机会，或海潮绝不只有一个而已。

要取得成功的积极心态和上面的情形完全不同，马伦在他的一篇名为《机会》的诗中就写道：

当我一度敲门而发现你不在家时，

他们都说我没希望了，但是他们错了；

因为我每天都站在你家门口，

叫你起床并且争取我希望得到的。

我哭不是因为失去了宝贵的机会，

我流泪不是因为精华岁月已成云烟，

每天晚上我都烧毁当天的记录，

当太阳升起时又再度充满了精神。

像个小孩似的嘲笑已顺利完成的光彩，

对消失的欢乐不闻不问，

我的思考力不再让逝去的岁月重回眼前，

但却尽情地迎向未来。

如果你发现在每一次失败中都有等值利益的种子时，你就会接受马伦关于失败的观点。记住："当太阳下山时，每个灵魂都会再度诞生。"而再度诞生就是你把失败抛到脑后的机会。恐惧、自我设限以及接受失败，最后只会像莎士比亚所说的使你"困在沙洲和痛苦之中"，但是你可借着信心、积极心态和明确目标来克服这些弱点。如果你把失败看成是激发你以新的信心和坚毅精神重新出发的契机，那成功只不过是时间上的问题罢了，而能否做到这一点的关键，就是你的积极心态。记住，积极心态会带给你成功。当你在和失败战斗时，就是你最需要由弱而强的积极心态的时候。当你处于逆境时，你必须花数倍的心力，去建立和维持自己由弱而强的积极心态。同时也应运用你对自己的信心以及你的明确目标，将由弱而强的积极心态化为具体行动。这是从逆境和失败中所学得的最基本课程。幸运经常戴着伪装的面具。每一次的逆境、失败及不愉快的经验，都隐藏着成功的契机。大自然利用失败及打击，让人们懂得谦卑，并且领悟生命的真理与智慧。

有一位智者曾经说过：你不可能遇到一个从来没有遭受到失败或打击的人。他也同样发现，人们的成就高低，和他们遭遇逆境、克服失败和打击的程度成正比。人生有两项重要的事实是非常明显的：第一，每个人都会遇到逆境。第二，失败中总有成功的契机，但是你必须自己去发掘。从这两项事实中，不难看出造物者要人们由奋斗中获得力量，领会由弱而强的真义——逆境及失败使人们累积智慧、努力不懈，是一个人由弱而强的“金种子”。

人们处于逆境和失败的痛苦之中，很难看出成功的契机。但时间是最好的治疗师，只要你具有信心，并且努力追求，最后一定会踏上由弱而强之路。

敢于和强手过招

你在渴望成功的过程中，绝不能挑软柿子捏，要找高手过招，要比拼真正的实力。你要把你的能量发挥出来。人生犹如一段“长跑”，跟住某一个人，把他当成你追赶并超越的目标！

想想田径场上的长跑比赛，你就可以悟出一些做事的道理。比赛开始，众人齐发，难分先后，但到了中途，选手们都会跟上某位对手，然后在恰当的时机突然加速超越，然后再跟住另一位对手，再在恰当的时机超越他！一直冲至终点。

长跑，尤其马拉松比赛，是一种体力与意志的比赛，而意志力尤其胜过体力，有人就因为意志力不足，体力本来还够时就退出了比赛；也有人本来领先，但却在不知不觉中慢了下来，被后面的选手赶上。跟住某位对手就是为了避免这种情形的发生，并且利用对手来激励自己：别慢了下来！也提醒自己：别冲得太快，以免力气过早耗尽！另外也有解除孤单的作用。你如果观察马拉松比赛，便可发现这种情形：先是形成一个个小集团，然后再分散成二人或三人的小组，过了中点后，才慢慢出现领先的个人！

其实，人生不就是一段“长跑”吗？既然如此，那何不学习一下长跑选手的做法，跟住某一个人，把他当成你追赶并超越的目标！不过，你要找的“对手”应是有一定条件的，而不能胡乱去找。

你应以周围的同事或同学为目标，当然，你要找的目标一定要在所取得的成就或能力方面都比你强。换句话说，他要“跑”在你前面，但也不能跑得太远，因为太远了你不一定追得上，就算能追上，也要花很长的时间和很多的力气，这会让你跑得很辛苦，而且挫折太多。

“对手”找到之后，你要进行综合分析，看他的本事到底在哪里？他的成就是怎么得来的？平常他做事的方法，包括对他的人际关系的建立、个人能力的提高等，都要有所了解。研究之后你可以学习他的方法，也可以通过自己的方法下工夫，相信很快就会取得成效——慢慢地你就和他并驾齐驱，然后超越他！等超越现在的“对手”后，你可以再跟住另一个“对手”，并且再超越他！如此不断，你一定能领先他人。即使拿不到冠军，也不至于被很多人甩下。

不过你得注意一个事实，在长跑队伍里，跟住一个对手并不一定就可以超越他，可能你跟上了他，他发现后几大步就把你甩在后头了！做事也是如此，好不容易接近对手，他又把你抛在后面了。当你处于这种情形时一定不要灰心，因为这种事难免会碰到，碰到这种情形，如果能跟上去，当然是要跟上去，如果跟不上去，那实在是个人的条件问题，勉强跟上去，只会提早耗尽体力。那么这样不是白跟了吗？不！因为你“跟住”对手的决心和努力，已经让你在这“跟”的过程中激发出了潜能和热力，比无对手可跟的时候进步得更多、更快！而经过这一段“跟”的过程，你的意志受到了磨炼，也验证了自己的成绩和实力，这将是你一辈子受用的本钱！

当然也有可能你找到了对手，但就是一直跟不上去，甚至还被后面的人一个个超越过去，这实在令人难堪。碰到这种情形，还是要发挥比赛的精神，跑完比赛比名次更重要。人生也是如此，你努力的过程比结果更重要，只要自己真正尽力就行了。就怕半途退出，失去奋勇向前的意志，这才是人生最悲哀的一件事！

强者创造机会

有一位名叫维西亚的美国女孩，她的父亲是华盛顿有名的银行家，母亲在一家声誉很高的大学担任教授。她的家庭对她有很大的帮助和支持，她完全有机会实现自己的理想。她从念中学的时候起，就一直梦寐以求地想当一名演员。她觉得自己具有这方面的才干，因为每当她和别人相处时，即使是生人也都愿意亲近她并和她长谈。她的朋友们称她是他们的“亲密的随身精神医生”。她自己常说：“只要有人愿给我一次上电视的机会，我相信一定能成功。”

但是，她为达到这个理想而做了些什么呢？其实什么也没有！她在等待奇迹出现，希望一下子就当上一名演员。

维西亚不切实际地期待着，结果什么奇迹也没有出现。

机会要靠自己创造，谁也不会主动上门请一个毫无经验的人去担任一名演员。而且电视剧的导演也没有兴趣跑到外面去搜寻天才，都是别人去找他们。

另一个名叫麦迪亚的女孩却实现了维西亚的理想，成了著名的演员。麦迪亚之所以会成功，就是因为她知道：“机遇要靠自己去争取。”一切成功都要靠自己努力去争取。她不像维西亚那样有可靠的经济来源，也没有坐等机会出现。她白天去做工，晚上在大学的舞台艺术系上夜校。毕业之后，她开始谋职，跑遍了加利福尼亚每一家电影公司和电视剧创作中心。但是，每个地方的经理对她的答复都差不多：“不是已经有几年经验的人，我们不会雇用的。”

然而，麦迪亚不愿意退缩，也没有等待机会，而是走出去寻找机会。她一连几个月仔细阅读有关演艺界的杂志，最后终于看到一则招聘广告：阿肯色州有一家不出名的电视剧组招聘一名化妆人员。

麦迪亚是加州人，不喜欢北方。但是，有没有阳光，是不是下雨都没有关系，她希望找到一份和演员有关的职业，干什么都行！她抓住这个工作机会，动身到阿肯色州。

麦迪亚在那里工作了两年，最后在洛杉矶的一家电影公司找到了一个工作。又过了5年，她的演技水平越来越高，进入了好莱坞，成了一名大牌明星。

为什么维西亚失败了，而麦迪亚却如愿以偿呢？

因为维西亚在10年当中，一直停留在幻想上，坐等机会；而麦迪亚则是采取行动，去创造机会，最后，终于实现了理想。

人生中的机遇是值得人类永远思考和探索的一个主题，同样怎样去运用机遇也是非常重要的，因为人生的得与失，常常就在于机遇的得与失。没有机遇，主动去寻找，积极去创造，机遇之神就会降临在你身上；有了机遇，采取积极的行动，抓住它，并果断地出击、运用它，你的命运就会因此而发生改变；相反，坐等机会、忽略机会、远离机会，一生就可能陷在平庸之中。

1973年，肯尼迪高中毕业（这是他仅有的学历），他想找份工作，并打算从“专业销售”开始。他梦想拥有公司配的又新又好的汽车，一份薪水，外加佣金和奖金，每天西装革履地上班，还有销魂的出差机会。

肯尼迪偶然发现了一则招聘广告：一家出版公司的全国销售经理要在本城待两天，只为了招聘一位负责5个州内各书店、百货公司和零售商的业务代表。肯尼迪梦想在将来成为作家或出版家，所以“出版”二字对他来说是有吸引力的。广告又说，起初月薪1 600美元到2 000美元，外加佣金、奖金、公务费和公司配车。这正是他梦寐以求的工作。

不幸的是，肯尼迪不是他们的理想人选。他去面试时，那位全国业务经理很客气地向他解释，他不是他们要找的人。第一，肯尼迪太年轻；第二，他没有工作经验；第三，他没念过大学。这份工作显然是为年龄在35岁到40岁之间、大学毕业，并具有相当丰富经验的人准备的，刚出校园的毛头小伙显然不如该公司已有的几位应聘者。肯尼迪竭力毛遂自荐，但招聘者态度坚决——他就是不够格。

这时，肯尼迪亮出了绝招。他说：“瞧，你们这个地区缺商务代表已达6个月了，再缺3个月也不至于要命吧。看看我的主意：让我做3个月，公司只负担公务费，我不要工资，还开我自己的车。如果我向你证明胜任这份工作，你再以半薪雇我3个月，不过我要全额佣金和奖金，还得给我配车。如果这3个月我仍胜任这份工作，你就用正常条件录用我。”

这样，肯尼迪被录用了。在很短的时间里，他重组了销售流程，创下3项纪录：短期内在困难重重的地区扭转乾坤；3个月内，让更多新客户的产品摆满他们的整个摊位；争取到新的非书店连锁的大公司等。

3个月以后，肯尼迪有了公司配车、全额工资、全额佣金和奖金。

机会偏爱有心人，它只留意那些有准备的头脑，只垂青那些懂得追求它的人，只喜欢有理想的实干家。倘若饱食终日，无所用心，或一处逆境就悲观失望，灰心丧气，那么，机会是不会自动来拜访的。“自古英才多磨难，纨绔子弟少伟男。”“美辰良机等不来，艰苦奋斗人胜天。”这些诗句正表明了把握机会，寻求机会对人生是多么重要。

机会，寻可得，坐可失。你要想得到它，必须积极地寻找机会，敏锐地识别机会，果断地抓住机会，准确地利用机会。而绝不能只把希望寄托在那些偶然事件上，抱着守株待兔的侥幸心理去消极地等待机会，那些在进退之间不能把握时机者，必将一事无成、遗憾终生。

成功从早起开始

富兰克林博士曾写过一篇幽默的小品文，是关于赖床的，说的是他在巴黎向人们不辞辛苦地讲述城市生活的奢侈与懒散。在文章中，他讲道，太阳一出来便有了光亮，有的人休息够了，便起床开始干一些活计；但也有一些人却继续呼呼大睡，把早晨的大好时光白白地浪费在床上。

在现实生活中，又有多少人像这些慵懒的巴黎人一样，将昏睡或半睡半醒的时间给白白耗费掉了呢？

实际上，在一天的时间中，早上的时光是最适于干活的。起床后，大脑发射出来的脑波就是“阿尔法波”，也是直接反应力最敏锐的时候，以人体的机能来说，和太阳一起早起比日上三竿要合乎自然法则，不管早上的空气是否更有利于健康，但至少可以说早上的空气足够清新。更为重要的是，早起是你一天新生活的开始。

有效利用时间的第一步，就是从利用早晨的时间开始，据研究指出，大脑活动最活泼的时候，就是在起床后的几个小时内。人们大概都有亲身的体验，早上起床后精力比较旺盛，背起书来也特别快，头脑特别清晰，所以中国有一句话“一日之计在于晨”。成功，就是从早起开始的。

谁能够起得早并做好一天的工作计划，而且及早按自己制订的计划行事，那么他一整天的工作都会顺利。因为他抓住了时间的缰绳，也一定会跑在时间的前面，驾驭自己的工作。他们一整天都会是生机勃勃的，干劲十足的，他们的工作更会顺水又顺风。看看凯丽·莫里斯小姐的5点钟俱乐部吧。

凯丽·莫里斯小姐是5点钟俱乐部的成员。所谓5点钟俱乐部就是每天早上5点钟起床。

凯丽说：“我平时只要睡5个小时就够了，早5点或5点30分起床，以便更好地利用时间，当然我不喜欢做时间的奴隶。”

凯丽所在的公司许多职员已经做了母亲。煮早餐、准备午饭、送孩子上学是她们每天的例行公事。这么多的琐事，她们如何应付呢？凯丽说：“我们都已加入5点钟俱乐部了。在太阳升起前起床是件很难的事，但益处多多。那个时间段，没有任何干扰，气氛祥和、宁静，你会感到一种幸福感，你会努力去做你应该做的事。”

每天早起的人，每天都能快乐、充实地面对人生。他们能有效地运用时间，可以集中自己所有的力量，去对付工作中的问题，而且总是比别人抢先一步占有先机。

赫尔曼·舒尔梅——前美国参议员是美国过去几十年中最有权势、最著名的参议员之一。尼克松从他秘书那里得知，早5点后他就可以接电话，很早就开始一天的工作了。但尼克松还是没好意思在清晨5点给他打电话。7点钟给他打了电话，对他说很抱歉这么早打扰他，舒尔梅神清气爽地说没什么，在此以前，他已经工作好几个小时了。并且说，在法学院读书时，他一般都是第一个到图书馆的，所以每次他都能读到难以借阅的书。

早上想多睡一会儿，赖一下床是人之常情，特别在冬天更是如此。其实很多人都有过“再躺5分钟，只躺5分钟就起床”，结果又在床上赖了半个小时之经验，要抵抗温暖被窝的诱惑，是需要相当坚强的意志力才能办到的。成功学大师卡耐基先生对早上睡懒觉的行为深恶痛绝，他曾说过：在所有浪费时间的行为中，再也没有比那些早上待在床上发呆的人更愚蠢的了。

现在来为每天6点起床的人和每天7点起床的人算一笔账吧。

按照卡耐基时代的价值来算，一个人每天浪费一小时，每小时按10美分计算，每个人一年，当然要除去节假日、休息日，大约300个工作日就会损失30美元，50年就会损失1 500美元。这个数目在当时已经可以在美国西部购买一个农场了。即使你不知道时间等于金钱，你也应该明白这个道理。但这还远远不够！因为多睡这一小时，在精神和智力及人际关系等都是不可用金钱来衡量的。

而且，这只是按每天多睡一小时来计算的，如果再多睡两个小时呢，损失会怎么样呢？你是不是感到震惊呢？你是不是已经浪费了太多的时间呢？法国历史上最伟大的人物拿破仑，建立了历史上伟大的法兰西帝国，他劳神费力的程度可以说没几个人能比得了，可他每天只睡4个小时。有人曾做过一个统计，每100个成功人士中，就会有那些每天6点以前起床的人。他们的成功，就得益于他们的早起，得益于他们的奋斗不息。

其实，想要早起很简单，你只要采取一定的措施，开始必要的行动就可以啦！步骤很简单，只要精神上有点勇气就行。要想抵抗温暖被窝的诱惑，是需要相当坚强的意志力才能办到的。所以，有决心和毅力是十分重要的。

让昏昏沉睡的灵魂赶快醒来吧！改掉自己晚起的习惯吧！希望你每天6点钟以前就能开始一天的工作。

要有点冒险的精神

要想取得成功，你一方面要通过学习和实践不断增加知识，另一方面还要具有冒险的精神。每一个成功者都是一个冒险者，为了达到自己的目标，他们勇于冒一定的风险。在人类社会中，从茹毛饮血、钻木取火到今天的无线通信、飞船上天，人类的每一次发现、创造和社会变革，都始于冒险。

美国人哈默 18 岁接管父亲的制药厂，22 岁就成为全球瞩目的大亨，其成功的奥秘之一就是具有足够的冒险精神。

俄国十月革命后，刚刚建立的苏联百废待兴、物品奇缺。由于连年灾害，收成锐减，粮食成了当时苏联最为缺乏的物资。

此时的哈默刚刚接手父亲的制药厂，初出茅庐。他听说列宁实行新经济政策，鼓励外商投资，而当时西方世界对这个红色国家充满恐惧，没有人敢于问津。哈默感到这是一个千载难逢的大好机会，虽然风险很大，他也想冒险试试。他先和列宁做粮食生意，觉得列宁挺好，双方各取所需，哈默赚了一笔。

后来，哈默又果断在苏联投资办企业，受到列宁的称赞与支持。他的企业成了美国商品进入苏联的桥头堡，自己在经济上也大获成功。

哈默一生的商业成就为人称赞，而他在苏联的冒险成功尤其值得称道。美国商业巨子甘布士也是凭着冒险的精神起家的。良好的判断力和敢作敢为的冒险精神的完美结合，是甘布士取得惊人成功的重要因素。

约翰·甘布士最初是一家纺织厂的小技师。当时，他所在的地区发生了经济危机，不少工厂和商店纷纷倒闭，被迫贱价抛售自己堆积如山的存货，价钱低到 1 美元可以买到 100 双袜子。甘布士马上把自己积蓄的钱用于收购低价货物。人们见到这股傻劲，都嘲笑他是个蠢材！甘布士对别人的嘲笑漠然置之，依旧收购工厂和商店抛售的货物，并租了很大的货仓来储货。妻子劝他不要再冒险，否则将血本无归。十多天后，贱价抛售也找不到买主了，货主便把所有存货用车运走烧掉了事。此时，甘布士真是内外交困，但他依然不为所动。

终于，美国政府采取了紧急行动，稳定物价，并且大力支持厂商复业。

这时，该地区因焚烧的货物过多，存货奇缺，物价一天天飞涨。

甘布士马上决定把自己库存的大量货物抛售出去。在他决定抛售货物时，妻子又劝他暂时不忙把货物出售，因为物价还在一天一天飞涨。他平静地说："是抛售的时候了，再拖延一段时间，就会后悔莫及。"

果然，甘布士的存货刚刚售完，物价便跌了下来。后来，甘布士用这笔赚来的钱，开设了五家百货商店，业务由此发达，甘布士最终成为了全美举足轻重的商业巨子。

人是需要一点冒险精神的，这里的冒险，不是鲁莽，不是冲动，而是理智地去行动。做一件事，没有冒险精神，蹑手蹑脚不敢前进，是不会成功的。只有敢于冒险，才会有更多的成功机会。一个人在自己所从事的行业里，如果不能有独立的思想、独到的见解、果断的行动，那他就不可能有出头的时候。

日本东京有家大都不动产公司，公司创业者渡边正雄45岁那年才创立了这家公司，而公司的大规模发展，则是源于渡边的一次冒险。

大都不动产公司创立时仅有20平方米的平房，规模小得不能再小了。一天，有人向渡边推销土地。"那须（地名）有几百万平方米的高原，价钱非常便宜，每平方米只售60日元。"

这块山地曾向东京所有的地产商兜售过，但谁也不感兴趣，因为那里人迹罕至，没有道路，没有自来水，也没有电气等公共设施，不动产价值被认为等于零。可渡边有兴趣，因为他知道，那须与天皇御用地邻接，可能让人感觉到自己是与天皇在做邻居，能满足人的自尊心的需要；同时，城里已是人满为患，人们渴望回归大自然将是不可遏止的潮流。

渡边毫不犹豫拿出全部财产，又倾其全力大量借债，将这块土地全部买了下来。订约之后，同行们都嘲笑他是"一个无可救药的大傻瓜"。

渡边把土地细分为道路、公园、农园和建筑用地，并准备先建100户别墅和大型的出租民房。随后，渡边开始大做广告，出售别墅和农园用地。他的广告醒目、生动，充分抓住那须青山绿水、白云果树的特色，适应了都市人们厌恶噪声和污染、向往大自然的心理。

结果，订购踊跃之极。不到一年，几百万平方米的房地产就全部卖出，净赚了20多亿日元，而剩下的30多万平方米土地已增值了数倍。

事实上，如果渡边当时考虑过多，不敢冒风险，赚大钱的机会也就轮不到他了。渡边之所以成功，不是因为他有特别的手腕，只是因为他看到了机会，而且敢于冒险，抓住了这个机会。

香港商人陈玉书在他的自传《商旅生涯不是梦》里指出：致富的秘诀在于“大胆创新，眼光独到”。譬如说，地产市场我看好，别人看坏，事实证明是好，我能发大财；反之，我看好，别人看坏，事实证明是坏，我就要受大损失，甚至破产；如果大家都看好，我也看好，事实证明是对了，则也仅仅能糊口而已。

精明的人能谋算出冒险的系数有多大，同时，做好应付风险的准备，如此则可以胜算在握。当今世界一日千里、机变迭出，生意的成功，常常属于那些敢于抓住时机、适度冒险的人。有些人很聪明，对不测因素和风险看得太清楚了，不敢冒一点险，结果聪明反被聪明误，永远只能糊口而已。实际上，如果能从风险的转化和准备上进行谋划，则风险并不可怕。

如果你总是要等到事情十拿九稳的时候才去作决定，那么你就有可能永远停滞不前。事情做错总是难免的，聪明的人会时刻保持警惕，并且设法去预防它们的发生，但不会是裹足不前，他们会冒险地去试、去闯、去努力。正如一位著名商业巨子所说：“想要等到资本积累够了才去做生意的人，肯定是做不出什么大生意来的。”

成功之路就潜伏在现时、平常的生存方式之中，你只有具备探险的勇气才能发现它。在你的身上，本来具备着打破旧观念旧思想的巨大潜能，可是它被现实的平庸的作为掩盖着，只有具备冒险意识，无所畏惧，勇于探索和实践，你的潜能才可以发挥出来。

要冒险但不可蛮干

常言道，“不入虎穴，焉得虎子”，就是在告诉人们，做事要有一定的冒险精神。如若只是一味地墨守成规，在事业上，恐怕将很难有所突破。古往今来，成大事者，无一不具有冒险精神。

东汉名将班超，早年曾率兵出击北匈奴贵族，战功显赫，随即与从事郭恂一起被派遣出使西域。刚到鄯善国（楼兰国）时，鄯善国王还款待得十分周到，后来却忽然改变了态度。班超感到奇怪，猜想这一定是北匈奴派来了使臣从中作梗，鄯善王不知所从的缘故。于是班超唤来对方侍臣，诈他道："我听说北匈奴使臣已经来了好几天了，他们现在在哪里？"侍臣一听，十分惶恐，交代了一切。班超一听，果然不出他所料，便私自把随从来的官兵三十六人全部召到一起喝酒，趁大家酒劲正浓，激发道："现今大家和我一起都身在异国，本是想立大功，以求发达。可匈奴使臣来到这里没有几天，鄯善王就不把我们放在眼里了，说不定哪天他会把我们送给匈奴，那我们的身体骨肉可就要被豺狼吞吃了。大家说该怎么办？"部下们都说："在这危亡之地，生死都由司马您调遣！"于是，班超提议："不进老虎洞,就得不到老虎崽。眼下也只有趁夜火攻匈奴使臣大营，使他们不知我们究竟有多少人马，然后趁乱消灭他们。这下鄯善王就会吓破胆，我们的事才能成功。"大家提出：这事要不要跟从事郭恂商量一下。班超怕郭恂胆小坏事，一口否定。就这样，班超独自率领三十六人，一举拿下匈奴军营，鄯善国举国震惊。于是班超和他的部下们一起胜利完成了这次出使任务，与鄯善王和盟而还。

冒险精神，可以说是每一个成功人士所必备的一种精神内涵。因为冒险，生活才会更有激情，事业才能蒸蒸日上。

首先，对于一位成功的企业家来说，冒险精神具有一定的必要性。因为，在他们创业的道路上，充满了艰辛和变化，以及其他不确定的因素。这就意味着，每走一步，都存在着风险，成功与失败并存。但是真正的企业家，在面对风险时，表现出的是一种大无畏的精神，他们在新事物面前，敢为天下先。"不惧"给了他们良好的心态，以及广阔的空间。在此种情况下，他们才能更科学合理的处置风险，运筹帷幄之中，决胜于千里之外。

其次，冒险也分很多种，根据人们对待风险的态度，可以将其分为三类：保守型、中间型和激进型。通常，大多数人属于保守型。作为一个企业家，或多或少都具有一些激进的素质，同时兼容其他的优良品质。不过在实践中，冒险精神却表现出不同的类型，一是本性冒险型；二是认知冒险型。前者多出于天性，冒险精神与生俱来，他们认为有冒险才会有机会，才会有追逐的价值，冒险对于他们来说是一种乐趣，可以助其屹立于市场的潮头。而后者则是在后天的实践中培养起来的，这类人从白手起家，经过艰苦的创业，历经无数磨难，并认为惧怕风险、不敢冒险才是最大的风险，他们对冒险有着深刻的理性认识。

不过，物质决定意识，环境影响心态。无论你是多么出色的企业家，在其人生的不同阶段，所具有的冒险精神，都会有所不同和变化。在他们事业一帆风顺的时候，其冒险精神相对较弱。而在逆境与坎坷之中时，则会表现出强烈的冒险与坚忍不拔的精神。因此说，虽然你已经获得了成功，具备了冒险精神，仍要经常锤炼自己的冒险性格，以此来适应风云无常的市场。

最后，科学的冒险精神需要对风险进行管理上的完善。科学的冒险是建立在对事物的深刻认识之上，只有对风险有所了解、分析与研究，才能科学地处置风险，大胆决策，更能在实践中磨炼自己的品质。对于大部分的成功企业家来说，久经沙场的经历，令他们具备了科学的冒险精神。在面对竞争激烈与变幻莫测的市场时，他们需要对风险做出科学的管理，进一步完善和升华自己的冒险精神。

当然，作为科学的风险管理，第一，不要惧怕风险。从客观上认识到风险的存在，利用科学的方法解决问题，不可前怕狼，后怕虎，要认识到有些风险是必须要冒的。第二，要做到认识和了解风险。只有充分地认识到风险的存在，才不会在风险来临时，显得措手不及，惊慌失措。第三，对风险进行衡量与分析。唯有如此，方可从更深的层次确定风险的程度与发生的概率。第四，科学的处置风险，这是科学的冒险精神所必需的素质，方法主要有三种：回避、转移以及控制。

当然，冒险精神是一个成功者必备的精神素养之一。但若是过分地追求刺激、追求新鲜，或者只是为了冒险而冒险，那就不是冒险精神了，而是蛮干。

从塑胶厂起家，依靠房地产构建了一个庞大王国的李嘉诚曾经说过："没有一座高楼大厦不需要地基的支撑，没有一项成功不需要准备做基础。"这正是他半个世纪以来所有成功经验的精髓。可惜直到现在，还有很多人对此懵懂无知。

早在30多年以前，当时李嘉诚所投资建设的一处楼盘，即将破土动工。为了赶进度，李嘉诚将这个楼盘的东西两区，分别交给两个人负责完成。本来这两个区是准备同时动工的，但由于东区的建筑图纸有一点细微的瑕疵需要修改，只得让西区先开始。不知道东区负责人确实是为了工期着想，还是害怕因西区的负责人比自己早完成而丢面子，于是他就等不及图纸修改完毕，就急着要动手了。

在他下达命令以后，也有不少人表示了担忧，劝他拿到修改后的图纸再开始，其实最多也就是两天的时间。但这个负责人是一刻也不愿意再等了，他认为图纸的修改不会对挖地基有什么影响，只有这样做才能保证效率。可意想不到的是，两天以后，把图纸拿回来一看，才发现图纸上将原来停车位扩大的地方，现在已经被挖了一个深深的大洞。本来想抢时间的负责人，这下可慌了手脚，还要额外多付出人力物力，填补这个原本就不必挖的洞。

这种事情是瞒不住的，李嘉诚知道后，就毫不犹豫地开除了东区的负责人，他说道："毫无准备的蛮干还不如不干，任何企业都不会需要这样的人。"准备这两个字对李嘉诚来说，确实太深刻了，就像刻在他的心里一样。可以说，没有准备，就没有现在的李嘉诚。

李嘉诚之所以能够成功，就是因为他从不蛮干。就算是知道某些事情会有风险，他也会冒险去做，否则就不可能有所突破，但是他在做出决定以前，都是经过准备的，以防风险发生时，搞得自己手忙脚乱的。

还有一点就是，创新并不能成为蛮干的理由，创新是一个企业发展壮大所必需的，但是要经过合理的规划，否则就像无头之蛇一样，难成气候。

其实，蛮干与冒险只存在一些细微的差别。蛮干一般是不经过考虑，直接行事，也没有考虑到事情后果的严重性。而冒险则是充分认识到了事情可能发生的后果，并对将要发生的后果，做好了充分的准备，即使不能成功，自己的损失也不会太大。

冒险精神，是一个人创业过程中不可或缺的品质，这能令他们抓住稍纵即逝的机遇，不断地穿凿出新的辉煌。但同时也应认识到，作为一个成功者，仅有冒险精神是不够的。从辩证唯物主义的观点来看，其所获得的成功，是在多方面因素的综合作用下产生的结果。比如性格、创新、务实、诚信、学习、勤奋、社会责任感、社会贡献、领导能力以及客观环境的机遇、运气等。在具备科学冒险精神的同时，塑造良好的综合素质，锲而不舍，唯此方能逐步成为一名真正的成功者或企业家。因此说，冒险精神不可少，蛮干行为不可取。

进取心是一种极为难得的美德

拿破仑·希尔曾经聘用了一位年轻的小姐当助手，替他拆阅、分类及回复他的大部分私人信件。当时，她的工作是听拿破仑·希尔口述，记录信的内容。她的薪水和其他从事相类似工作的人大约相同。有一天，拿破仑·希尔口述了下面这句格言，并要求她用打字机把它打下来："记住：你唯一的限制就是你自己脑海中所设立的那个限制。"

当她把打好的纸张交还给拿破仑·希尔时，她说："你的格言使我获得了一个想法，对你、我都很有价值。"

这件事并未在拿破仑·希尔脑中留下特别深刻的印象，但从那天起，拿破仑·希尔可以看得出来，这件事在她脑中留下了极为深刻的印象。她开始在用完晚餐后回到办公室来，并且从事不是她分内而且也没有报酬的工作。并开始把写好的回信送到拿破仑·希尔的办公桌来。

她已经研究过拿破仑·希尔的风格，因此，这些信回复得跟拿破仑·希尔自己所能写的完全一样好；有时甚至更好。她一直保持着这个习惯，直到拿破仑·希尔的私人秘书辞职为止。当拿破仑·希尔开始找人来补这位男秘书的空缺时，他很自然地想到这位小姐。但在拿破仑·希尔还未正式给她这项职位之前，她已经主动地接收了这项职位。由于她在下班之后，以及没有支领加班费的情况下，对自己加以训练，终于使自己有资格出任拿破仑·希尔属下人员中最好的一个职位。

不仅如此，这位年轻小姐的办事效率太高了，因此引起其他人的注意，开始提供很好的职位请她担任。拿破仑·希尔已经多次提高她的薪水，她的薪水现在已是她当初来拿破仑·希尔这儿当一名普通速记员薪水的4倍。对这件事拿破仑·希尔实在是束手无策，因为她使自己变得极有价值，因此，拿破仑·希尔不能失去她做自己的帮手。

拿破仑·希尔指出：这就是进取心的神奇作用。正是这位年轻小姐的进取心，使她脱颖而出，可谓名利双收。

进取心是一种极为难得的美德，它能驱使一个人在不被吩咐应该去做什么事之前，就能主动地去做应该做的事。

“这个世界愿对一件事情赠与大奖，包括金钱与荣誉，那就是‘进取心’。什么是进取心？我告诉你，那就是主动去做应该做的事情；仅次于主动去做应该做的事情的，就是当有人告诉你怎么做时，要立刻去做；更次等的人，只在被人从后面踢时，才会去做他应该做的事。这种人大半辈子都在辛苦工作，却又抱怨运气不佳；最后，还有更糟的一种人，这种人根本不会去做他应该做的事。即使有人跑过来向他示范怎样做，并留下来陪着他做，他也不会去做。他大部分时间都在失业中。因此，易遭人轻视，除非他有位有钱的老爸。但如果是这个情形，命运之神也会拿着一根大木棍躲在街头拐角处，耐心地等待着。”

你属于上面的哪一种人呢？如果你想把握更多的成功机会，必须注意多做些分外的工作。

一位事业非常成功的老板说，提供服务就如同是在进行投资，投资会带来利润，服务也能带来金钱。而且，无论何种投资都是有其风险性的，得视其风险的大小而定其获取利润的多少，甚至有可能会血本无归。然而，提供服务却没有丝毫的风险，你的付出必定会得到相应的回报，绝对不会出现你向别人提供服务以后却不能得到回报的情况。即使不能立即兑现你的服务，但只要你能坚持，必有享受回报的一天，并且肯定会兑现你所有的付出，甚至会大于你的付出。

第十三章　“酒香也怕巷子深”——展露才华要高调

张扬个性，“秀”出自己才有机会

俗话说：“酒香不怕巷子深。”这话只适合过去，如今是酒香也怕巷子深。一个人无论才华如何出众，如果不善于把握，那他就得不到伯乐的青睐。所以人需要自我表现，而且自我表现时必须主动、大胆。如果你自己不主动表现，或者不敢大胆地表现自己，你的才能就永远不会被别人知道。

在电影《飘》中扮演女主角郝思嘉的费雯丽，在出演该片前只是一位名不见经传的小角色。她之所以能够因此片而一举成名，就是因为大胆地抓住了自我表现的良好机遇。

当《飘》开拍时，女主角的人选还没有最后确定。毕业于英国皇家戏剧学院的费雯丽，当即决定争取出演郝思嘉这一十分诱人的角色。

可是，此时的费雯丽还默默无闻，没有什么名气。怎样才能让导演知道“我就是郝思嘉的最佳人选”呢？

经过一番深思熟虑后，费雯丽决定毛遂自荐，方法是自我表现。一天晚上，刚拍完《飘》的外景，制片人大卫又愁眉不展了。突然，他看见一男一女走上楼梯，男的他认识，那女的是谁呢？只见她一手扶着男主角的扮演者，一手按住帽子，她居然把自己扮成了郝思嘉。

大卫正纳闷时，突然听见男主角大喊一声：“喂！请看郝思嘉！”大卫一下子惊住了：“天呀！真是踏破铁鞋无觅处，得来全不费工夫。这不就是活脱脱的郝思嘉吗！”

费雯丽被选中了。

毋庸置疑，你的表现得到认可之时，就是机遇来临之时。请你务必记住一点：知道你、了解你才能的人越多，你的机遇就会越多。

当然，很多人不会像费雯丽那样仅靠一次表现就获得成功。所以，你必须有耐心和恒心，多表现几次。在一个人面前表现不行，就在更多的人面前表现；在一个地方表现无效，就在其他地方表现。当你表现多了，被发现、被赏识的可能性就会大大增加。

汉代名士东方朔，诙谐多智。他刚入长安时，向汉武帝上书，竟用了3 000片木牍，公车令派两个人去抬，才勉强抬起来。汉武帝用了两个月才把它读完。在奏章中，东方朔自许甚高，称："臣年二十二，长九尺三寸，目若悬珠，齿如编贝，勇若孟贲，捷若庆忌，廉若鲍叔，信若尾生。若此，可以为天子大臣矣。"皇帝果然被打动了，但转念一想，又觉言过其实，便未予重用。

东方朔不死心，另辟蹊径。当时，与东方朔并列为郎的侍臣中，有不少是侏儒。东方朔就吓唬他们，说皇帝嫌他们没用，要全部杀死他们。侏儒们吓坏了，诉于皇帝，皇帝便诏问东方朔为何要吓唬他们。东方朔说："那些侏儒长得不过三尺，俸禄是一口袋米，二百四十个铜钱。我东方朔身长九尺有余，俸禄也是一口袋米，二百四十个铜钱。侏儒饱得要死，我却饿得要死。陛下要觉得我有用，请在待遇上有所差别；如果不想用我，可罢免我，那我也用不着在长安城要饭吃了。"皇帝听了大笑，对东方朔比以前亲近了许多。

有时候，沉默谦逊确实是一种"此时无声胜有声"的制胜利器，但无论如何你也不要把它死板地当做金科玉律来信奉。在竞争中，你要将沉默踏实肯干谦逊的美德和善于"秀"自己结合起来，这样才能更好地让别人赏识你。

太在意别人的眼光，将暗淡自己的光彩

在这个世界上，没有任何一个人可以让所有人都满意。跟着他人的眼光来去的人，会逐渐暗淡自己的光彩。

西莉亚自幼学习艺术体操，他身段匀称灵活。可是很不幸，一次意外事故导致她下肢严重受伤，一条腿留下后遗症，走路有一点跛。为此，她十分沮丧，甚至不敢上街去。作为一种逃避，西莉亚搬到了约克郡乡下。

一天，小镇上的雷诺兹老师领着一个女孩来向西莉亚学跳苏格兰舞。在他们诚恳的请求下，西莉亚勉为其难地答应了。为了不让他们察觉自己残疾的腿，西莉亚特意提早坐在一把藤椅上。可那个女孩偏偏天生笨拙，连起码的乐感和节奏感都没有。

当那个女孩再一次跳错时，西莉亚不由自主地站起来给对方示范。西莉亚一转身，便敏感地看见那个女孩正盯着自己的腿，一副惊讶的神情。她忽然意识到，自己一直刻意掩盖的残疾在刚才的瞬间已暴露无遗。这时，一种自卑让她无端地恼怒起来，对那个女孩说了一些难听的话。西莉亚的行为伤害了女孩的自尊心，女孩难过地跑开了。

事后，西莉亚深感歉疚。过了两天，西莉亚亲自来到学校，和雷诺兹老师一起等候那个女孩。西莉亚对那个女孩说："如果把你训练成一名专业舞者恐怕不容易，但我保证，你一定会成为一个不错的领舞者。"

这一次，他们就在学校操场上跳，有不少学生好奇地围观。那个女孩笨手笨脚的舞姿不时招来同学的嘲笑，她满脸通红，不断犯错，每跳一步，都如芒刺在背。西莉亚看在眼里，深深理解那种无奈的自卑感。她走过去，轻声对那个女孩说："假如一个舞者只盯着自己的脚，就无法享受跳舞的快乐，而且别人也会跟着注意你的脚，发现你的错误。现在你抬起头，面带微笑地跳完这支舞曲，别管步伐是不是错。"

说完，西莉亚和那个女孩面对面站好，朝雷诺兹老师示意了一下。悠扬的手风琴音乐响起，她们踏着拍子，欢快起舞。其实那个女孩的步伐还有些错误，而且动作不是很和谐。但意外的效果出现了——那些旁观的学生被她们脸上的微笑所感染，而不再关注舞蹈细节上的错误。后来，有越来越多的学生情不自禁地加入到舞蹈中。大家尽情地跳啊跳啊，直到太阳下山。

生活在别人的眼光里，就会找不到自己的路。

其实，每个人的眼光都有不同。面对不同的几何图形，有人看出了圆的光滑无棱，有人看出了三角形的直线组成，有人看出了半圆的方圆兼济，有人看出了不对称图形特有的美……

同是一个甜麦圈，悲观者看见一个空洞，乐观者却品尝到它的味道。

同是交战赤壁，苏轼高歌“雄姿英发，羽扇纶巾，谈笑间樯橹灰飞烟灭”；杜牧却低吟“东风不与周郎便，铜雀春深锁二乔”。

同是“谁解其中味”的《红楼梦》，有人听到了封建制度的丧钟，有人看见了宝黛的深情，有人悟到了曹雪芹的用心良苦，也有人只津津乐道于故事本身……

人生是一个多棱镜，总是以它变幻莫测的每一面返照生活中的每一个人。不必介意别人的流言飞语，不必担心自我思维的偏差，坚信自己的眼睛、坚信自己的判断、执著自我的感悟，用敏锐的视线去审视这个世界，用心去聆听、抚摸这个多彩的人生，给自己一个富有个性的回答。

有迅速而果决的判断力

社会上最受欢迎的人是那些有巨大创造力与非凡经营能力的人。有些人往往只知道按部就班地听从人家的吩咐，去做一些已经计划妥当的事情，凡事都要有人详细的指示。唯有那些有主张、有独创性、肯研究问题、善经营管理、有准确的判断力的人才是人类的希望，也正是这种人，充当了人类的开路先锋，促进了人类的进步。

一个有准确迅速而坚决的判断力的人，他的发展机会要比那些犹豫不决、模棱两可的人多得多。所以，请尽快抛弃那种迟疑不决、左右思量的不良习惯吧！这种不良的习惯会使你丧失一切原有的主张，会无谓地消耗你的精力。

这是年轻人最容易染上的可怕习惯，遇到事情时，明明已经详细计划好了，考虑过了，已经确定了，但有些人仍然畏首畏尾、瞻前顾后而不敢采取行动，还要重新从头考虑，还要去征求各处的意见，东看西瞧，左思右量，翻来覆去，没有决断。最后，脑子里各种念头越来越多，自己对自己就越来越没有信心，不敢决断。后果就是，人的精力逐渐耗尽，终于陷入完全失败的境地。

一个希望取得全面成功的青年人，一定要有一种坚决的意志，一定不可染上优柔寡断、迟疑不决的恶习。在工作之前，必须要确信自己已经打定主意，即使遇到任何困难与阻力，即使发生一些错误，也不可升起怀疑的念头，准备撒腿就走。你处理事情时，应该事先仔细地分析思考，对事情本身和环境作一个正确的判断，然后再作出决策。一旦决定作出之后，就不能再对事情和决策发生怀疑和顾虑，也不要管别人说三道四，只要全力以赴地去做就可以了。做事的过程中难免会发生一些错误，但不能因此心灰意懒，应该把困难当教训、把挫折当经验，要自信以后会顺利，成功的希望会更大。作出决定后，还心存疑虑、还要反复猜疑的人，不异于把自己推入一种不可救药的沼泽中，最终只好在痛苦和懊恼中结束一生。

有些人最终无法成功，并不是缺乏创立一番事业的能力，而是因为他们的判断力太差。他们好像没有自主自立的能力，非得依赖他人。这些人即使遇到任何一点微不足道的事情，也要东奔西走去询问亲友同事的意见，而自己的脑子里只是胡思乱想，尽管时刻牵挂但并无主见。于是，越和人商量，越不能确定主意，越是迟疑不决，结果就弄得不知所措。

判断力不准确和缺乏判断力的人往往很难决定开始做一件事，即使决定开始做了，最后也往往无法收场。把一生的大部分精力和时间，都消耗在犹豫和迟疑当中，这种人即便有其他获致成功的条件，也永不会真正获得成功。

大凡成功者须当机立断，把握时机。一旦对事情考察清楚，并制订了周密计划后，就不再犹豫、不再怀疑，而能勇敢果断地立刻去做。因此，他们对任何事情往往都能做到驾轻就熟，马到成功。

造船厂里有一种力量强大的机器，能把一些破烂的钢铁毫不费力地压成坚固的钢板；而善于做事的人就与这部机器一般，他们做事异常敏捷，只要他们决心去做，任何复杂困难的问题到了他们手里都会迎刃而解。

一个人如果目标明确、胸有成竹、有自信力，那么他绝不会把自己的计划拿来与人反复商议，除非他遇到了在见识、能力等各方面都高过他的人。在决策之前，他都会前前后后地仔细研究，然后制订计划，采取行动；这就像前线作战的将军必须仔细研究地形、战略，而后才能拟订作战方案，随后再开始进攻。

一个头脑清晰、判断力很强的人，一定会有自己坚定的主张，他们绝不会糊里糊涂，更不会投机取巧，也不会永远处于徘徊当中，或是一遇挫折便赌气退出，使自己前功尽弃。只要作出决策、计划好的事情，他们一定勇往直前。

英国当代著名军人基钦纳就是一个很好的例子。这位沉默寡言、态度严肃的军人勇猛如狮、出师必胜，他一旦制订好计划，确定了作战方案，就会集中心思运用他那惊人的才干，镇定指挥，他绝不会再三心二意地去与人讨论、向人咨询。在著名的南非之战中，基钦纳率领他的驻军出发时，除了他的参谋长外谁也不知道要开赴哪里。他只下令，要预备一辆火车、一队卫士及一批士兵。此外，基钦纳声色不动、滴水不漏，更不会拍电报通知沿线各地。那么，他究竟要去哪里呢？士兵们也不知道。战争开始后，有一天早晨6点钟，他忽然神秘地出现在卡波城的一家旅馆里，他打开这家旅馆的旅客名单，发现几个本该在值夜班的军官的名字。他走进那些违反军纪的军官的房间，一言不发地递给他们一张纸条，上面签署了自己的命令："今天上午10点，专车赴前线；下午4点，乘船返回伦敦。"基钦纳不听军官们的解释和辩白，更不听他们的求饶，只用这样一张小纸条，就给所有的军官下了一个警告，起到了杀一儆百的作用。

基钦纳将军有无比坚定的意志和异常镇静的态度，但他深知自己在战时所负有的重大使命。因此，他为人处世严谨而端正，公正无私，指挥部下时也从不偏袒，做任何事情非至成功绝不罢手。从这些地方，就可以看出基钦纳将军的伟大魄力和远大抱负。

基钦纳将军并不看重他人的颂扬，更不接受部下的阿谀奉承。他从不狂妄自大，在他看来，做人处世应该摒弃名利之心。基钦纳将军做任何事从来胸有成竹，他凡事都能冷静而有计划地去做，因此事事马到成功。

这位驰骋沙场、百战百胜的名将待人却很诚恳亲切，非常自信，做起事来专心致志，富有创见，也极富判断力，为人机警，反应敏捷，每遇机会都能牢牢把握并充分利用。他真是一个向往成功者的最好典范！

能够主动推销自我

一个人不管有天大的本事，如果不为人知，不被人发现，就像地下尚未被开采的煤，深深地埋在地下，永远也不会有出头之日，不会得到人们的承认。这就要求高调做事的人必须要懂得如何推销自己。在传统的观念里，人们只知道知识的培养，却不懂得自我表现，如今在这个充满竞争的时代，如果不善于表现自我，就会被无情的竞争所淘汰，无法获得成功。

张朝阳上大学一年级的时候，刚开学老师对同学们不十分了解，选班干部成了老师头痛的事情，他也不知道应选谁好。后来，他说："谁要认为自己有能力当班干部，就主动来找我，我会给他施展的机会。"

那时，张朝阳就想谁会去主动跟老师说，多不好意思呀！即使有这个能力，主动推销自己，也觉得脸红。可是出乎意料，班上有个很不起眼的女孩，平时一向默默无闻，却毛遂自荐，当上他的班长。刚开始，大家都有点不服，像她这样一个内向、不苟言笑的女孩，能胜任吗？他和大家都有看热闹的味道。

事实并不像他想象的那样，她在管理方面确实有两下子，帮助老师把班级管理得井井有条，得到老师和同学们的高度赞赏。那时张朝阳就深深地认识到，如果她不主动推销自己，即使她再有能力，也不会有表现的机会。同时，他也认识到自己失去了一个机会，一个自我推销的机会。但在以后，他时时都在抓住这样的机会，终于成功了。

刘邦最初没有重用韩信，这使韩信十分苦闷。他工作没有干劲，而且还和一群人犯了法，依照法律，要处以砍头之刑。执刑那天，当韩信前面的十几个人都被砍了头时，他忍不住心中的悲壮情感，面对监斩的人大声呼喊："汉王不是要争夺天下吗？为什么要白白地杀掉英雄豪杰呢？"监斩的人听到韩信的话猛然一惊，觉得奇怪，便仔细打量一番韩信，发现韩信仪表堂堂，具有英雄人物的气概，于是将他释放。在交谈中，他发现韩信十分有才华，志大才高，便把他推荐给了刘邦，从此韩信受到刘邦的重用，他的军事天才也尽显发挥。

说到这里，也许有人会说："自我推销也得具备能力呀！"这个想法也正是大家十分关心的问题。其实，当自我推销的时候，也未见得就必须具备充足的能力，只要认为自己有这方面的潜力，就完全可以把自己推销出去。因为一个人的能力不是天生的，要不断地在实践中摸索、锻炼，能力才能得以很好的提高与发挥。如果不给自己一个锻炼的机会，即使有能力，也不会有施展的舞台，只能被埋没，这是十分令人惋惜的事情。

生活中，有很多人抱怨没有机会，他们往往坐等机会。如果没有机会，就认为自己是一个不幸的人，觉得这个世界不公平。这种想法大错特错，具有这种想法的人，都是那些消极的人，一个积极的人绝不会慨叹命运的不佳。他们多数都会主动出击，为自己创造机会。只要你做一个有心人，一定能找到施展才华的机会。能力在人，尽善在天，如果有能力有才华，不施展出来，就等于是浪费。一个人的生命是有限的，如果在有生之年不把能力发掘出来，就会抱憾终生。

自我推销也是需要技巧的，正像推销产品一样，要有一个好的外包装来吸引人的注意力，从而顺利地把自己推销出去。所以要注意自己的仪表形象，社会心理学家曾做过这样一个实验：在对两组被试者分别加以修饰之后，使其中一组看起来风度翩翩，另一组则显得随便，并令其分别走路时违反交通规则。其结果是：第一组闯红灯时，尾随者占行人总数的14%，而第二组的追随者只占4%，这说明人的服饰、穿着具有很强的感召力。没有人会对一个蓬头垢面衣衫不整的人感兴趣。服装也并不一定要时髦赶潮流，最要紧的是大方得体、干净整洁、大众化。

善于关键时刻露一手

对于身处职场的下属来说，机会就像身边的鱼，稍纵即逝。只有深得上司赏识和器重者，才会满载而归。怎样才能受到上司的赏识和器重呢？对于你来说，最重要的是取得上司的信任，让上司感到不能缺少你。任何下属的作用，都是帮助、协助上司达到其事业上的目标。要做到这一点，首先要认同上司的事业目标和工作价值观。上司认为事业应快速增长，你不能认为要循序渐进；他认为语文语法十分重要的话，你写的报告的文字不能马虎。其次，要补他的死角位，他向外发展，你要守好大本营；他大刀阔斧，你要做些绣花工夫。这一套行得好，与上司相处才会如鱼得水，同时，更重要的是不断积极地跟上级接触，让上级的记忆里常常有你的存在，会有很多好处。这样，当面临一些机会时，上级就会想起你，为你作指点和推荐。反之，如果你疏远上司，则会冲淡上司对你的关心，被推荐、提升的希望就大大减少了。所以，让你与上司之间隔张桌子，即保持一定的距离是最好不过的了。

1. 多接触，多沟通，增进了解

得到上司的赏识，成为上司的知心人，需要多与上司交往。接触上司需要足够的勇气，需要举止自然。路是人走出来的，事在人为。接近上司的渠道需要你积极创造。

怎样与上司增加接触，增进了解呢?

第一，需要有足够的勇气。这种勇气应该使你既要敢于与上司平等相处，平等交流工作意见，又能使你排除障碍抵御来自同事的非议。

第二，接触上司要自然。许多人在上司面前心理素质不过硬，胆怯畏惧，缩手缩脚，言谈举止不自然，由于过度紧张，还常常弄巧成拙，这样的"交往"效果很差，甚至会给上司留下不好印象。

第三，创造接触机会。要想全面地了解上司，必须有各种各样的机会。这些机会就是"投资"。工作中多请教、多汇报、多讨论，是"工作投资"；8小时之外更需要增加"感情投资"。人既是理性的生灵，也是感性的生灵，中国人的一个显著特点就是重视感情联络。"任人唯亲"虽不是一种好的用人机制，但由于各种原因要想在短期内彻底破除也是很难做到的。亲属、亲信、秘书、司机、老同学、老战友、老乡、老部下等都是与上司感情较深的人，也往往是重用的对象。

第四，注意照顾同事的情绪。某某与上司接触过多，上司经常交办任务，其他同事肯定会产生嫉妒，心里不舒服，各种诽谤之声会随之而来。背后议论者有之，当面讥讽者有之。这就需要你有足够的思想准备去面对这一切，同时更需要在争取到上司赏识的同时，与群众打成一片，打好群众基础。"上层路线"与"下层路线"都要搞好，在群众中结交几个"铁哥儿们"，多几个知心人，都可以增强抵御各种诽谤和嫉妒的力量。

2. 关键时刻，展示才能

在一些重要的关头，上司也会遇到一些难题，如果在此关键时刻，其他同事都束手无策的时候，你却挺身而出，使问题迎刃而解，那么，不仅你的同事会佩服你，你的上司更会高看你一等。日常生活中经常听到一些人受到诸如“关键时刻掉链子”的埋怨，这样的下属同样不会受上司的喜欢。关键时刻的难题最能考验人。有的下属确实有才能，但害怕困难，不敢在紧要关头站出来，自己的才能也不会被人发现。毛遂在这方面可以说是人们的老师。善于把握关键时刻获得上司的信任和重视，一方面要善于发现某些关键时刻，另一方面也要善于把某些时刻变为关键时刻，善于创造关键时刻。一般而言，关键时刻主要有下列几种情况：

第一，上级派下难度较大而且影响较大的任务时。做好这样的工作对上司而言至关紧要，下属应当全力以赴，协助上司圆满完成任务，不可袖手旁观。

第二，其他同事忙于某些事情，人手不足但事情却很多时，你要多承担任务，井井有条地把每一件事情都干得相当出色，上司自然会看在眼里，喜在心头，所以不要推卸责任。

第三，遇到意外的突发事件，上司与大多数同事都拿不出办法时，要冷静、稳妥地出谋划策，把问题解决好，表现你超群的才干。

第四，假如你刚到某单位工作或调来一位新上司，抓住这个推销自己的重要机会。

第五，上司陷入逆境，在他最需要下属的支持和帮助时，你要伸出援助的手。雪中送炭千金难买，锦上添花一文不值，的确有一定的道理。

只要你智勇双全，又善于利用关键时刻表现自己，也就很容易得到上司的赏识了。

适时展现工作潜力

要想兑现你对工作的承诺（比如你面试时表达的将来会为公司作出的贡献），从你进入公司的第一天起，你就要展现出你履行承诺的“资本”。

那么，你该如何展现出自己的工作潜力呢？

作为公司的一员，你不要只关注你个人或是部门，要把精力集中在对整个公司有益的计划上。公司本身就是一个信息库，只要擦亮你的眼睛，发挥你敏锐的嗅觉，伸展你的“蜗牛触角”，你很快就会发现施展你潜力的途径。

时时刻刻提醒自己：公司能从你的才能上获得多少利益？如何获得利益？你又能为其他人提供什么？怎么提供？

每个公司都有它自己的文化和格调，都有它进行商务交流的方式，时刻清楚它的形式和目标，为公司设定一个切实可行的计划并使自己与公司的需要相适应。

在明确了你的能力和公司需要之后，通过各种方法尽量使两者结合，考虑一些计划上的转变，准备克服一些可能会出现的困难，这就像一个字谜游戏，在陈述你的计划之前，你需要进行周密翔实的调查，否则，你可能会计划进行到一半，就不得不改变行事方法，或是坚持不下去，浪费了时间和金钱。但是，只要你的计划能招徕更多顾客，能提高产品的销售，能使公司得到利益，你就一定会受到关注，一定会走向成功。

1.展示你的建议和计划

你在公司工作，希望老板可以把一份高薪的工作交给你，你就能一步登天，这基本上是不可能有的，你得发展和完善自己的创意和计划，然后瞅准时机，把它交给老板。

如果老板已经知道你拥有管理方面的能力了，现在需要的是把你的想象力和创造力也展示给他，并显示出你对公司计划取得成功很有帮助和贡献。切记，不论何时何地，所有的许可和赞同都源自你能渡过难关，并得以逐步发展升华的能力。

如果你的建议没被采纳，别把这个当成是老板对你的不信任，更不要气馁，不要偏激地认为这是对你的否认。而且，你并不知道一共要通过多少道关卡老板才采纳你的建议，也许只是时机未到，你应继续努力，一有任何周密翔实的计划就继续提供给老板，只要你能坚持到底，并把建议转化为行动，你就一定会赢得你应有的荣誉和地位。

在战略上你要做的是：冒着被拒绝的危险，持之以恒地递交翔实完善的计划。

在战术上你要做的是：

第一，开辟一个“市场”。给你的计划拟一个具有吸引力的标题，或是打出一条鼓舞人心的口号，考虑考虑，谁能给你的这个计划润色；谁能往你的计划骨架上加些血肉，使之丰满；还有谁可以给你提供帮助，开开绿灯，请一些有潜力的使用者，获取他们的支持，吸取他们的意见，以更好地改进你的计划。

第二，计划一定要翔实。在人力、物力、财力上将会花费多少，预测一下在数量和质量上能提高多少百分比，在转弯处尽量减少摔跟头的机会。

你的建议是否被接受、被采纳无关紧要，你的目的在于通过提建议，显示你不仅具有创造力和革新的潜力，而且你是一个很好的策划者，你是有智慧的思想者，以引起领导人对你的注意。

2. 把你的经验阅历跟实际结果联结起来

如何在你的报告中陈述成果的量化和程度，需提前考虑周密，但是千万不可吹捧，夸下海口，以防达不到所提出的目标。这里教你聪明的一招，转移说话的重点，比如说：如果你对销售额不能估摸得很准，那就别估摸了，干脆直接说出，你可以保持联系的厂家数量。这样，要是别人愿意，别人可以去估摸。这时候，销售额是高是低就不关你的事了。

拟一个明确的、斩钉截铁的计划无疑透露了这样一个信息：“我可以完成这项任务，而且可以完成得很好！”但这并没有和你同事的利益联系在一起，所以你还得继续努力，因为这个计划是你和同事共同打造的。

3. 使你的工作变得更重要

重新给自己定位，给自己的工作定位，找适合自己发展的空间，把自己的职业和自己的需要紧密联系起来，从现有的工作中获取你能得到的一切知识和技能，就把当前的这个工作当成是你扩大知识面和交际面的一块奠基石。再有，搞清楚你的工作与整个公司赢利计划之间的关系，和那些使用你们产品或者服务的人进行交谈，并了解他们的需要，通过怎样的转变，可以使你们的产品和服务对于他们来说更划算，更有价值。这样，你就会对你的任务、你的工作有一个更深程度的了解，从而使你的工作、服务、产品更加接近标准化，使你在公司的地位得以提高。

4. 大胆迈向升迁之途

想要获得升迁的机会，此时最重要的就是掌握情况，哪儿能了解到最新消息，你就往哪儿去，别再独来独往，也别搞小圈子。这有助于你把握最新动态，如果你能找到一条适合你自己的路子，那就赶紧行动，马上出击。

培养并保持你的优雅形象

作为公司的一员，你的一言一行既代表着你自己的形象，也在很大程度上体现着公司的形象。如果你在个人修养、礼仪礼节方面不注重修饰，那就等于是给你及你的公司形象打了个折扣。你这些外观的缺点就像那遮住明月的乌云一样，掩盖了你原有的美丽与光辉。

优雅的习惯是你行动的黄金准则，是你在社交场合中所能穿的最好服饰。它无须花费一文，却能赢得一切。

1. 文明礼貌的谈吐

一个人的形象和姿态必然显露他心中的感情，因为形体是其内在精神的外在表现。而礼貌是人与人之间和谐共处的金钥匙。

言谈是一门艺术，而且是一门古老的艺术。“一人之辩重于九鼎之宝，三寸之舌强于百万之师”。在人类发展史上，言谈作为一种社会现象，是和人类劳动、生活、交际活动一起发展起来的。言谈的艺术尽管人人都会，然而效果却大不一样。

特别是在生意场上，所谓“酒逢知己千杯少，话不投机半句多”，正说明了言谈的优劣直接决定着你和客户谈判的效果。

你必须掌握言谈的原则和要求，才能更深刻地悟出恰当的“分寸”，才能树立良好的形象。言谈之中，必须掌握以下原则：

第一，真诚坦率的原则。你与老板、客户交谈时，态度一定要认真、诚恳。有了坦率诚笃，就能有融洽的言谈氛围，就能奠定言谈成功的基础。为此，你要认真对待交谈的主题，坦诚相见，直抒胸臆，不躲不藏，明明白白地向老板、客户表达你的观点和看法。

“出自肺腑的语言才能触动别人的心弦”，与人真心实意的交流是自信的结果，是信赖对方的表现，只有这样才能激起老板、客户感情的共鸣，你们的交谈才能顺利实现皆大欢喜的效果。

第二，尊重的原则。交谈中，来自对方的尊重是任何人都希望得到的。客户、老板和你虽然地位有高低，年纪有大小，但在人格上却是平等的。所以，谈话时，要把对方作为平等的交流对象，在心理上、用词上、语调上，充分体现出对对方的尊重，尽量使用礼貌语言。即在谈到自己时要谦虚，谈到对方时要尊重。

其实，恰当地运用敬语和自谦语，不但可以显示出你的个人修养、风度和礼貌，并且还非常有助于交谈的成功。因此，作为下属，切忌恃才傲物、自以为是。

第三，言之有物。与人交流时，你的言谈要有观点、有内容、有内涵、有思想，空洞无物、废话连篇的交谈是不会受任何人欢迎的。事实上，没有材料做根据，没有事实做依凭，再动听的语言也是苍白的、乏味的。

因此，与老板或客户交谈时，要明确地把话说出来，将所要传递的信息准确地输送到老板或客户的大脑里，正确反映客观事物，恰当地揭示客观事理，贴切地表达思想感情。

第四，言之有理。与老板、客户交谈时不论内容丰富与否，都要做到言之有理，持之有据。有理才能站住脚跟，有据才能使人信服；有理有据，才能增强交谈的感染力，增强语言的表达效果。

言之有理，分析透彻，不但能使交谈成功，也能给人以鲜明的印象。

第五，言之有序。有些刚参加工作的职员与老板、客户讲话时，可能是由于紧张的缘故，常常一段话没有中心，语言支离破碎，想到哪儿就说到哪儿，东一榔头西一棒槌，让人感觉杂乱无章，言不及义，不知所云。

所以，言谈时，先讲什么，后讲什么，思路要清晰，内容要有条理，布局要合理。

第六，言之有礼。知礼会为你的交谈创造一个和谐、愉快的环境。讲话时，态度要谦逊，语气要友好，内容要适宜，语言要文明；听话时，要认真倾听，不要做其他事情。这样就会形成一个信任、亲切、友善的交谈气氛，为交谈获得成功奠定基础。

与老板、同事、客户交往时，你若能将以上言谈的原则和要求灵活地渗透到交谈中，相信你肯定能够在职场及生意场上得心应手，游刃有余。

2. 克服令人生厌的言谈

明代成化年间，李贤任浙江学政使。这年省试之前，李贤微服暗访，考察学风。一天，他见两位应考青年正在下棋，心里老大不高兴：“考试在即，你们竟如此悠闲，这般轻松！”

这时，只听一位考生说道：“我已经做好了充分准备，考试上榜没问题。学政使总不能出道100个人名的怪题来刁难我们吧？”

另一位考生附和道："当然，料他也出不来这么一道难题！"

学政使听后，心中顿生无名之火。回到衙门后，他搜索枯肠，拟就了一道考题："孔门七十二贤，贤贤何德？云台二十八将，将将何功？"意思是说：孔子七十二高足弟子，谁能一一备述其贤德？至于"云台"乃东汉为表彰二十八位开国元勋所建，并画有诸将之像。此等题目，莫说在考试上，即使将《史记》、《后汉书》搬来，也难以答全。

众考生一见题目，个个傻了眼。最好的考生也没有答出十分之一。这位考官最后又做了一个荒唐的决定：所有考生一个也不录取！

一句自高自大、令人生厌的话语，激起的苦果只能是自个吞。假若你在职场上摸爬滚打，到最后即将出人头地之时却因言语不小心得罪了老板或客户，而令自己的一切辛苦都付诸东流，这就太不值了。

人际关系的好坏，取决于主体、客体和情境三方面的因素。如果在工作场合或社交场合没人愿意同你交朋友，那么肯定是你存在许多不良的交往行为，而引不起他人的好感。有的人主观上很想通过与人的交往使生活丰富多彩，但结果却总是事与愿违，总觉得没人喜欢自己。其实，人际关系不好，首先要从自己身上找原因。

言谈一定要把握分寸，以下几项不良的言谈行为，应当坚决弃之。

第一，自高自大，以夸耀来掩饰自己的弱点。心理学家认为，一个人想得到而没有办法得到，又怕人看不起时，就会打肿脸充胖子。例如某些人经常挟名人以自重，常以"某某人是我的朋友"来抬高自己的身价。同时，自己取得了一点小成绩生怕别人不知道，不顾别人的感受，就海阔天空、手舞足蹈把自己夸个够，这样一来，同事、客户和老板当然会很厌烦你。

第二，经常打断老板、客户或同事的话题。也不管对方是否愿意听，逮着话题就发表一番自己的观点，尤其是当别人谈兴正浓，还没有把意思表达清楚时，就贸然打断话题。这样，老板、客户、同事讨厌你也是必然的了。

第三，喜欢诉苦。一见到别人，话没三句，你便开始诉说自己生活如何苦闷，身体状况如何糟糕，命运对自己如何不公平，抱怨家人、客户、老板及同事，抱怨一切不如意的事。试想一下，谁愿意和一个喜欢抱怨的人在一起呢？本来很好的心情也会被你搅坏，对付你这种人最好的办法肯定就是避而远之了。

第四，喜欢盘问别人。有的人对同事、客户、老板的事似乎怀有过分的兴趣，对一切都追问个没完。同事、客户、老板与你这样的人交谈心里总免不了紧张和不安。

与同事、客户、老板相处，最好是对方想说的你就听着，对方不愿告诉你，就不要硬去问。每个人都有隐私权，你必须要学会尊重对方的隐私权。

第五，喜欢议论他人。喜欢说闲话、爱论人短长是嫉妒心强的表现。如果你在张三面前讲李四的短处并揭露他的一些隐私，张三虽然嘴上不说，但心里一定会想："他在我面前议论他人，谁敢保证在别人面前他不议论我呢？看来，对他要提防点。""来说是非者，必是是非人"，拨弄是非的人是十分令人讨厌的。

第六，经常扮演"万事通"的角色。事事充内行，有些人喜欢扮心理分析学家的角色，对任何人的言行都作出分析并乱扣帽子，好像自己的知识十分渊博，在某个领域已经取得了很不错成就的样子，这种行为实在令人讨厌。与老板、同事谈话时你要敢于承认对某些事的无知，这不是什么丢面子的事。事实上，老板之所以成为你的老板，总有他的过人之处，同事也大多数比你的工龄要长，也自有他们的优势。

第七，言语冷淡单调，缺乏热情。当朋友在诉说痛苦时，你不会为之悲痛；当对方需要你分享快乐时，你仍面无表情。谁愿意和没有感情的人交朋友呢？真正的朋友是能与你一起笑，一起哭，真正理解你的人。

第八，习惯用责备的口气谈话。人人都有自尊心。虽有地位高低之分，但人格是平等的。谈话时动不动就怪罪他人，是最伤其自尊心的事。"刀子嘴，豆腐心"，有人爱用责问的口气纠正别人的错误，其用心也许是善意的，但在帮助别人之前先责问后解释，犹如先给对方一耳光然后再塞块糖，这样的好心实在让人难以接受。

第九，说话斜眼看人或逼视对方。与人谈话时，无论你出于何种动机，斜眼看人会使对方觉得你在轻视他，或者有敌意和挑衅之倾向。谈话时两眼逼视对方，也会令对方极不自在，你这种眼神说明你关心这个人比关心谈话内容更重要。尤其是当你面对一位异性时，很可能引起对方的一些其他想法。一般情况下，对自信乐观且较外向的人，随谈话感情起伏可以用多一点时间注视对方，但最好不要超过两秒钟以上。如果对方是个拘谨内向的人，只看一眼对方的脸就够了。

3. 注重拜访的礼节

拜访时，你要了解对方的工作或生活习惯及个性特点。

尤其是对老板、长者或客户，在拜访前，要多了解他们的生活习惯、生活方式及个性特征，以便有针对性地做好“入乡随俗”与之友好相处的准备工作。

第一，叩门按铃的礼节。到达被访者的单位或家庭时，要擦掉脚上的泥巴或尘土。如果是雨天，更要把雨伞或雨衣上的水珠甩掉并要整理一下衣冠。待停当后，再去叩门或按门铃。叩门要注意用力和节奏，切忌用脚踹门或大声喊叫。按门铃也不能过急过长。即便被拜访者门已经开着，也不宜长驱直入，还应叩门通知一下，听到“请进”声后方可入内。

第二，进门后的礼节。到达被拜访者室内后，要向被拜访者及其他在场人士问候、寒暄，对长辈及儿童要表现出尊敬与爱抚的行为。待被访者安排座位后才能就座，没有听到对方“请坐”的礼貌用语，自己大大咧咧地坐下来也是很不礼貌的做法。

如果是到被访者的家庭拜访，而主人的房子装修得很漂亮，自己进门后要脱掉鞋子，换上拖鞋，要把外衣、雨具、礼物等交给主人安排，保持主人家的清洁卫生。主人递上烟茶，不管用与不用，都要站起相接或说明情况，并要道谢。抽的烟灰、吃的果皮要放到烟缸或垃圾篓内，不要乱丢。

第三，谈话的问题要简单明确。特别是公务拜访或请教拜访，交谈的问题要简单明确，使对方一下子就能抓住要领，然后才能深入交换意见。切忌海阔天空、漫无边际地说些无关痛痒的问题，使对方不知所云。

第四，告辞时的礼节。找人办事儿，如果事情已得到许诺，应尽快起身告辞，在握别的同时，应伴之以“麻烦您了”、“拜托了”、“留步”等致谢词及寒暄语。

具有良好道德底蕴的人，会自然地显示出优雅得体的举止和文明礼貌的谈吐，此所谓“诚于中而形于外”。

一个人如果不注重道德品质的提高，不加强个人文化素质的培养，只在表面形式上下工夫，势必造成负面影响，贻笑大方，反倒会给自己及公司、老板的形象抹黑。别人会这样想：“俗话说，良将手下无弱兵。这个人素质也太差了，可见其公司老板也不是个多高明的主儿，公司自然也好不到哪里去。”

第十四章　学以致用，事业加速——学习要高调

为成功积蓄足够的能量

法拉第生在一个手工工人家庭，家里人没有什么的文化，而且颇为贫穷，法拉第小时候受到的学校教育很差。13岁时，他就到一家装订和出售书籍兼营文具生意的铺子里当了学徒。但他除了装订书籍外，还经常阅读。他的老板也鼓励他，有一位顾客还送给了他一些伦敦皇家学院讲演的听讲证。1812年冬季的一天，法拉第来到伦敦皇家学院，要求和院长戴维见面谈话。他带来了一本簿子作为自荐书，里面是他听戴维讲演时记下的笔记。法拉第给戴维留下了很好的印象。戴维正好缺少一位助手，不久就雇用了他。

1813年，戴维夫妇决定去欧洲大陆游历，他们带着法拉第作为秘书。这次旅游进行了18个月，这对法拉第的教育起了重大作用。他见到了许多著名的科学家，如安培、伏特、阿拉戈和盖·吕萨克等，其中几位学者立即发现了这位陪伴戴维的朴实年轻人的才华。

法拉第从欧洲大陆旅游回来后，几年内一直致力于化学分析，并在皇家学院担任助手工作。1860年法拉第的研究活动结束时，他的实验笔记已达到16 000多条。这些笔记以及前后的几百条笔记，都已编成书分卷出版，其中最著名的是他的《电学实验研究》。

法拉第坚信，如果电流能产生磁场，磁场也一定能产生电流。他为此冥思苦想了10年。他做了许多次实验，结果都失败了。直到1831年年底，才取得了巨大突破。他发明了一种电磁电流发生器，这就是最原始的发电机，奠定了未来电力工业的基础。

法拉第被公认为最伟大的“自然哲学家”之一。在他留下来的笔记中，有下面一段话：

“我一直冥思苦索什么是使哲学家获得成功的条件。是勤奋和坚韧精神加上良好的感觉能力和机智吗？难道适度的自信和认真精神不是必要的条件吗？许多人的失败难道不是因为他们所向往的是猎取名望，而不是纯真地追求知识，以及因获得知识而使心灵得到满足的快乐吗？我相信，我已见到过许多人，他们是矢志献身于科学的高尚的和成功的人，他们为自己获得了很高名望，但是还有一种在他们心灵上总是存在着妒忌或后悔的阴影，我不能设想一个人有了这种感情能够作出科学发现。至于天才及其威力，可能是存在的，我也相信是存在的，但是，我长期以来为我们实验室寻找天才却从未找到过。不过我看到了许多人，如果他们真能严格要求自己，我想他们已成为有成就的实验哲学家了。”

在成功之前，一个人要积蓄足够的力量。在这方面，托马斯·金曾受到加利福尼亚的一棵参天大树的启发：“在它的身体里蕴藏着积蓄力量的精神，这使我久久不能平静。崇山峻岭赐予它丰富的养料，山丘为它提供了肥沃的土壤，云朵给它带来充足的雨水，而无数次的四季轮回在它巨大的根系周围积累了丰富的养分，所有这些都为它的成长提供了能量。”

没有足够的知识储备，一个人难以在工作和事业中取得突破性进展，难以向更高地位发展。许多天赋很高的人，终身处在平庸的职位上，导致这一现状的原因是不思进取。不思进取的突出表现是他们宁可把业余时间消磨在娱乐场所或闲聊中，也不愿意读书、学习。他们心甘情愿陷于颓废的境地，尚未做任何努力就承认了人生的失败。这种心态下，也许连饭碗都不是十拿九稳的。

千万不要学点本领就满足

韩国大宇实业株式会社创始人金宇中曾写道：

每次到欧洲去，总有这么一个感触：法国北面的那些国家，大部分在经济上很宽裕，而其南面的那些国家则相反。这些国家之间为何有这样明显的差异呢？我无法作出科学的论证，却揣摩南欧的人们喜欢午睡会不会是一大原因。

南欧有的国家有这样的习惯：每到下午一点钟或两点钟不论是城市的人们还是农村的农民都睡个午觉。我初次出差于南欧，便不欣赏这种风习，对之十分难以理解。把下午这样宝贵的时间化为南柯一梦，我总为之惋惜不已。

那么，他们为何这样生活呢？依我看来，很可能是适当主义在南欧人身上作祟。这种超脱业已渗透他们的身心。当然，超脱出世有其可以肯定的一面，而听天由命的这一面则显然不足为训。超脱也该有个限度，倘若超脱到午睡成习，我看这就得好好地考虑一下了。

窃以为南欧人的这种超脱，既非闲得发慌也非一种浪漫。一言以蔽之，是适当主义的体现。也就是说，其生活态度是工作与玩乐都适可而止。实际上南欧人在经济上已远远落后于勤劳刻苦的北欧人。适当主义所造成的恶果，昭然若揭。

奋发进取的人是不会蹉跎岁月的。在他们身上，在他们的行动上，绝无适当主义的踪影。

适当主义在其他境域也可以看到。1967 年我刚开始创办企业时，大部分的产品依靠海上航运。而当时轮船的运输情况很不理想，装卸货物如同打一场战争，大部分的会社在釜山港都派出了常驻的人员。

当自己厂里日夜赶制出来的商品一到釜山仓库时，这些常驻人员便争相排队等候办理装货的手续：如果误了事，货物装不上船，就得积压在码头。最少也得再等一个多星期才能装上下一趟货轮。所以，对于规模小的中小企业来说，能否把货物及时运出甚至关系到企业的兴衰存亡。那些常驻人员之间的竞争也就只能越发激烈。如果掉以轻心，他人便会加塞儿。弄得不好，还要等到其他会社的货物卸尽后才能装上自己会社的货物。一般来说，他们可以分为三种类型：第一类型是确认自己会社的货物已到达码头后便欣然返回会社；第二类型是确认自己公司的货物到达码头后，一直等到货物装上了轮船才返回会社；第三类型是一直要等到装上了自己会社的货物的轮船离开了码头才返回会社。很明显，第一类型的做法很不足取，他那个会社的货物，十有八九不能及时装上货轮。第二类型的做法，10 次也会遭到一两次失败。只有第三类型的做法才万无一失。

“这样也就行啦！”的想法，使得第一、第二类型的常驻人员只能尝尽失败的苦头。我对我们会社职员的要求是：必须坚守岗位，等装上了我们会社货物的轮船离开码头并消失于视野之后才能返回。因为只有这样才算善始善终。惟其如此，当时，我们会社从未误过船期，也从未耽误过交货的日期。这直接提高了我们在海外市场的信誉。海外人士无人不知大宇一诺千金，与大宇订货，总能在规定的日期内收到货物。

无论办任何事情，我鄙弃适可而止，喜欢做得彻底、善始善终，喜欢做得干净利索，也只有这样，才能获得成功。在我的影响下，大宇的职员办事，无不以善始善终为原则。当然要做到这一点绝非易事。但这种观念一旦牢固，把事情办得天衣无缝也就不那么难了。只要自始至终严格要求就行。这，就是多年来大宇创立的传统，也是大宇的企业文化。

一个人千万不要染上适当学点本领就适可而止的惰性，在工作中必须兢兢业业，发挥创造性，充分展示自己独特的才华。如果在生活中奉行适可而止的适当主义，便容易使事败业毁、追悔莫及。

不满足现状，为更美好的明天储备知识

求知是积累优势走向成功的第一步。有成就的人往往更爱学习，因为这可以助长他们的优势。相信这个世界上，再没有人比亨利·布莱顿更忙碌的了。

亨利·布莱顿这个大忙人虽然岁数不大，但却已经是美国一家军工企业的总经理，为当今美国顶尖的弹道导弹专家之一。

虽然已身居要职，布莱顿依然勤学不辍，一天辛勤工作完后，晚上他还上夜校继续进修。

他选择的科目是素描。

为什么他要去学素描呢？针对这点，亨利的回答非常令人感动：“因为素描可有效地将我的创意说明给我底下的技术人员知道。”

虽然他现在已功成名就，但他认为这并非人生努力的终点。地球一直在转，时代不断地进步，若想跟上时代，就应该不断努力学习。

因此，他利用晚上的空闲时间学习打字、雷达技术、西班牙语、

管理学、演讲术等，凡是对他的经营有帮助的他都学。

事实上，他也真的能学以致用，并且都收到了很好的效果。

一个真正成功的人，即使每天工作再多再累，他也绝不埋怨，并且还能腾出时间继续进修。

布莱顿为何如此热衷于自我深造呢？其实，像他这类顶尖的人才多半都了解这个事实——人生是短暂的，每天能让自己思考的时间非常有限。因此，凡是能供自由思考的时间，他们是一分一秒都不愿浪费，并且设法做最有效的利用，因为他们都希望能在自己的工作上或专业范围内掌握绝对的成功。

的确，唯有努力才能使人成功，但一次成功并非终点，必须为获得下一次成功而再接再厉。

从古至今，凡是有大成就者都不肯满足于现状，而是不断为更美好的明天做准备。

你不妨利用多余的时间去学一些对工作及提高工作效率有益的事情。

有效地利用目前可供自己自由思考的时间，可保证你将来的成功。这是投资，也是保险。

不论你从事何种职业，工作时间全部加起来最多也只占一个星期里的一半的，请问剩下至少一半的时间你都在做些什么？

这些时间包括一天工作结束后的余暇时间及至少一到两天休假的时间，这些时间都是属于自己的自由时间。

现在，闲暇时间是有了，但问题是，你该如何去有效利用这些时间。

你不妨扪心自问是否珍惜这宝贵的时间？譬如特地挪出一些享乐的时间或利用每天上下班坐公车的时间阅读一些与专业知识有关的书籍，或将这些时间用来思考如何度过一个有意义的周末。

这里并非在限制你该怎么想，最主要的是想让你明白：不能将宝贵的时间浪费在玩乐上。

你应该审慎地去思考一些有意义的事，像如何利用时间创造将来等。

亨利·来莱斯顿曾说："人类拥有头脑。如此神奇的东西，如果用来浪费在一些无聊事上，岂不太可惜了！"

如果你想创造美好的明天，就应将自己能自由使用的时间投注在增加今天的工作效率、有实际价值的事上。

你可利用闲暇时间吸收一些新知，然后用来引发深藏在心灵深处仅属于自己的原始创意。

将来有机会的话，这些创意都将成为你的优势，成为你走向成功的有利的工具。所以，知识永远不嫌多，你具备的知识越多，你便离成功越近。

不断充实自己

记得有一则伊索寓言：

狐狸和豹相互比美，豹一味夸耀自己的皮毛五彩斑斓。

狐狸回答说："我可比你美多了！我不仅着意修饰外表，而且注重美化心灵。"

这则寓言寓意就是与其修饰形体，不如注重精神。

现在这个社会，有一种感觉：那就是形式大于内容，是一个包装的时代。商品注重包装了，人也开始包装自己。但很多人都像寓言中的豹一样，只注重外在包装，而不善于去包装自己的内心和精神。

事实上，随着时代的进步，人类的文明程度越来越高，市场经济的发展，要求人们不仅要包装自己的外形，还要充实自己的精神。只有如此，才能被社会所认可，也才有走向成功的可能。

树根理论告诉我们，如果将一个人比作一棵大树，物质食粮和精神食粮就是大树的根，也就是人的生命之根。生命之树常青，全在于根系的发达。而根系的发达就要靠提供的养料，以供给枝干繁茂的生长。现代社会，物质食粮基本上是充足的，人们缺乏的是精神食粮。

如果你不能与时俱进，不断地通过勤奋学习充实自己，提高自己的能力，那你很可能从一个"人才"变成企业乃至社会的包袱。人才其实是一个动态的概念，它不是一成不变的，不是永恒的。它需要不断地晋级，不断地发展，只有学习能力不断地加强，不断地提高，才能保证人才的新鲜。这样的人才才是信息时代的人才，才是真正意义上的人才。

这个充满竞争的社会，谁的学习能力强谁就能在同等条件下赶在竞争对手前面，成为第一赢家。

要在精神上重塑自己，就要不断地学习，增加知识养分，这样才能充实自己，迎接各种挑战。要多读书，一边读书，一边思考，让自己的大脑活跃起来。

这里读的书包括很多，不是简单的专业知识、技术技能的书籍，而是多方面的书籍。你可以多读一些文学作品，因为文学是一种让人变得高雅、变得充实、变得聪明、变得有情趣的精神作品。也可以用前人的经验来充实自己，先学习前人，而后发展前人。

主动学习、学以致用，你可以积极参加单位组织的各种培训，主动提高个人的工作技能。毛泽东说过：“读书是学习，使用也是学习，而且是更重要的学习。”

俗话说，“师傅领进门，修行在个人”，无论是单位组织的培训还是你自己有意识地汲取知识，都要通过严格的自律和勤奋的努力来实现。

同时，读书使人高洁，只有不断学习，才能在思想上保持高尚的境界。人总是要有点精神的，但精神境界不是天生的，而是在学习和实践中培养和塑造的。讲正气，必须养正气，这就要不断地学习和读书，知识多了，本领就会增大，精神境界就会提高。从而达到全方位提升自己的目的。

你肯花时间和金钱去装修头脑的外部，为什么不花一些时间和金钱好好修饰你的头脑内部呢？你应该通过定期阅读来充实自己。你自己的头脑越充实，你成功的机会就越大。

用读书调节空虚心理

空虚心理，是指一个人的精神世界处于空白，没有信仰、没有寄托、百无聊赖，如同行尸走肉。精神空虚是一种社会病，它的存在极为普遍。当社会失去精神支柱或社会价值多元化导致某些人无所适从时，或者个人价值被抹杀时，就极易出现这种病态心理。精神空虚者往往委靡不振，缺乏社会责任感，有碍于社会发展，更有害于自身的发展。

空虚心理产生的原因有以下几个方面：

一是精神支柱的消失。精神支柱是一种信仰，是一种积极的心理暗示，能激发人不断进取，但是社会常常并不按照人们心目中想象的轨迹发展。理想的社会模式常常被一些捉摸不定的、难以想象的现实所取代。多元化的价值观往往取代了单一的、固定的价值体系。在这种情形下，原来的精神支柱可能会消失，取而代之的可能是一种无所适从的茫然感。

二是个人价值的抹杀。社会的存在与发展，有赖于群体意识和社会价值，但是群体意识和社会价值又是构建在个人价值的基础之上的。没有个人的自尊、自爱、自信，就不会有社会责任感和对社会作贡献的能力。如果社会不考虑个人价值的存在，或者过多地抹杀个人存在的价值，人就会觉得活着没有什么意思。青少年若受到过于严厉的管教，成年人的成就长期得不到社会的承认，老人得不到子女的赡养，都会导致空虚心理的产生。

三是社会交往的畸变。现实生活中，人们都需要交流沟通与友谊，但交往应是平等的。地位相等、志趣相投者才会有真正的友谊。有些人经济地位重新的变化使得其与一些故友之间出现了鸿沟，原先无话不谈的局面已不复存在，新的社交圈重新形成。

“有钱的人常常是孤独的。”经济优越的人，商品意识往往特别强，并极易将这种意识渗透到与别人的交往中去，因而难以与他人建立和维持种种非功利性的比较平等真诚的友谊。他们常常怀疑别人与他们交往的动机不纯，是为了钱而来交朋友。此外，有些人在外界常常是一副强者的形象，他们不愿让外人看到自己也有难处，因而羞于向人诉苦，只能把烦恼埋在心里，这就会加重所固有的孤独、空虚心理。

从个人角度来讲，空虚心理的起因有如下几点：

一是自我贬低、缺乏自信。社会上的流浪儿、闲杂人员多半属此类。这些人由于在社会上失去地位，得不到社会的承认，便感到生活的空虚。

二是错误的认知。他们将个人价值与社会价值对立起来，只讲个人利益，不尽社会义务。一旦个人要求不能得到满足，就“万念俱灰”。这种情形在青少年与一些成人中间较为普遍。

三是无法满足的精神需求。在现代社会中，人们都在努力创造与积攒财富，但是财富与带来的快乐并非成正比。当财富积聚到一定程度后，一些人对金钱则没有了以前的那种新鲜感、快乐感和满足感，甚至会对之产生麻木乃至厌倦的情绪。

空虚心理的表现，首先就是失去志向，即缺乏作出决定或根据自己作出的决定去行动的能力。这种病态行为的根源在于精神空虚、情绪紧张、意志薄弱，不能把握事物发展的规律，易受暗示及环境的摆布，并有酗酒、嗜烟、聚赌等不良行为。其次是否定一切。儿童向青年期转化，便带来了青年人对过去对外界关心的逐渐减弱，而将注意力逐渐转向自己的内部世界。这时向内部世界的转移是由青年内在的性本能萌动所致。青年在这个时期一下子落入了暴力性的不安之中，因而有所谓青年的反抗、蛮横、怠慢、见异思迁、冷漠等心理表现。他们不但否定了外部世界，也否定了自己，被称为“孤独的、骚动的青春一族”，行为上自然是“虚无主义”。再次是富贵病。多见于社会的“款爷”和“富豪”。由于他们的身份与地位较为显赫，往往会带来一些意想不到的烦恼。为解决这些烦恼，他们就在享乐中寻找刺激，在刺激中寻找欢乐，而这种行为本质上就是一种空虚行为。还有就是“混日子”。这是很常见的病态行为。所谓“混”就是随大溜，得过且过，不求有功但求无过。实际上就是无远大理想，对社会不负责任，而自己则坐享其成，这种不思进取的心理自然也是空虚的。空虚心理的自我调节，主要在于个人意识到生命的价值和意义，树立正确的人生观。而这就需要通过读书学习才能实现。

通过读书学习，能够掌握知识，了解社会发展的规律，正视社会存在。社会的跨地域性、跨时空性，决定了它存在着许多亚文化。主体文化与亚文化构成了社会形态的多元化、复杂化。这就要看主流、看社会发展的方向，绝不能以偏赅全，只看到社会的消极面，而不求上进、委靡不振。应该通过学习，提高思想觉悟，接受并正视现实社会。

通过读书学习，可以接触大量的成功人士的成功事迹，在你的心中树立榜样，激发起你面对社会生活的勇气和信心。多读名人传记，以自勉自强；磨炼意志，提高战胜挫折的心理承受能力和把握自己命运、行为的能力。

积极参与社会实践，学习琴棋书画，陶冶自己的情操，运用音乐来调节自身的情绪和行为。对较严重的精神空虚症可以采用音乐式的自我心理疗法。

不偷清闲，不贪逸趣

宋朝初年大名人钱惟演，生长于富贵之家，后来又做了大官，却没有什么嗜好。他曾经对下属说：“平生唯好读书，坐则读经史，卧则读小说，上厕则读小辞，盖未尝顷刻释卷也。”读书手不释卷，当然是好习惯，值得学习。古往今来，这样的书迷书痴，为数不少。

这个故事特别之处，在于钱惟演以不同的书籍配合他生活的不同片段，读经史正襟危坐，因为要端正心怀，说不定还要做札记。这也透露了经史非消遣之书这一事实。相对来说，小说便是消遣书了，所以便可以用闲适的姿态——例如躺卧着来翻阅。“小辞”不知是否指诗词的“词”，反正是篇幅短小的读物，因为如厕时间不长，读不完大部著作。这则故事启示了人们一项充分利用时间读书学习的方法：利用零散的时间要因地制宜。

现代人的生活节奏越来越快，许多人都常常感到时间紧张，根本没有时间干许多重要的事。而鲁迅先生曾说过：“时间就像海绵里的水，只要愿挤，总还是有的。”实际上正是如此。

有人算过这样一笔账：如果每天临睡前挤出15分钟看书，假如一个中等水平的读者读一本一般性的书，每分钟能读300字，15分钟就能读4 500字。1个月是126 000字，1年的阅读量可以达到1 512 000字。而书籍的篇幅从60 000字到100 000字不等，平均起来大约75 000字。每天读15分钟，1年就可以读20本书，这个数目是可观的，远远超过了世界上人均年阅读量。然而这却并不难实现。

正如鲁迅先生所说：凡在事业上有点成就的人，都有一个成功的诀窍：变“闲暇”为“不闲”，也就是不偷清闲，不贪逸趣。

最有价值的是最有探索精神的人

犹太圣典《塔木德》有一个极短的故事。

——犹太人的孩子几乎都要回答母亲同一个问题：“假如有一天，你的房子突然起火，你会带什么东西逃跑？”如果孩子回答是钱或钻石，那么母亲会进一步问：“有一种无形、五色也无气味的宝贝，你知道是什么吗？”要是孩子答不出来，母亲就会说：“孩子，你应带走的不是别的，而是这个宝贝，这个宝贝就是智慧。智慧是任何人都抢不走的。你只要活着，智慧就永远跟随着你。”

中国有句古语，叫做“书中自有黄金屋”。虽然时代背景发生了变化，但这句古话到现在也没有错：勤奋学习终究会有回报。

一个现代人必须了解时代、把握时代，只有真正把握了时代的走向，你才能不被时代所抛弃。就像诸葛亮所吟唱的那样：“大梦谁先觉？平生我自知！”尤其是当大家都处在一个相对比较封闭的环境，如果不学习，要不了多少年，就不晓得东南西北了。所以，可以说：在新世纪，不学习的人，是植物人；不充电的脑袋，是木瓜；不学习的组织，是僵尸！

你必须花30%的时间来不断学习。成功是不断持续累积的，学习也是一样。想赚得更多，一定要学得更多，你的专业知识，一定要是你行业的顶尖。

当经济不景气，失业率居高不下时，对那些失业的大学生、白领而言，身有一技之长，倒还可以豪言壮语一番，正所谓：人生所至，到处有青山；而对于那些读书少、又失业的人而言，只有“少小不努力，老大徒伤悲”了。

况且，现代社会开始从制造型经济逐渐向知识经济型过渡，雇用人员模式发生了相应的转变，即对被雇用的人学历要求高了。这也是为什么高学历的人容易找工作的另一原因。有学历的白领大多能适应知识经济的发展，而那些没有学历或学历较低的人无法应对时代的转型，一旦自己所从事的行业衰退，就很难再去适应新的工作。

要学会本行业的一切必要的知识，并不是一件简单的事，必须经过艰苦的努力才成。

你要常把学习当做传统教育的一部分，而不是把它当做工作的一部分，其实大多数成功者是一边工作一边学习的。

美国著名的管理学家彼得·圣吉在其著作《第五次修炼》一书中讲述了21世纪学习的4个最本质的进步，即工作与学习之间界限的消失、成才不必去正规学院、建立学习型组织和学习新概念。这些都是当代人积累成功资本不可或缺的。

第一，工作与学习之间界限的消失。当你在从事知识性工作时，在工作的同时你还必须随时随地不断地学习，才能有效执行知识性的工作。

在新的经济组织里，学习所占的比例大增。看看那些寻找精神分裂症基因基础的研究人员、创作新式多媒体应用程序的软件工作者、银行里负责制订公司计划的经理人、为客户评估市场情况的顾问、创立新事业的企业家，或是社区学院里的助教，想想你自己的工作是否也是其中之一。工作与学习交互重叠成了工作能力中最坚实的构成要素。

第二，成才不必去正规学院。因为新经济体系将是知识性经济，而学习则是日常活动以及生命的一部分，因此，企业和个人都将会发现，仅仅是为了要让工作有效率，就必须要学习，企业将会为了竞争而变成学校。

一旦进入数字经济体系里，你就不仅是位知识性工作者，而且也是一位知识性消费者，每个人都要对自己的课程表设计负担相当的责任。你必须制订自己的终身学习计划，自动自发地学习，在工作中学习，并且通过正式的教育渠道及训练，使自己在这个千变万化的经济体系中，永葆盎然生气。

第三，建立学习型组织。学习型组织的概念，经由彼得·圣吉的宣扬，已经广为人知。他认为学习型组织是："人们可以不断扩充自己的能力，以实现自己真正的梦想。在这里，人们可以培养又新又广阔的思考模式，共同的抱负有了挥洒的空间，也可以不断地学习如何与他人共同学习。"

第四，学习新概念。多媒体使学习过程变得多彩多姿，令人叹为观止，并让所有人都愿意接受学习辅助。当然，学校的课程安排还可以更兼顾学生的需求和兴趣，也应当让信息更容易取得。信息高速公路让教师们可以采用光盘的教学手法，使教育提升到一个更高的层次。

学习是一生都要面对的课题

孔子一生勤奋学习，到了晚年，他特别喜欢《易经》。《易经》是很晦涩的，学起来也很困难，可是孔子不怕吃苦，反复诵读，一直到弄懂为止。因为孔子所处的时代，还没有发明纸张，书是用竹简或木简写成的，把许多竹简用皮条编穿在一起，便成为了一册书。由于孔子刻苦学习，竹简翻看的次数太多了，竟使皮条断了三次。后来，人们便据此创造出了"韦编三绝"这个成语，以传诵孔子勤奋好学的精神。

社会的竞争就像一场马拉松比赛，别人都在飞奔，你自己怎么能停止不前？所以"终身学习"已经成为十分迫切的需要。在人们年轻的时候，学习可以陶冶人们的性情，增长知识；到人们年老时，学习又给人们以安慰和勉励。

文坛星宿苏东坡，自幼天资聪颖，在他父亲的悉心教导下，学业大有长进。小小年纪博得了"神童"的美誉。少年苏东坡在一片赞扬声中，不免飘飘然起来。他自以为阅尽天下文章，颇有点自傲。一天，他兴致所至，挥毫写下了一副对联："识遍天下字，读尽人间书。"他刚把对联贴在门前，便被一位白发老翁看到了，他深感这位小苏公子也太过狂傲了，便想给他一个教训。

过了两天，老翁手持一本书，来面见小东坡，声称自己才疏学浅，特来向小苏公子求教。小苏东坡接过那本书，翻开一看傻了眼，那上面的字他竟一个都不认识。老翁见小东坡呆立在那儿，便又恭恭敬敬地说了声："请赐教。"这下，小东坡的脸红得像一块红布一样，无奈，他只得如实告诉老翁，他并不认识这些字。老翁听了哈哈大笑，捋着白胡子指了指那副对联，拿过书本，扭头走了。

小苏东坡望着老翁的背影，惭愧地提笔来到门前，在那副对联的上下联前各加了两个字：

发奋识遍天下字

立志读尽人间书

并以此联铭志，要活到老，学到老，永不满足，永不自傲。从此，他一改以往狂放的姿态，手不释卷，朝夕攻读，虚心求教，最终成为北宋文学界和书画界的佼佼者，博得了唐宋八大家之一的盛誉。

所以青年人必须把自己的精力与心思，放在收集、学习与研究那些以后自己的人生之旅所需要的知识、学问与技能上面，这就是要受"再教育"。如何使自己成为人才呢？你首先就要弄清自己所要成为的"人才"，到底有怎样的内涵？从经济层面看，人才就是特别为社会所需要的人。简单地说，社会需要两种以上知识相叠相补充的人。例如机械工业很有发展前途，但是现在在机械工业里，已大量介入电脑应用，机器配上电脑则可成为附加价值甚高的产品，因此其所需要的人才是既懂机械又懂电脑的人才。你若二者具备，就是他们需要的人才，你的机会就比只懂机械或电脑的人多。

在美国一般制造业的大公司里，要想升任总裁或副总裁等重要职位，必须既懂该公司产品制造的知识，又要懂得企业管理知识，只有这种人，才能将公司经营管理得更好。否则你即使再优秀，也只不过是一名优秀工程师而已，你最多只能做到工厂厂长，很难当上总裁。彼得扎克说："在人生的这场游戏中，你应当保持生活和学习的热情，不断地吸取能够使自己继续成长的东西来充实你的头脑。"因此在美国，很多公司的工程师都跑到学校再去念一个企管硕士，如此努力地"再教育"自己。公司对此也不会视而不见，一般这样的员工大多会有更上一层楼的机会。

在日常工作、生活中，需要相当多的知识和技能。这些在课本上都没有，老师也没有教给我们，这些东西完全要靠我们在实践中边学边摸索。可以说，如果你不继续学习，你就无法取得生活和工作需要的知识，无法使自己适应急速变化的时代，你不仅不能搞好本职工作，反而有被时代淘汰的危险。

当今，科学技术飞速发展。据美国国家研究委员会调查，半数的劳工技能在1～5年内就会变得一无所用。特别是在软件界，毕业10年后所学还能派上用场的不足1/4。你只有以更大的热情，如饥似渴地学习、学习、再学习，才能使自己丰富起来，才能不断地提高自己的整体素质，以便更好地投入到工作和事业中。

许多人认为学习是很辛苦的，曾荣获“联合国和平奖”的日本著名社会活动家和国际创价学会会长池田大作却提出了享受“学习的喜悦”的观点。池田大作指出，人能否体会到“阅读的喜悦”，其人生的深度、广度，会有天渊之别。

终身学习在过去似乎更是一种人生的修养，而在今日，它成了人生存的基本手段。特别是近年来，新技术、新产品和新服务项目层出不穷，就业能力的要求随着技术进步的加速也在不断变化着，标准的提高，使得技术发展的要求与人们实际工作能力之间出现了差距。由此产生了一种相当普遍的社会现象：一方面失业在增加，另一方面又有许多工作岗位找不到合适的就业者；一方面争抢人才的大战异常激烈，另一方面又有大批在岗者被迫离开岗位。伴随着知识经济的来临，企业对劳动力不再只是数量需求，更重要的是对其质量有了新的标准和需求。强化知识更新，树立“终身受教育”的观念已成为时代的呼唤。

美国公司的企业主管，在录用新职员时都爱说：“你要不断进取、发挥才能，否则将被淘汰。”竞争激烈的现代社会对职员的要求就是这样。突破现状、不断进取是事业成功的必备条件，也是时代的必然要求。

无论是出于外在竞争的压力，还是出于内在精神的需求，在现在这个信息时代、知识经济时代，学习不仅仅是一个学习时间的延长问题，而必须有其方式的革命，否则，你仍然无法适应这个时代。对学习方式变革的迫切性和重要性，无论怎么形容都不会过分。

阿尔温·托夫勒把虽然想要学却不知道学习方法的人，叫做“未来文盲”。一个不懂学习方法的人，在过去不能算作一个文盲，但在未来他就是文盲，他的勤奋并不管用。“书山有路勤为径，学海无涯苦作舟”恐怕也得成为历史名言，因为“勤”和“苦”，都不再是这个时代学习方式的特征了。

终身学习，首先应当服从自身的生存目的。一个不明确自己生存目的的人，即使他改进了学习方法，即使他变得一目十行，一天能读四本书，但他整个人生的生存状态是茫然无措的。这不仅使人们想起了穆拉·那斯鲁丁的故事。

> 穆拉·那斯鲁丁在行色匆匆的人群中一路小跑着。有人问他："穆拉，你急着去哪里？"
> "我不知道。"
> "那你在赶什么？"
> "我在赶时间。"

每一个人都一定有自己的生存目的，它或许是有意识的，或许是无意识的。但是像穆拉这样，即使他每天没有一刻的闲暇，他也是不会取得成功的。

终身学习，"与书为友"的人是坚强的。因为他能自在地品味、汲取古人的精神财富，并且运用自如。这种人才是"心灵的巨富"，以钱财来说，就像拥有好几家银行一样，需要多少就能提取多少。要达到这种崇高的境界，最重要的是养成读书的习惯。

总之，人的一生是一个逐步成长的过程。终身进行学习，是人在社会生存的最佳的选择。

第十五章 做人比做事更重要——锤炼人格要高调

忠诚是一种美德

在一项对世界著名企业家的调查中，当问道“您认为员工应具备的品质是什么”时，他们几乎无一例外地选择了“忠诚”。

忠诚是职场中最应值得重视的美德，因为每个企业的发展和壮大都是靠员工的忠诚来维持的，如果所有的员工对公司都不忠诚，那这个公司的结局就是破产。那些不忠诚的员工也自然会失业。

只有所有的员工对企业忠诚，才能发挥出团队力量，才能拧成一股绳，劲往一处使，推动企业走向成功。同样，一个职员，也只有具备了忠诚的品质，他才能取得事业的成功。如果你能忠诚地对待工作，就能赢得老板的信赖，从而给你以晋升的机会，并委以重任，在这样一步一步前进的过程中，你就不知不觉提高了自己的能力，争取到成功的砝码。

员工对老板的忠诚，能够让老板拥有一种事业上的成就感，同时还能增强老板的自信心，更能使公司的凝聚力得到进一步的增强，从而使公司得以发展壮大。所以，很多老板在用人时不仅仅看重个人能力，更看重个人品德，而品德最为关键的是忠诚。那种既忠诚又有很强工作能力的员工是每个老板都心仪的得力助手。

既忠诚又有能力的员工，这种人不管到哪里都是老板喜欢的人，都能找到自己的位置。而那些三心二意，只想着个人得失的员工，就算他的能力无人能及，老板也不会委以重任的。

忠诚于公司、忠诚于老板，实际上就是忠诚于自己。忠诚不同于一味的阿谀奉承，忠诚也不是用嘴巴说出来的。它不仅要经受考验，而且还表现在你的行动和行为上。

忠诚，不是对老板个人的忠诚，而应是对自己企业事业的忠诚。因此，忠诚的表现是多方面的。

1. 忠诚是效率

尽管在管理理论中有所谓适用于员工的X理论和Y理论之分，但是通过管理使员工忠诚于企业却是二者的共同之处，也是考察管理者的管理是否成功的重要标志之一，因为企业的运营是依靠全体员工每日每时勤勤恳恳地工作来维持的。企业经营是以赢得利润为第一要义的，而降低成本、增加营业额便是其基础，而这些都需要员工们尽心尽力、齐心协力地努力来完成各自的工作，发挥出各自的主观能动性，使之做到尽善尽美来实现的。

2. 忠诚是竞争力

员工对企业忠诚必然在工作上表现出高效率、高效益。像《三国演义》里描述的徐庶那样，虽然很有才能，曹操却无法得到他的任何妙计。在此特别应当指出的是，即使是一般员工也同样应当受到企业的尊重。他们是企业的基本成分，他们的热情最能代表企业的士气，他们的工作自觉性也最能于潜移默化中体现企业的实力。

忠诚于自己的公司，忠诚于自己的老板，跟公司的同事和老板和睦相处，与公司同舟共济、荣辱与共，全心全意为公司工作，把公司当成自己的公司，公司成功了，你自然也就赢得了成功。

李瑛长得并不好看，学历也不太高，在一家房地产公司做电脑打字员，李瑛的打字室与老板的办公室之间只隔着一块大玻璃，老板的举止她只要愿意就可以看得清清楚楚，但她很少向那边多看一眼；李瑛每天都有打不完的材料，李瑛知道工作认真刻苦是她唯一可以和别人一争长短的资本。她处处为公司打算，打印纸不舍得浪费一张，如果不是要紧的文件，她会把一张打印纸两面用。

一年后，公司资金运作困难，员工工资开始告急，人们纷纷跳槽，最后总经理办公室的工作人员就剩下她一个。人少了，李瑛的工作量也陡然加重，除了打字，还要做些接听电话、为老板整理文件的杂活儿。有一天，李瑛走进老板的办公室，直截了当地问老板："您认为您的公司已经垮了吗？"老板很惊讶，说："没有！""既然没有，您就不应该这样消沉。现在的情况确实不好，可很多公司都面临着同样的问题，并非只是我们一家。而且虽然您的2 000万美元砸在了工程上，成了一笔死钱，可公司没有全死呀！我们不是还有一个公寓项目吗？只要好好做，这个项目就可以成为公司重整旗鼓的开始。”说完她拿出那个项目的策划文案。隔了几天，李瑛被派去搞那个项目。两个月后，那片位置不算好的公寓全部先期售出，李瑛为公司拿到3 800万美元的支票，公司终于有了起色。

以后的4年，李瑛作为公司的副总经理，帮着老板做了好几个大项目，又忙里偷闲，炒了大半年股票，为公司净赚了600万美元。

又过了4年，公司改成股份制，老板当了董事长，李瑛则成了新公司第一任总经理。老板与相恋多年的女友终于结婚了，在婚礼上，新郎（老板）一定要请李瑛为在场数百名员工讲几句话。

李瑛说：“我为公司炒股赢利了，许多炒股高手问我是如何成功的，我说一要用心，二没私心。”确实，很多人一面在为公司工作，一面在打着个人的小算盘，怎么能让公司赢利呢？世上有些道理本是相通的，比如，夫妻双方应该彼此忠诚，公司和员工也应该彼此忠诚。只有这样，家庭才能和顺，公司才能发达。人在任何时候都不能失去忠诚，因为它是人们的做人之本。

从李瑛的身上，我们可以看到忠诚的魅力，它是一个员工的优势和财富，它能换取老板的信任与坦诚，如果你有了忠诚的美德，总有一天，你会发现它会成为你巨大的财富。相反，如果你失去了忠诚，那你就失去了做人的原则，失去了成功的机会。

忠诚能够体现个人的价值。对于每一个人来说，忠诚就是忠诚于自己的事业，就是以不同的方式为一种事业作出贡献。在组织中，忠诚表现在工作主动、责任心强、细致周到地体察上司的意图。同时忠诚是不以付出作为寻求回报的筹码，但是在个人忘我的工作中，价值会得到最大的体现。

奉献是人生天平上最重的砝码

人需要有一种奉献精神。奉献精神是指为实现某一理想或事业，贡献自己的力量乃至生命。在中华民族的发展史上，多少人为了国家的生存、民族的兴旺而英勇献身，用鲜血和生命写下了一页页不朽的篇章，他们的道德情操和英雄精神将永远激励后人不断奋进。

孔子说："志士仁人，无求生以害仁，有杀身以成仁。"屈原一生洁身修行，"虽九死其犹未悔"，司马迁"常思奋不顾身，而殉国家之急"，诸葛亮"鞠躬尽瘁，死而后已"，文天祥"以身殉道不苟生，道有光明照万古"。所有这些，都是这一精神的生动写照。

一个人拥有奉献精神是难能可贵的。"春蚕到死丝方尽，蜡炬成灰泪始干。"是奉献精神的生动写照，集中反映了一个人的价值取向。奉献是一种高尚的道德情操，是一种真诚自愿的付出行为，一种纯洁高尚的精神境界，是世界上最伟大的壮举。正因为如此，这个世界才变得如此美丽。一个人生活在世上，是需要有奉献精神的。如果每个人都自私自利，尔虞我诈，那么人类怎么会发展到今天，明天又能发展到何处？

人不能只为自己而活，只为自己而活的人，无异于行尸走肉，一具臭皮囊；只有为他人、为社会、为民族、为祖国而活的人，才是真正高尚的人，这种人就是一个纯粹的人。

一个人的人生价值的体现，不在于其地位多高、权力多大、财富多广，不在于高低贵贱，而在于为社会为民族付出的爱心，作出的奉献。可以说，奉献精神就是人生天平上最重的砝码，是人世间最宝贵的财富。一个人生活在世，渺小得如同大海里的一滴水，但只要有对社会、对国家、对民族奉献的意识和行动，真心真意地付出，即使是一滴水，也能折射出太阳的光辉，成为最美丽的风景。

谦虚使人进步

"海纳百川，有容乃大。"一个人的力量总是渺小的，所知所学也很有限，这就要求人们要有一颗最谦虚的心，像大海接纳百川一样，虚心地向所有的人学习，这样才能增强你的知识与技能，才能使你广结朋友、受人尊敬。

"人外有人，天外有天。"只有谦虚，才能学到更多的知识。一个人有才能是值得佩服的事，如果再能用谦虚的美德来充实，那就更值得敬佩了。日本著名的企业家松下幸之助就是这样的一位值得敬佩的成功者。

松下幸之助刚开始做生意时是以科研起家的，对销售并不精通，开发了一种新产品，往往不知道该定价多少最为合适。这时他就从实验室走出来，到零售商那里去请教。他认为经常与消费者接触的零售商，应该最清楚一种产品的价格是否适中，也只有他们才能最敏感地捕捉到消费者的购买力和要求。

他不耻下问，深入到零售商那里，听取他们的意见。他经常拿出最新研制的产品，虚心地向他们请教这样的产品是否是消费者所渴求的，新产品功能是否齐全，他们所能接受的价位是多少。由于他的真诚和朴实，这些零售商都会真心地告诉他这些信息和行情。

松下幸之助就是靠着这些信息迅速形成正确的决策。他所开发出的新产品，果然以其价格合理、简单实用的特点占领了广大市场，为他掘得第一桶金打下了良好的基础。

谦虚还可以使你获得他人的喜爱与信任。人们都喜欢与谦虚的人共事，而不愿与自以为是的人为伍。生活中那些自以为什么都懂、动辄就好为人师的人，是很遭人讨厌的。他们摆出一副“万事通”的面孔来，唯恐被别人轻视。他们炫耀的目的无非是要提高自己的地位，可这样做的唯一结果只能是使他们捉襟见肘、遭人厌恶。

唐代有个诗人叫杜审言，唐中宗时做修文馆学士。其人有些文才，自视甚高，目中无人，自以为写了几首诗就冠绝天下。他视同辈诗人于不屑，就是对古人诗章也大放厥词，以为自己是前无古人、后无来者的天下第一大诗人。他曾大言不惭地说：“我的文章那么好，足以让古代的屈原、宋玉来做我的衙役，当今更是无人能与我较量；我的书法足以让王羲之北面朝拜。”众人听说此言，皆谓之狂徒，人人避而远之。

杜审言可谓狂妄至极，他的骄傲自大，只能显示出他的无知与浮浅，被当时及后世人们所嘲笑，贻笑千古。

如果一个人骄傲自满，狂妄自大，即使是最亲近他的人，也会厌恶他而远去。古代像孔子、老子这样道德高尚的人，尚怀自满招损的恐惧，那么普通人更应该时刻铭记古训，克服自己的骄傲、自满之心。

然而，世间又有几人真能明白这个道理呢？被誉为中国武圣的关羽，智勇双全、义气冲天，堪称一代英豪，但却因骄傲自满，败走麦城，身首异处，实在令人叹息。

关羽出师北进，俘虏了魏国将军于禁，并将魏国征南将军曹仁围困在樊城。当时镇守陆口的吴国大将是吕蒙，他回到建业，称病要休养，陆逊去看望他，两人谈论军国大事，陆逊说："关羽平时经常欺凌别人，现在节节胜利，又立下大功，就会更加自负自满，又听说您生了病，对我们的防范就有可能要松懈下来。他一心只想讨伐魏国，如果此时我们出其不意地进攻，肯定能打他个措手不及。"吕蒙大为叹服陆逊的见识，就向孙权推荐陆逊代替自己前去陆口镇守。

陆逊一到陆口，马上给关羽写信道："你大败魏军，立下赫赫战功，这是多么了不起的事啊！就是以前晋文公在城濮之战中所立的战功，韩信在灭赵中所用的计策，也无法与将军您相比啊。我刚来这里任职，学识浅薄，经验不足，一直很敬仰您的大名，故恳请您多多指教。"这些吹捧让关羽甚是得意，想当然地认为陆逊不过是无名之辈，不足为惧，对后方吴国也就放心了。

陆逊在稳住关羽后，暗中加快军事部署，待条件具备后，指挥大军，一举攻克蜀中要地南郡，关羽败走麦城，终遭杀害。

"谦受益，满招损。"作为几千年古人留下来的古训，当今依然有它的现实意义。只有谦虚，才能增长才干，才能养成优良的美德，才能赢得他人的尊敬；而骄傲自大，狂妄无知，只能付出惨痛的代价，遗恨终身。

退一步海阔天空

人生在世，难免会遇到不顺心的事，这就要求人们要有一颗宽容忍让的心，对人对事，不要相互算计、斤斤计较，要多几分豁达的胸襟。

宽容忍让是一种修养、一种博大的胸怀、一种超然洒脱的态度，也是一种优秀的品德、一种人类个性最高的境界之一。

俗话说，宽容忍让能换来甜蜜的结果。古代的杨翥就是因宽容忍让尝到这种甜蜜结果的人。

杨翥的邻居丢失了一只鸡，叫骂被姓杨的偷去了。家人告知杨翥，杨翥说："又不是就我一家姓杨，随他骂去。"

又一位邻居，每遇下雨天，便将自家院中的积水排放进杨翥家中，使杨家深受脏污潮湿之苦。家人告知杨翥，他却劝解家人："总是晴天干燥的时日多，下雨的日子少嘛。"

久而久之，邻居们被杨翥的忍让所感动。有一年，一伙贼人密谋欲抢杨家的财宝，邻人们得知后，主动组织起来帮杨家守夜防贼，使杨翥家免去了这场灾祸。

忍让和宽容说起来简单，做起来并不容易。因为任何忍让和宽容都是要付出代价的，甚至是痛苦的代价。人的一生谁都不免碰到个人利益受到他人有意或无意的侵害。这时人们就要勇于接受忍让和宽容的考验，谨记"退一步海阔天空"的古训，什么事情都要从大局着眼、长远出发。

西汉时的韩信，由于家里贫穷，没有什么事干，腰里挂把长剑在街上晃来晃去。

一天，城里一个无赖纠集一帮人，拦住了韩信，对着众人大声说："虽然你长得高高大大，还老喜欢带着把剑游来荡去的，其实是个无用的胆小鬼罢了。""你如果不怕死，就刺我一剑！如果怕死，就从我裤裆下钻过去。"说罢，叉开了双腿。众人听罢，大笑起哄。

韩信当众受到如此侮辱，恨不得拔出剑，一剑刺死这个无赖，但他咬了咬牙，俯身从那个无赖的裤裆下爬了过去。

韩信真的是胆小鬼吗？历史早已雄辩地证明了他不是胆小鬼。试想，假如当年韩信逞一时之勇与对方打斗，将对方一剑刺死，按律当斩，哪里还有日后叱咤风云的常胜将军呢。正是韩信的巨大忍耐力，才使其不因小失大，创建了丰功伟绩。

生活中有许多事当忍则忍，能让则让。忍让和宽容不是懦怯胆小，而是关怀体谅。忍让和宽容是给予、是奉献，是人生的一种智慧，是建立人与人之间良好关系的法宝。一个人经历一次忍让，就会获得一次人生的壮丽；经历一次宽容，就会打开一道希望的大门。

瑞典的乔治·罗纳先生就因宽容忍让之心，颇富戏剧性地改变了人生的困境。

乔治·罗纳在维也纳从事律师工作，一直到第二次世界大战才回到瑞典。他身无分文，急需找到一份工作。他会好几种语言，所以想找个进出口公司担任文书工作。大多数公司都回信说因为战争的缘故，他们目前不需要这种服务，但他们会保留他的资料等。其中有一个人却回信给罗纳说："你对我公司的想象完全是错误的，你实在很愚蠢。我一点都不需要文书。即使我真的需要,也不会雇用你，你连瑞典文字都写不好，你的信错误百出。"

罗纳收到这封信时，气得暴跳如雷。这个瑞典人居然敢说我不懂瑞典话！他自己呢？他的回信才是错误百出呢。于是，罗纳写了一封足够气死对方的信。可是他停下来想了一下，对自己说："等等，我怎么知道他不对呢？我学过瑞典语，但它并非我的母语。也许犯了错，我自己都不知道。真是这样的话，我应该再加强学习才能找到工作。这个人可能还帮了我一个忙，虽然他本意并非如此。他表达得虽然糟糕,但不能抵消我欠他的人情。我决定写一封信感谢他。"

罗纳把写好的信揉掉，另外写了一封："你不需要文书，还不厌其烦地回信给我，真是太好了。我对贵公司判断错误，实在很抱歉。我写那封信是因为我查询时，别人告诉我你是这一行的领袖。我不知道自己的信犯了文法上的错误，我很抱歉并觉得惭愧。我会进一步努力学好瑞典语，减少错误。我要谢谢你帮助我成长。"

几天后，罗纳又收到回信，对方请他去办公室见面。罗纳如约前往，并得到了一份工作。

自古以来，那些受人尊敬的政治家、思想家、文学家等，无不都是具有宽广胸怀之人。战国时期的蔺相如就是一个胸怀宽广、坦荡无私的人。

战国时期，蔺相如因卓越的外交才能而被赵惠文王拜为上卿，位列战功卓著的老将军廉颇之上。

廉颇对此大为不满，为自己屈尊于只会动嘴皮子的蔺相如之下而心中不服，表示遇到蔺相如一定要当面羞辱他一番。

蔺相如知道后，不愿意和廉颇争位置高下，便处处留意，上朝时每每称有病，以便回避。

有一次，蔺相如乘车外出，远远望见廉颇的车子急驰而来，急忙叫手下人将车赶入一条小巷。手下人见廉颇的车得意扬扬地远去，非常气愤，以为蔺相如怕廉颇。蔺相如对他们说：

“我连如狼似虎的秦王都不怕，难道还怕廉颇老将军吗？俗话说，两虎相争，必有一伤，我与廉颇身为赵国大臣，如果我们将相不和，互相残杀，只会使秦国得利啊。所以，我对老将军避让，是因为我把国家安全放在前头，不计较个人恩怨啊。”

此话后来传到了廉颇的耳中，他为蔺相如有如此宽大的胸怀深深感动，更为自己的言行深感愧疚。于是脱掉上衣，背负荆杖，亲自到蔺相如家中请罪。蔺相如见廉颇态度真诚，忙亲手解下荆杖，请他入座，两人坦诚相叙，从此誓同生死，成为至交，也成就了一段“将相和”的千古佳话。

宽容所至，干戈化玉帛，仇恨的乌云也会被一片祥和之光所驱散，澄明而辽阔。越是具有宽容品格的人，越能超越自我，成为一个大写的人。

要成就大事，要养成良好的品德，就必须有宽广的襟怀，宽容待人，对他人的一些非原则性的缺点和过失多一些宽容与忍让。

宽容忍让不仅是爱心的体现，也是思想境界的升华。它可以使人们的心灵得到净化和升华，可以给人们带来巨大的人格力量，使人们获取友谊、赢得信任，可以推动人们的事业前进。

善于成人之美

在人生哲学中，乘人之危的做事方式要杜绝。颜之推曾说过：“凡是有一个字可取于人的人，都要显示他称赞他，不能偷窃他人之美作为自己的美。”

李敖也说过："古代的君子，对于他人的善，害怕不能知道；既知道了，又耻于不能称赞他；能称赞他，又耻于不能成就他。"

由此可见古人心胸之开阔，人格之伟大。事实上，古人的这种胸襟正是现代人所缺少的。古人的这种成就他人之美的处世哲学，不仅为现代人的为人做了好榜样，同时也是明哲保身的一大法宝。

现代人要修炼古人的这种大胸襟，并非一朝一夕就可以的，而需要大功力、大涵养。要深深地体会到，当你称赞他人时，他人也会称赞你；你成就了他人之美，反过来他人也会成就你。由此看来，我为人人、人人为我，就成了亘古不变的真理。

成就他人之美，一副小肚鸡肠是不行的，必须胸怀坦荡，善于推荐他人，善于赞美他人、成就他人。

在遇到他人需要帮忙时，只要是自己力所能及的，一定要给予其支持与帮助，千万不可被自私自利的想法左右，对身处逆境需要帮助的朋友袖手旁观，让他自生自灭，这是一种对自己对他人不负责任的行为。

成人之美，就要把他人的事情当做自己的事去办，把他人的荣耀当做自己的荣耀，这是人世间做人的最高境界，做到了，君子的头衔非你莫属。反之，就可能被烙上小人的印记。

为天下举才，首先要做到惜才。如果你推举的人能力、才力都不及你，推举后要帮他赶上你，甚至超过你，如若他的各方面都比你强，也没有必要心生嫉妒，因为他迟早也会为你所用，这是人之本性使然，投桃报李的道理凡是有良知的人都懂。

宋朝时期，王沂公掌管大权，朝中所有官员的升迁调动、人才的选拔，都由他掌管。范仲淹曾经讽刺过他说："使天下有才能的人得到重用是宰相的责任，王沂公的盛德唯独缺少这一条。"

王沂公说："执政而想使恩归于己，那么怨恨归谁呢？"

这句话不但让范仲淹钦佩不已，而且也被后人广为赞颂。

成人之美，成就了别人也成就了自己。在成就了他人梦想的同时，也塑造了自己的美名，人人皆近之，此乃大智者所为。反之，乘人之危，打碎了他人的美梦也破坏了自己的形象，世人皆远之，此乃迂腐者所为。

坚守规则，战胜人性弱点

人性中有很多弱点，如贪图享受、容易满足、不求上进、回避困难、自我轻视、盲目乐观、懒散傲慢等。人生要想获得成功，就必须战胜自己的这些弱点，而要想战胜这些人性的弱点，首先你要坚守住自己做人的准则。

罗曼·罗兰塑造的约翰·克利斯朵夫的形象，为人们展示了一个人战胜自己的艰苦历程。

约翰·克利斯朵夫出生在一个贫民家庭，他要靠自己的奋斗获得人生成功，就得与社会斗、与自己斗。来自约翰·克利斯朵夫内心的敌人有两个：一是宗教意识，一是本能、欲望。前者要他认命，后者要他堕落。约翰·克利斯朵夫靠着顽强的意志与自己战斗，在那个污泥浊水的世界里，始终保持纯洁的品性，战胜了自己身上存在的人性的弱点，实现了自己的历史使命，在他临终时心灵达到高度和谐的境界：没有痛苦、没有恩怨，只有真正的快乐。

在物欲横流的社会里，有很多人成了物质财富、金钱美女的俘虏，从而使一生的努力毁于一旦，究其原因，无非是没有坚守住自己做人的准则，被内心的敌人——人性的弱点打败了。

人性弱点真的是难以战胜吗？其实不然，要战胜人性的弱点，可以从以下几个方面着手：

第一，必须树立坚定不移的信念。很多人都想获得人生成功，但是又缺乏自信，因而这个信念并不坚定，稍遇风吹浪打，便动摇放弃了。只有坚定人生成功的信念，才能与自己人性的弱点作斗争。

第二，要有顽强的意志。人生并不总是顺境，对大多数人来说，逆境会使他们自甘沉沦，只有少数具有顽强意志的人才能够战胜自己的弱点，顶天立地，像蜡梅一样在冰天雪地里傲然开放人生灿烂之花。

第三，把社会的需要与自己的长处结合起来发展自己，战胜自己。很多人最后被自己打败，是因为怀才不遇，自暴自弃。还有很多人失败是因为完全放弃了自己的特长兴趣而跟着社会跑，最后完全丧失了自我。只有把社会与个性特点结合起来发展，才能在顺境中克服自己人性的弱点。

马斯洛的人本主义心理学认为：人的欲望是天赋人权，人来到这个世上，就有权利满足自己的欲望。但是满足欲望的方式必须在不损坏他人利益的基础上，在社会规范的基础上，如果放纵自己的欲望，必定给自己或他人带来灾难。

在列夫·托尔斯泰的作品中，有一个人叫巴荷姆，他到草原上去购买土地，卖地人提出的售地方法是：只要出1 000卢布，那么从日出到日落走过的土地就归这个人所有。不过，如果在日落之前，买地的人回不到出发点，那他就一点土地也得不到。1 000卢布也就归卖地人了。

巴荷姆付了1 000卢布，到第二天太阳刚刚升起时，他就急忙大踏步向前走去。他走了很久很久，才拐弯向左走，又走了很久很久，发现太阳都快落山了，才朝出发点拼命跑去。他跑呀跑呀，等到快跑到出发点时，两腿一软倒在地上，然后再也没有起来。

不言而喻，巴荷姆就是放纵了自己的贪欲，不但没有得到土地，连自己的命也送掉了。与之相反，大作家歌德，就是因为很好地控制了自己的欲望，为它找到了一个恰当的宣泄品，才没有被它淹没。

歌德年轻时爱上了他朋友的妻子，这种爱的欲望又无法实现，使他非常痛苦。这种忘不掉又实现不了的爱情使歌德把自己关到房子里不愿见人。几个星期过去了，一部世界名著《少年维特的烦恼》诞生了。

歌德把自己无法满足的欲望升华为一部小说。在小说里，他把自己在现实中不能讲的话痛快淋漓地宣泄了出来，不仅使他那被压抑的爱情得到了释放，并因此而一举成名。

在现实生活中，人们的欲望并不都能成为现实。有的人就把阻碍自己欲望实现的对象统统视为敌人，这样一来，周围的人就都成了他们的敌人。

欲望是人生有活力的表现，但实现欲望的方式和途径是多种多样的。当你以某种方式满足不了或者宣泄不了心头的欲望时，不妨换一种方式，或许也就获得了成功。千万要记住，不能任由自己的欲望恶性膨胀，更不能使用违背做人准则的方式去实现它，因为这样不仅不会满足你的欲望，甚至还会引来爆炸，将你自己炸得粉身碎骨。

给别人一颗心，就能听到两颗心跳动的声音

一个青年到河边钓鱼，遇到一捕蟹老人，身背一个大蟹篓，但篓没有盖。他出于好心，提醒老人说："大伯，你的蟹篓忘了盖上。"

老人回头看了他一眼，微微一笑："年轻人，谢谢你的好意。不过你放心，蟹篓可以不盖。要是有蟹爬出来，别的蟹就会把它钳住，结果谁都跑不掉。"

听完老人的回答，他感慨良多。记得某地发生大地震，有个小煤矿的工人谁也不甘落后，争先恐后往外挤。由于坑道出口太小，结果谁也无法逃生。而在另一个小煤矿里，队长当时很镇定，他大声喊道："大家不要挤！一个一个来。"他自己不急于逃生，而是留在后面指挥。结果 20 多个矿工全都安全逃了出来，他自己也脱离了险境。

生活中常是如此。如果你不给别人机会，最终将是自断生路，不会有长远的发展。那些看不得别人进步、千方百计拖人后腿的人，是不明智不可取的。

一天，一个贫穷的小男孩为了攒够学费正挨家挨户地推销商品。劳累了一整天的他此时感到十分饥饿，但摸遍全身，却只有一角钱。怎么办呢？他决定向下一户人家讨口饭吃。当一位美丽的女孩打开房门的时候，这个小男孩却有点不知所措了，他没有要饭，只乞求给他一口水喝。这位女孩看到他很饥饿的样子，就拿了一大杯牛奶给他。男孩慢慢地喝完牛奶，问道："我应该付多少钱？"年轻女子回答道："一分钱也不用付。妈妈教导我们，要有爱心，不图回报。"男孩说："那么，就请接受我由衷的感谢吧！"说完男孩离开了这户人家。此时，他不仅感到自己浑身是劲儿，而且还看到上帝正朝他点头微笑。其实，男孩本来是打算退学的。

数年之后，那位年轻女子得了一种罕见的重病，当地的医生对此束手无策。最后，她被转到大城市医治，由专家会诊治疗。当年

的那个小男孩如今已是大名鼎鼎的霍华德·凯利医生了，他也参与了医治方案的制订。当看到病历上所写的病人的来历时，一个奇怪的念头霎时间闪过他的脑际。他马上起身直奔病房。

来到病房，凯利医生一眼就认出床上躺着的病人就是那位曾帮助过他的恩人。他回到自己的办公室，决心一定要竭尽所能来治好恩人的病。从那天起，他就特别关照这个病人。经过艰辛努力，手术成功了。凯利医生要求把医药费通知单送到他那里，在通知单上，他签了字。

当医药费通知单送到这位特殊的病人手中时，她不敢看，因为她确信，治病的费用将会花去她的全部家当。最后，她还是鼓起勇气，翻开了医药费通知单，通知单上的那行小字引起了她的注意，她不禁轻声读了出来："医药费——一满杯牛奶。霍华德·凯利医生！"

佛教讲究善恶轮回，因果报应。其实在现实生活中，这种所谓的"因果报应"只不过是心存感激的受惠者对施惠者的一种报偿而已。对他人施与善行，往往能收到别人更加丰厚的回报。明智的父母都懂得让孩子奉献自己的爱心，帮助别人。帮助别人，就是帮助自己，而你为别人付出的时候，本身就体验到了生命的快乐和富足。

留三分余地给别人，就是留三分余地给自己。为人处世，你不能只考虑眼前的得失，考虑到以后的生存和发展才是最明智的选择。

赠人玫瑰，手有余香

一个快乐的男孩吹着口哨，从一片草地走过。他看到道旁的木椅上坐着一个女孩。阳光很好，草木郁郁葱葱，而女孩的眼里却满是愁苦和忧郁。男孩随手采了一束狗尾草，微笑着送给女孩，而后快乐地吹着口哨，慢慢地走远。

一个再平常不过的清晨，洒水车司机发现了一位衣衫褴褛的小男孩一直尾随其后，一条街，又一条街。司机终于忍不住好奇，停车询问。原来小男孩是个孤儿，今天是他的生日，而洒水车放出的音乐，正是那首《祝你生日快乐》。司机得知原委，双眼潮热，邀请小男孩坐在驾驶室。那个清晨，整个城市便飘荡着温馨的生日歌。

生命因有了爱，而更加富有，因付出了爱而更有价值，更为芬芳。

一个极其寒冷的冬天的夜晚，路边一间简陋的旅店迎来了一对上了年纪的客人。然而不幸的是，这间小旅店早就客满了。“这已是我们寻找的第十六家旅社了，这鬼天气，到处客满，我们怎么办呢？”这对老夫妻望着店外阴冷的夜晚发愁地说。

店里的小伙计不忍心这对老人出去受冻，便建议说：“如果你们不嫌弃的话，今晚就睡在我的床铺上吧，我自己在店堂里打个地铺。”老夫妻非常感激，第二天要照店价付房费，小伙计坚决拒绝了。临走时，老夫妻开玩笑地说：“你经营旅店的才能可以当一家五星级酒店的总经理。”“那真是太好了！起码收入多些，这样我就可以养活我的老母亲。”小伙计随口应道，哈哈一笑。

没想到两年后的一天，小伙计收到一封寄自纽约的来信，信中夹有一张往返纽约的双程机票，邀请他去拜访当年那对睡他床铺的老夫妻。

小伙计来到繁华的大都市纽约，老夫妻把小伙计引到第五大街和三十四街交会处，指着那儿的一幢摩天大楼说：“这是一座专门为你兴建的五星级宾馆，现在我们正式邀请你来当总经理。”

年轻的小伙计因为一次举手之劳的助人行为，美梦成真。

这就是著名的奥斯多利亚大饭店经理——乔治·波非特和他的恩人威廉先生一家的真实故事。

灵魂最美的音乐是善良。如果你想要用爱或其他有价值的事物充实人生，也是同样的道理。付出和回报是一体的两面。如果你想要更多的爱、乐趣、尊重、成功或任何东西，方法很简单：付出。不要担心任何事情，你所付出的一切最终都会回报给你！

善良是不求回报的，当你做善事而心存回报的企图时，善良已然变味。然而，当你用一颗无私的心去付出时，你收获到的也将是累累的硕果。

帮助他人就是帮助自己，要时刻保持一颗同情心。你不能对身处困境的人熟视无睹，那种丧失了同情心的人同时也会把自己推进冷漠的世界。

俗话说，“投之以桃，报之以李”，今天你帮助他人，给予他人方便，他可能不会马上报答你，但他会记住你的好，也许会在你不如意时给你以回报。退一万步来说，你帮助别人，别人即使不会报答你，但可以肯定的是，别人日后至少不会做出对你不利的事情。如果大家都不做不利于你的事情，这对你不也是一种极大的帮助吗？生活的目标是善良。这是人们的灵魂所固有的一种感情。

行善是一种美德。善行既可以帮助身处困境中的人，又可以使你的心灵得到安慰，使你的修养得到提升。

第十六章　高调做事更要低调做人

低调做人是一种大智慧

什么是低调做人？低调做人既是一种谦逊的姿态，又是一种宽容的风度；既是一种内在的涵养，又是一种清醒的睿智。低调做人不仅可以保护自己，与人们和谐相处，也可以让人暗蓄力量，在不显不露中成就事业；不仅可以让人在卑微时安贫乐道，豁达大度，也可以让人在显赫时持盈若亏，不骄不狂。

说起低调做人，我们不会忘记曾经受过“胯下之辱”的韩信，他能够审时度势，不与市井无赖计较，表现出懦弱无能的样子，来迷惑那些小人。所以韩信暂时的低头，铸就成将来的辉煌。可是，韩信并没有善终，因为他没有坚持低调到底。他成名后，居功自傲，贪图权位，支持部下谋反，最后被吕后在长乐宫斩杀，最终走上了一条不归路。追根溯源，是因为他不知道急流勇退，不懂得谦逊做人，一味地贪图享乐，狂妄自傲，全然忘记了多年前那“胯下之辱”情景。

范蠡无疑是低调做人的智者。他深知越王勾践是一个只能共苦不能同甘的君王，在他辅助越王勾践灭掉吴国后，他就曾规劝文种大夫，马上离开。可遗憾的是，文种并没有听从范蠡的忠告，继续留下来忠心耿耿地辅佐勾践，最后却落了个被赐死的下场。而范蠡呢，则泛舟湖中，带着自己心爱的人——西施，远走他乡经商去了，不久就成了富翁，被人誉为“陶朱公”。

这就告诉了人们一个事实：人在卑微时低调做人很容易，因为你还没有高调做人的资本。难的是要在高位时保持低调做人，古往今来有多少人在地位显赫的时候栽跟斗，就不胜枚举了。所以有时候放弃是一种智慧，缺陷是一种恩惠，关键是看你怎么去把握了。

商界巨子李嘉诚，在他的儿子李泽楷进入商界时曾有过这样一句训话：“树大招风，低调做人。”可见，成功人士更懂得“风头不可出尽，便宜不可占尽”的道理。所以，他们用低调来保持自己的成功，这可谓是一种聪明的做人哲学。

纵观历史风云，凡是成就卓越的人，做人都是低调的，“谦受益，满招损”，“天外有天，人外有人”。凡事要站得高，看得远，要顾全大局，不能因小失大，更不能小肚鸡肠，不要太张扬，不要争功诿过，要提倡推功揽过。多讲别人的成绩和优点，少翻少讲别人的旧账和缺点。无论对待何人何事，都要看主流、看全局、看本质、看长远，要有爱才之心、容才之量、举才之德、护才之魄。懂得低调做人，是大智慧。只有懂得始终保持低调做人的人，才能在人生的舞台上，演好每一个角色。

做人越低调，生活越轻松

现代社会的生活节奏日趋加快，竞争日趋激烈，压力也越来越大，往往使人们感觉活得好累好累。这种压力所带来的“累”是浮躁产生的重要根源。人不能没有压力，没有压力就不会有动力。可很多时候，你给自身加上了许多本不该有的压力，你急需缓解这些压力，你才会活得轻松。

在现代社会，也许所有的人都有一个共同的感受，那就是“累”。“累！”不知不觉竟成了所有人的口头禅，疲惫感充斥着整个身心，干什么也提不起精神。躺在床上睡懒觉是现代人最大的业余爱好，朝气蓬勃、活力四射，似乎在人们身上了无踪迹……

累其实有两种，一种叫“体累”，另一种叫“心累”。心理学称前者为生理疲劳，后者为心理疲劳。心理疲劳和生理疲劳不同，它多半带有主观体验的性质，并不完全是客观生理指标变化的反映。人们的这种感受，就是一种心理上的疲劳。心理疲劳主要是由于压力造成的。

打开每日的报纸，常见虐儿、跳楼、纵火、自杀的事件。他们是受精神困扰，饱受压力的一群。的确，生活在现今这个竞争激烈的社会，每个人都面对不同程度的压力，例如，男人心里常记挂着赚钱，要事业有成，好向家人有个交代；女人一面要工作，一面要照顾家人，总感觉时间不够；学生背负老师、父母的期望，要努力读书，奈何资质有限，成绩差等。

压力是什么？简单而言，压力是一种感觉，而且是十分主观的感觉，大多数压力是自己制造的。身处在同一事物或环境中，不同的人会有不同的感觉。当遇上压力时，生理和心理会有一连串的反应，如未能善加控制这些反应，便会引起各种疾病，包括头痛、背痛、神经过敏、急躁不安等问题，甚至精神失常。

压力是无形的，但你会感觉它的存在。压力永远是愈压愈大，愈来愈多，直至你不能承受时，人便崩溃。所以你必须了解、认识压力，控制它，不要被它控制。

那么，怎样才能有效缓解压力呢？关键就是对自己要有一个全方位的认知，要根据自己的性格特征、能力、体力和环境等具体条件去设计自己的人生目标。最好的心理健康策略就是对自己不挑剔，不给自己定一个太高的期望值标准。而低调就是对这种期望值的最低设置。

之所以你感觉很累，其心理原因就是每天都在强求自己去实现某种美好的憧憬，爱与人攀比，每天都在膨胀着自己的欲望，把别人的行为结果作为自己追求的目标，以致产生贪婪的心理情结，心理上产生一种“不到长城非好汉”的饥荒感觉，对地位的饥饿、对金钱的渴望、对虚伪自尊的坚持、对享乐的无尽欲求等，造成自身的不愉快，总感觉到生活得很累很累。其治疗的“良药”是用实事求是的态度去开发自己的潜能，不要过分地注意别人的掌声与称赞，在不断地扩大自己心理空间的同时去体验生活本身的意义和愉快。

你应该要面对现实，更新观念，努力地去追求和进取，这样自己就会发现自己的光辉。心理学家马斯洛有句名言：“第一流的汤比第二流的画更富创造性。”意思是说，在竞争如此激烈的环境中，如果你适合当一名厨师，那就不必要去追求当一名画家了。

压力是现代生活中很平常的一部分，如果能积极地对待它，那么压力将会成为动力。做事时有点压力才会有动力，否则拖拖拉拉永无完结的一天，有个时限，工作才会完成。适量的压力，可推动你快速地把事情做好。

低调是成功者最好的外衣

一个人究竟强不强，不是看你有多么出名，多么有权有势，而是看你有没有真正让自己强起来的坚实基础和本事。真正有本事的人讲究运筹帷幄，厚积薄发，修于内而成于外，这才是真正让人佩服的成功。

真正有作为的人，从来不与人争名夺利，而是默默无闻地干实事，将名利置之度外，一步一个脚印地去做；只有那些利欲心极重，又迫不及待想成功的才会去沽名钓誉。极尽张扬之能事，虚妄于花拳绣腿，玩弄花招，得一时之逞，到最后经不起大风大浪的折腾，船倒帆折，一败涂地。

圣人早就告诫人们：“满招损，谦受益。”一个人太出风头，就会招致打击；一个人过分追求完美，反而会遭到挑剔和批评。大多数的人能够同情弱者，却敌视比自己强的人，能够认同踏踏实实地做事，却讨厌那些张扬跋扈的人。所以后者的人际关系更为紧张，处世更为外露，自然招致他人的反感情绪。生活中这样的情况是非常多的。所以，为人处世一定要谦虚谨慎，脚踏实地，千万不要狂妄自大，过度张扬。

一个真正强者总是高深莫测，不显山不露水，默默耕耘，苦心孤诣，直至成功。成功以后，这样的人也不喜欢张名扬利，而是继续探索，继续追求，寻求新的突破，这才是低调估做人的强者。其实做一个低调的强者并不难，甚至比做一个张扬的强者更为简单。

首先，低调的人总是喜欢藏锋守拙，待机而发，在别人面前表现出来的更多的是大智若愚、大巧似拙的一面，心态平和踏实，锋芒内敛，虚心于请教和完善，具有认真谨慎的工作态度。这样的人往往具有十分缜密的个人思维习惯，处乱不惊，目光长远，再加上艰苦的磨炼，顽强的意志，都为事业成功奠定了一个坚实的基础。

其次，低调是一种修为，是成就大事的一种方式。一个低调的人，身性高洁，意志坚定，又具有超脱欲望、淡泊名利的胸襟。这样的人想的不是怎么把钱赚到手，而想的是怎样把事情做好。功到自然成，一切都是水到渠成的事情。

再次，盲目地张扬自己的本事，亮出全部的看家本事。这些人往往私心杂念太重，名利思想过浓，如果事业不成，很可能会身败名裂，即使不身败名裂，恐怕事业上也必然遭受沉重的打击。

想把大事做成功，就得低调做人。这不是伪装自己，而是更好地为自己创造条件，取得最后的胜利。

低调的人更易成功

东汉的邓皇后就是一位用低调的方式取得成功的人。她原是东汉和帝的宫女，名叫邓绥。邓绥出身名门望族，祖父是东汉的开国功臣，母亲是汉光武帝皇后的侄女。她从小博学强闻，琴棋书画无一不精，而且非常善解人意。12岁的时候，邓绥被选入汉和帝的后宫，但当时她的父亲刚刚去世，她要在家守丧，所以暂时没有入宫。同时入选的女子中有一位阴氏，貌美聪慧，深受汉和帝的宠爱，不久即被立为皇后。

三年之后，邓绥守丧期满，便进了皇宫。此时她芳龄16，身材修长，肌肤若雪，秀骨姗姗，而且性格娴静，气质恬淡，见过她的人都觉得她是仙女。汉和帝尽管有后宫粉黛6000多，但和邓绥一比，都在瞬间失去了颜色。汉和帝一见邓绥，惊为天人，对她十分宠爱。但是，邓绥虽然艳绝后宫，又深受皇帝宠爱，却并不因此自高自大，更没有得意忘形，而是始终保持低调。她深明事理，善解人意，又自制极严，事事谨慎，一切行动都遵循礼法。她不但对阴皇后十分恭敬，就是对待那些宫女、内侍们，也非常体贴，因此，宫中上下都对她抱有好感，经常有人在汉和帝的面前赞扬她的品德。

但是，邓绥的贤惠却遭到了一个人的强烈嫉妒，她就是阴皇后。虽然邓绥对她从来没有缺过礼数，而且很多时候都对她表现得尤其恭敬，可阴皇后始终看不惯她。阴皇后觉得邓绥独得皇帝宠爱，在宫中的声望也远远高于自己，早就暗中把她视为最大的敌人。对此，邓绥并不和她计较，而是更加小心谨慎。她平时穿的衣服，如果偶尔与阴皇后穿的是同一种颜色，她便立刻换掉；有时与阴皇后同时进见和帝，她一定不与阴皇后并行，而是走在阴皇后的后面；见了皇帝之后，邓绥也只是在侧面坐下，显出低人一等的样子；每次和帝向她们问话时，她也总是等到阴皇后先说完才开口，绝不和阴皇后同时说话；对于阴皇后的命令，不管对错与否，邓绥也绝不推脱怠慢，都很认真地听从和执行。不仅如此，邓绥见和帝对自己日益宠爱，对阴皇后却日渐冷淡，内心感到很不安。每当和帝想在她那里留宿，她就推说身体不适，劝和帝去阴皇后那里。和帝非常赞赏她的涵养，对她这种委曲求全的做法十分感慨，觉得真是太难为她了，因此对她更加宠爱。

一次，邓绥忽然生了病，和帝对此十分关心，就特地嘱托邓氏家属前来探望、照顾，并且破例允许他们自由往来，不限时日。邓绥看到这种情况，屡次劝谏说："皇宫重地，不能让外戚长时间待在这里。如此让他们久留，在上会让陛下蒙受偏爱的嫌疑，在下也会让人觉得贱妾太不知足。还是请陛下下令让我的亲戚们回去吧。"汉和帝很赞叹她谦恭自爱，劝慰她说，既然是你的亲戚，我又何必提防呢。和帝对她越加宠幸，暗暗有了立她为皇后的心思。

不多久，汉和帝得了痢疾，卧病在床，一段时间过后，病情非但没有好转，反倒更加严重起来。大家都以为皇帝没有活下去的希望了。邓绥见了，就天天求神拜佛，祈祷上苍保佑和帝早日康复。可是，阴皇后看到和帝生命垂危，暗自庆幸终于有了报复邓绥的机会。阴皇后悄悄对左右的心腹说："我如果得志，一定要将邓氏满门抄斩。"邓绥听说此事后，觉得自己既然遭阴皇后如此憎恨，加上皇上又病势沉重，日后肯定难逃厄运，与其这样，还不如现在就自杀。当她准备服毒自尽时，左右的侍从夺下了她的毒药，骗她说皇帝的病已经好了，邓绥这才没有自杀。不久和帝的病情竟然真的慢慢好转起来了。当他得知此事后，越发憎恶阴皇后，而对邓绥则更加怜爱了。

但阴皇后并没有停下来，她还是想方设法要除掉邓绥。她和她的外祖母悄悄商量，暗行巫蛊，让巫师咒死邓绥，以泄心头之恨。不想阴皇后要行巫蛊的消息很快泄露了。汉和帝下令将巫师等一干人逮捕，严刑拷问，他们供出了巫蛊诅咒的幕后主使。本来，汉和帝对阴皇后看不顺眼已经很久了，现在又发生了这样的事，他立刻下旨把她废掉，册立邓绥为皇后。邓绥再三谦让，最终也没推脱掉，她只好接受。

后来，汉和帝去世，邓绥成了皇太后。她先后迎立殇帝、安帝，临朝执政 16 年。她胸怀豁达，治国有方，临政期间力行节俭，反对腐败，体恤民情，为民减负，在当时有口皆碑。

邓绥最后能够成为汉和帝的皇后，和她一贯低调做人和谦卑做事是分不开的。正因为她谦虚谨慎，一直保持低调，所以才得到了汉和帝的由衷赞赏和左右侍从的爱戴。而阴皇后却一味高调，只会想用各种方法除掉情敌，却徒惹汉和帝厌恶，特别是她在和帝病重时说的那一番报仇的话，更是显得招摇；到最后，阴皇后更是把自己也给赔了进去。反观邓绥，她为人做事，始终保持低调，保持低姿态，最终取得了成功，不但做了皇后，而且成了皇太后，还把国家治理得井井有条，自己也获得了很高的声望。比起阴皇后最终被废的命运，其间的好坏差距可谓天壤之别。所以，坚持低调，并不是离成功更远，而是离成功更近。

智者善屈尊，愚者强出头

有这样一种人，他们虽然思路敏捷，口若悬河，但一说话总令人感到狂妄，因此别人很难接受他们的观点和建议。这种人多数都是因为太爱表现自己，总想让别人知道自己很有能力，处处想显示自己的优越感，时时幻想能获得他人的敬佩和认可，结果却适得其反，失掉了在别人心目中的威信。每个人都希望得到他人的肯定性评价，都在不知不觉地强烈维护着自己的形象和尊严，如果为人处世时过分地显示出高人一等的优越感，目空一切，妄自尊大，那就是在无形之中对对方的自尊和自信进行挑战与轻视，对方的排斥心理乃至敌意也就不知不觉地产生了。泰戈尔说："微小的知识使人骄傲，丰富的知识使人谦虚。"空心的禾穗高傲地举头向天，而充实的谷穗，则低头向着大地，向着它的母亲。目空一切和妄自尊大的结果只能使自己的形象扭曲，在伤害别人的同时也伤害了自己。

法国哲学家罗西法古说："如果你要得到仇人，就表现得比你的朋友优越吧；如果你要得到朋友，就要让你的朋友表现得比你优越。"当你的朋友表现得比你优越时，他们就有了一种重要人物的感觉，但是当你表现得比他还优越，他们就会产生一种自卑感，形成嫉妒的情绪。

社会上，那些谦让而豁达的人们总能赢得更多的朋友。他们善于放下自己的架子，虔诚、恭敬地对待身边的每一个人。反之，那些妄自尊大、高看自己小看别人的人什么事都爱露一手，仿佛就自己行，对别人不屑一顾，总认为，在这个世界上，唯我最大，舍我其谁，因此，只要是涉及利益重新分配或调整时，他都采取"当仁不让"的态度，因而什么都想沾，什么都想贪，这样的人到最后都受到了人们的鄙视。正如希腊一位叫希尔泰的学者所说的："傲慢始终与相当数量的愚蠢结伴而行。傲慢总是在即将破灭之时，及时出现。傲慢一现，谋事必败。"

智者善屈尊，愚者强出头。商人总是隐藏其宝物，君子品德高尚，而外貌却显得愚笨。必要时要藏其锋芒，收其锐气，不可不分场合将自己的才能让人一览无遗。你的长处短处被别人看透，就容易被他们操纵。相反，谦虚的人往往能得到别人的信赖。谦虚，别人才不会认为你会对他构成威胁，才会赢得别人的尊重，从而建立和睦相处的人际关系。

李永是人事局调配科一位相当得人缘的骨干，按说搞人事调配工作是最得罪人的事，可他却是个例外，在他刚到人事局的那段日子里，在同事中几乎连一个朋友都没有。因为他正春风得意，对自己的机遇和才能非常自信。因此每天都极力吹嘘他在工作中的成绩，每天有多少人找他请求帮忙等得意之事。然而同事们听了之后不仅没有人分享他的“成就”，而且还极不高兴。后来是老父亲一语点破，他才意识到自己的错误。从此，他就很少谈自己的成就而多听同事说话，因为他们也有很多事情要吹嘘。让他们把自己的成就说出来，远比听别人吹嘘更令他们兴奋。后来，每当他有时间与同事闲聊的时候，他总是先请对方滔滔不绝地把他们的成就炫耀出来，与其分享，仅仅在对方问他的时候，才谦虚地表露一下自己。

对自己的成就轻描淡写，以低姿态出现在人们面前，这是安身立命的方略。学会谦虚，才能永远受到人们的欢迎。

被称为美国人之父的富兰克林，年轻时曾去拜访一位德高望重的老前辈。那时他年轻气盛，挺胸抬头迈着大步，一进门，他的头就狠狠地撞在门框上，疼得他一边不住地用手揉搓一边看着比他的身子矮去一大截的门。出来迎接他的前辈看到他这副样子，笑笑说：“很痛吧！可是，这将是你今天访问我的最大收获。一个人要想平安无事地活在世上，就必须时刻记住：该低头时就低头。这也是我要教你的事情。”

富兰克林从这一准则中受益终身，后来，他功勋卓越，成为一代伟人，他在他的一次谈话中说：“这一启发帮了我的大忙。”

这个故事，何尝不是给了人们一大启发呢！

能屈能伸，才能成就大业

一直都有职场如战场的说法，许多人绞尽脑汁地想学习一些在职场“摸爬滚打”的技巧。其实古人早已用行动告诉人们这些技巧了。

1. 勾践卧薪尝胆

七国争霸时期，位于长江下游的吴国和越国爆发了一场战争！意气风发的越王勾践任命范蠡为军师，大战吴军取得胜利。年迈的吴王也因伤重而亡，年少的夫差继承了王位。三年后，年轻的吴王夫差率军攻打越国，双方交战后，越国大败，吴军攻到越国之都会稽。越国大臣文种买通吴国大臣伯嚭与吴王极力周旋，终于让吴王动了恻隐之心，决定不灭越国。至此，越国才得以幸存。越王与王后和范蠡在吴国当奴，勾践夫妇穿上了粗布衣，住进了石头房，给吴王养马驾车，舂米推磨，受尽了屈辱。三年后，吴王生病，范蠡出计，让越王勾践为吴王夫差尝粪而寻找病源，这一举动彻底让夫差放下了对他的戒心，夫差以为勾践彻底归顺了自己，就释放了勾践回国。

勾践回到越国后，立志报仇雪耻。他唯恐眼前的安逸生活消磨了志气，就睡在柴草上面，在房子的上梁吊了一根绳子，绳子的另一端系着一只奇苦无比的猪苦胆，每天醒来之时，勾践做的第一件事就是先尝一口苦胆！二十年如一日。勾践决定要使越国富强起来，他亲自参与耕种，叫他的夫人自己织布，还鼓励生产。因为越国遭到亡国的灾难，人口大大减少，他订出奖励生育的制度。他叫文种管理国家大事，叫范蠡训练兵马，自己虚心听从别人的意见，救济贫苦的百姓。全国的老百姓都巴不得多加一把劲，好让自己这个受欺压的国家变成为强国。

公元前 473 年，勾践秘密发起藏于民间的 3 万雄兵，一举将姑苏城团团围困。此时，夫差还有 5 万兵马，却因粮草难济而不敢出城一战。勾践创造了人类君王史的奇迹！他苦心励志，发愤强国，创下了以小打大，以弱胜强，以卵击石的人间神话！

“卧薪尝胆”的典故被称为中华几千年文明史中的经典，勾践超人的意志也被人们赞颂了几千年。

或许有些人会说勾践这是苟且偷生，不值得称道。但如果当时勾践“不为五斗米折腰”，那结果又会是怎样的呢？心高气傲的夫差必定会将他杀得片甲不留，越国的命运也一定是国破家亡，生灵涂炭。正是因为勾践的委曲求全，才有了后来的东山再起。大丈夫能屈能伸，忍人所不能忍，才能为人所不能为，方能成就伟业。

2. 勿逞匹夫之勇

在职场中，有很多表面看起来很吃亏的事情，例如工作的调动、环境的迁移等。面对这些状况，一个有志向、有理想的人，总是能够泰然处之，不会在这种小事上纠缠不清，更不会意气用事去逞匹夫之勇。

李强在公司待了有两年了，其工作和处事能力都是无人能及的。但却有个毛病，性子太急，做什么事都风风火火。

公司的发展很顺利，刚在外地成立了一个分公司，李强被委以重任，全力负责分公司的开发。李强一听就不爽了，自己在公司任劳任怨两年之久，竟被扔到一个穷乡僻壤之地去开发市场，心里有说不出的难受与委屈。为此公司经理还特意找他谈心，说明分公司的开发只是暂时的，等一切就绪就会调他回来，可他还是毅然辞职离去。他走后不久，分公司就交给另一个人去打理了，事情发展得一帆风顺，才半年就又调回了总公司，可这一切都与李强无关了。

事实上李强职场不得意的命运，严格来说，是他自己火暴性子的牺牲品。

由于职场的压力大与节奏快，加上不可避免的政治背景，人很容易产生急躁情绪。大发雷霆、出言不逊、得理不饶人，甚至拳脚相加，这些都会让你平日里的出色形象毁于一旦。经常耐不住性子、爱发火的人，是得不到别人尊重的。同事会对你敬而远之，老板会认为你心理素质不过关，重要工作交给你定会出事。所以，情绪化的员工得不到老板的器重，即便有时会有重要工作交给你，那也只是权宜之计，高升的机会并不大。

真正优秀的职场人士，除了具备娴熟的工作技能外，还有着成熟的心理素质，不管在任何情况下都能克制自己的怒火，给人的印象是温和稳健、不亢不卑、能屈能伸的，这也是优秀职场人所应具备的修养和表现。

情绪是一个人意志力的阻力，一个人遇到它所不乐意的事情时，就会产生这种消极的情绪，它阻碍着一个人意志行动力的施展，造成意志的内部困难，也销蚀着人的意志。

忍即是德。有句古语里说，忍一百遍能使家庭和睦，若能再多忍则会得到幸福与成功。一个人的心理素质决定着一个人的命运。要知道，职场不是家庭，也不是心理医院，你的上司和同事并不是自己的亲人，他们不容许你有半点失态。即便你有天大的委屈，再大的不满，也要强行按捺住，收起自己的硝烟之火，拿出自己的风度来，哪怕你回家后大哭一场，现在的你，也要微笑面对职场中的一切。

3. 水烧开了何必另起灶

当工作中遇到不如意之事时，大多数人都在为是否离职而犹豫不定，而离职的原因无非是因为暂时的不顺心等，认为别的公司都是理想的。殊不知，再好的公司也很难有令自己“完美无瑕”的感觉。一旦发现新公司并不是自己所理想中的那样，定会重蹈覆辙，永无休止地徘徊在求职和离职之间。

有一位网站的女老板，在工作中，她对网站的专业知识不是太懂。小李在帮一个客户做网站时，因为这个客户很重要，老板就亲自监工。但是她在一旁的指手画脚让小李无所适从，听吧，不专业，不听吧，人家可是老板。结果那个网站做的是一塌糊涂，老板便把工作中出现的错误归结到了小李工作不认真上，小李也只好“哑巴吃黄连”，认了。

有了这次的教训后，再有其他的工作任务时，小李就拒绝了老总的瞎指挥，做出的东西令客户们都很满意。两个月后，小李就加了薪。

如果小李第一次受气之时就离职的话，那肯定也就没有了后面的加薪出现。

一个人无论在什么时候都要能屈能伸，不可计较一时的得失。当你意气用事的言行举止越来越少时，那么成功的机会也就越来越大。也只有努力摒弃工作中的愤愤不平，在追求幸福和成功的路上才会少些歧路，多些平坦之途。

做事要方，做人要圆

低调做人、高调做事的另一个意义是方圆有度。为什么铜钱是内方外圆？这就是中国辩证哲学的集中体现，做事要方，做人要圆。人活在世上，无非是面对两大世界，身外的大千世界和自己的内心世界。人，一辈子无非是两大任务——做事和做人。怎么做事和怎么做人？从古到今都是人类探讨的课题。多少人一辈子都在哀叹做人难，难做人，人难做，但一枚小小的铜钱却将一切变得那样简洁，那样明白。

先说方，做事要方，不仅是说做事要遵循规矩，遵循法则，不可乱来，还有另一个意思，就是一定要有目标，讲方法，有信念，有符合成功之道。这个道理在中国已流传了上千年。中国人常说的“没有规矩不成方圆”、“有所不为才可有所为”，就是“方”这个道理。

每一个行当都有自己绝不可逾越的行规。比如说做官就绝对要奉守清廉的原则，从一开始就要做好承受清贫的思想准备，就像曾国藩家训“八不得”

中的一条：为官要清，贪不得一样。如果做官开始的动机就不纯或慢慢变质，企图以权谋私或权钱交易，那这个官就绝对当不好，当不长了。

为商要奉行的金科玉律是一个“诚”字。真正的大商人必是以诚行天下，以诚求发展，绝不会行狡诈、欺骗之伎俩，为一些蝇头小利或眼前得失而失信于天下。像韩国因商业楼倒塌而产生的震惊世界的惨案，便是因为韩国的建筑承包商在建造大楼时偷工减料；像中国生产鳖精厂家的秘密彻底被揭露，是因为生产鳖精的厂家生产的竟是没有鳖的鳖精，为此他们犯了行商的大忌。

做学问信奉的是一个“实”字。一步一个脚印，一天一点长进方能积少成多，积薄成厚。那些虚假的沽名钓誉之辈终将会成为人类的笑柄。

做人要圆。这个圆绝不是圆滑世故，更不是平庸无能，这种圆是圆通，是一种宽厚、融通，是大智若愚，是与人为善，是居高临下、明察秋毫之后，心智的高度健全和成熟。不因洞察别人的弱点而咄咄逼人，不因自己比别人高明而盛气凌人，任何时候也不会因坚持自己的个性和主张让人感到压迫和惧怕，任何情况下都不会随波逐流，要潜移默化别人而又绝不会让人感到是强加于人……这需要极高的素质，很高的悟性和技巧，这是做人的高尚境界。

圆的压力最小，圆的张力最大，圆的可塑性最强。这圆好做又不好做。好做是因为如果人真正有大智慧、大胸襟，真正能自强自信，心态平和，心地善良，凡事都往好的一面想，凡事都能站在对方的立场为他人着想，人的弱点皆能原谅，即便是遇见恶魔也坚信自己能道高一丈，如真能那样，人还有什么做不好呢？

如若不是这样，凡内心孤独的人必喜虚张声势；内心弱小的人必好狐假虎威；心中有鬼的人必爱玩弄伎俩；没有自信的人必会尖酸刻薄，试问这样做人又从何谈圆？

当然也不乏有人为了某种利益和目的不惜敛声屏息，不惜八面讨好，不惜左右逢“圆”。但这种圆和那种圆绝对有本质的区别，这种“圆”的后面是虚伪和丑恶。

任何成功的后面都包含着牺牲。如果说有人能做到内方外圆的话，那也肯定包含了许多的牺牲。比如说做事要方，做事要有规矩、有原则，那就意味着许多事不能做、许多事又非要做，那无疑也就意味着会得罪许多人，惹恼许多人，意味着要舍弃许多利益甚至招来杀身之祸。如中国的民族英雄岳飞，为了“忠”舍弃了“孝”。但在“忠”君和“忠”国之间，他做不到只为了忠于昏君而放弃抗击金兵，为了这种原则，他惨死在风波亭。

做人圆，那也会有牺牲。有时要牺牲小我；有时要忍辱负重，忍气吞声；还有更多的时候要承受屈辱、误解，甚至来自至亲至爱的人的伤害。如明明你在履行一种神圣的职责，他却以为你好大喜功；明明你在深谋远虑，他却认为你是哗众取宠。

小牺牲换来小成功，大牺牲换来大成功。能做到“方”“圆”的，同时却并没有感到那是一种牺牲、痛苦的才是大成功、大境界；能为了“方”“圆”去承受牺牲的是小成功、小境界；不愿牺牲也做不到“方”“圆”的是不成功。如果截然相反，做事是圆，只要有利，不择手段，什么都敢干；做人是方，刁钻古怪，锋芒毕露，心狠手辣的话，那这个人一定会糟糕透顶，不能容于天下了。

淡泊之心处世，安安乐乐做人

现在社会上的人，衣食饱暖却总认为自己拥有的不够多；锦衣玉食者又唯恐自己的东西会失去。于是继续争斗，求名、求利没有片刻的安乐。这样的人生又有何趣味。

有几个爬山的人，见到山上一个人站了很长时间也不动，非常好奇就走过去问他：

“你是在欣赏这里的风景还是在等人啊？”

回答是：“不是。”

“那么，你累了吗？”

“没有。”

“既然什么都不是，那你为什么站在这里？”

“我只是在这儿站着。”

庄子说：“至人无己。”

“无己”即破除自我中心，亦即扬弃功名束缚的小我，而达到与天地精神往来的境界。

从这里可以看出，庄子所主张的超脱，实际上是摆脱了一切之后的无知无欲，表现在人生理想上，那就是“无名”，即独与天地相往来的独善其身。

对于现实生活中的人们而言，庄子对天地精神的崇拜，固然是显得玄虚了一些，但针对构成人们世界的纯利益追求以至于忘却了自己的人来说，庄子的宏论和超脱还是具有一定借鉴的意义的。

任何人也不能做到如庄子所言无知无欲而达到超脱，但效法天地之自然浑成，而注意自我心性的保持，能够超越物质欲求之外，倒亦是颇为有益的境界。

关于此，庄子曾在“逍遥游”中讲了这样的寓言：

尧把天下让给许由，说：“日月都出来了，而烛火还不熄灭，要和日月比光，不是很难为吗？先生一在位，天下便可安定，而我还占着这个位，自己觉得很羞愧，请容我把天下让给你。”

许由说：

“你治理天下，已经很安定了。而我还来代替你，是为了出名吗？小鸟在森林里筑巢，所需不过一枝，偃鼠到河里饮水，所需不过满腹。你请回吧，我要天下做什么呢？”

这寓言是说：天地之间广大无比，而在此之中，人所需又如此的渺小，拿自己的所需与天地相比那不是很可怜吗？那么何不效法天地之自然，而求得心性的自由和逍遥呢。

庄子要给予人们的也许是一种极宏远的宇宙观，让人认识到至广至大的极限处，解脱自我的封闭，超越世俗的小我。庄子的这种宇宙观，难道不是一种智慧的体现吗？

作为生命的个体，人们是淹没在万象的生命之中的。但亦正是作为个体，人们才时常能真切感受到生命的世界所能具有的伟大和恢弘。

现代社会，人们越来越依附于文明所创造的一切。人们与社会的联系更为密切了，但实际上，对物的依赖使人们与生命本然、万物自然的联系日趋减弱。纯功利所导致的，是生命的相互隔膜和疏远。人生命的联系已不是人与人，而是人与物的联系。

自从你出生以后，就有很多东西标上了你的名字，如金钱物质，但这些东西果真是你的吗？

的确，有了金钱，可使生活更加安定，也可以使生活变得多姿多彩。但尽管如此，仍有些人仍然不满足于此，只对储积的增加引以为乐。人不是为了金钱物质而生存着的，是为了生存才有必要拥有那些金钱物质；要活得像个人就不能成为金钱的奴隶，而应该有效地使用它们，成为它们的主人才对。

在日本众石庭中享有盛名的京都山科龙安寺的茶庭里，安放着一座唤做“蹲”的石制洗手盆，在其表面刻有“吾唯知足”的文字。

由于人们的欲望是无边无际的，难免多少有扩大的倾向，应该明白其界限，满足于目前所能拥有的，心存感谢之心。尽管在数量上攫取拥有了许多，但这未必就能带给自己幸福。

日本奈良东大寺的长老清水公照大师在德国旅行时，在晚宴上曾被某位德国人问道：“何谓无？”面对这么难以回答的问题，大师却不慌不忙地拿起身旁的大啤酒杯一口饮尽，然后施以日本式的礼节说道：“谢谢您的款待。”

通过翻译他解释道：“肚子饿时任何东西都感到美味，这种空腹的状态就是无。”人们听到此高兴地拍手表示赞佩。

在人们身旁多少人拥有一些自己不需要的东西，而又费尽脑汁想使这些东西能不灭反增。为了能脱离这种烦恼与拘束，与其担忧会失去，倒不如就让它失去吧！

只有以淡泊之心处世，才能品出人生的真正滋味。

善待平凡人生

在复杂的社会环境中生活久了，人们就会产生厌倦之情，久而久之，人们就会感觉到生活得很累。在现实生活中，虽然在体力上也很累，但最累的，还是人们的内心世界。究其原因，这就是人们想让自己超越平凡的结果。

人们的心，都渴望一种平凡和宁静，使自己疲惫的身心过上一种简单而质朴的生活。但人们的思想，又总是想超越一切，让自己的人间档次高于他人，以示自己的不凡。人们的心境与思想在这种相悖的绞绊中生活，是没法不累的。

让自己的平常生活感到随意，达到一种无拘无束的境界。能把捆绑的心灵释放出来，享受一种平凡的快乐，是人们应该追求的理想生活状态。

但在现实生活中，人们又很难有一个甘于平凡的心态，这种不甘于平凡的心态，也正是人们要通往平凡与快乐路上的最大的阻碍。

平凡是一种心态，在生活中，当人们执著于想活出一个真正自我的时候，你就拥有了一个诚实、坦率、朴实无华的自我，随之，你也就开始变得平凡和快乐了。对于平凡这个概念，既不像人们所想象的那样容易得到，因为你要经过无数欲望的考验；也不是说人们的生活根本就不可能变得平凡，只要你能放下贪念，平凡的快乐也就随手可得。

在小城老街的尽头处，有一家卖铁器的小店，两位上了年纪的老夫妇在经营着这个小店。

生意虽不是太好，但多年一直是细水长流，除满足生活所需以外，还能攒下点养老钱。老头爱唱京剧，没事总是找几个要好的票友到小店拉唱上几个段子。老太爱扭秧歌，每晚都要随着鼓点去扭上几圈。所以老两口几十年来过得既平静又充实。

一日，一个老板模样的人来给他的宠物狗买铁链子，对老人的宁静生活羡慕不已。因为自己靠贩卖服装发了财，因为有了钱，妻子无时不在防着怕他有外遇，将娘家的兄弟姐妹都安排在他的周围监视他，但时间长了，他们掌握了客户后，就毫不客气的抢了他的生意，没了钱之后，妻子又去找了个比他有钱的人，背叛了他。

他又重新找了个地方搞服装加工厂，没几年的工夫，他又有钱了，但随之亲朋好友保媒的、借钱的、要合作的、要他给找个好工作的，还有他的原配夫人，因为那位丈夫的生意不景气，也向他表示了要回巢之意。"所有这些，都是冲着钱来。"他像个没处诉苦的人一样，将苦水倒给了这俩老人，"也正因为有钱后的鸡争狗斗，使我现在是众叛亲离，疲惫至极，我现在想，在所有的动物之中，也只有这只狗是最靠得住的了。现在的我，是多么向往你们的生活呀。"

"其实，做到这一点并不难。"老人缓缓地说，"名利有时和这条拴狗的铁链子是一个道理，你用一条漂亮的铁链子将这狗拴住以示你对它的宠爱和它的不凡，但同时它也就失去了做一个普通狗的自由和快乐。"

人有时和狗是一样的，为了吃得好些、住得好些，以显示自己的不凡，所以甘于受缚于那条"超凡"的铁链子，从此，也就失去了平凡中的自由和快乐。

人有时还是不如狗的。因为狗远没有人的智慧，所以狗被束缚是被动的，但人往往是主动的，在许多时候，人总是在自我编织一个名利和欲望的铁链子，然后再主动的钻进去，并且为之得意和自命不凡。待到再回首寻找以往的自由和快乐时，已经相去甚远了。再想挣脱那条束缚你的铁链子，已是不太可能了。

有时人们也可以反思一下，那些真的已达到不凡的人们就快乐了吗？在许多时候，他们的感觉是：更累。在现实生活中，人们可以看到，那些衣冠楚楚、名车阔宅的不凡者们脸上的笑容，远没有那些平凡百姓脸上的笑容真实和灿烂。也正因为平民没有那么多违心的应酬，和那么多劳神的周旋和假笑，所以，他们的心病和心事少，自然也就体壮心宽了。

所以，要说金钱和物质享受，平民可能远不及那些不凡者们，但体味生活的真实内在质量，还是平民百姓，才能享受到更为真实的自由的快乐。